重建人水共生的空间秩序：
从认知知识到规划行动

颜文涛　邹　锦　著

科学出版社

北　京

内 容 简 介

　　人水之间客观上存在着复杂的交互作用关系，协调人与水的关系问题是国土空间规划的重要命题，也是推动可持续城市化的必由之路。本书紧紧抓住人水关系的内在关联和相互作用这一研究主线，深入分析人水关系的历史变迁及其生态智慧，初步揭示人水关系的演化机理与相互作用规律；开展小流域土地利用与城市河流水质关系的实证研究，分析土地利用与水环境的交互作用机制；基于土地使用与水环境的内在关联性，提出面向水环境目标的生态规划方法和控制策略；通过构建滨水空间设计要素体系，提出滨水空间的适应性模式，形成滨水空间设计方法体系。

　　本书可作为各级规划管理部门、市政管理部门、生态环保部门、发展改革部门工作人员的参考书，可作为大专院校、科研机构相关专业的本科生和研究生教材和参考用书，也可作为国土空间规划设计机构的城市规划师、建筑师、景观设计师的参考用书。

图书在版编目(CIP)数据

　　重建人水共生的空间秩序：从认知知识到规划行动 / 颜文涛，邹锦著. —北京：科学出版社，2023.9
　　ISBN 978-7-03-051376-2

　　Ⅰ.①重⋯　Ⅱ.①颜⋯　②邹⋯　Ⅲ.①城市环境–水环境–环境管理–研究　Ⅳ.①X143

　　中国版本图书馆 CIP 数据核字 (2016) 第 319320 号

　　责任编辑：武雯雯 / 责任校对：彭　映
　　责任印制：罗　科 / 封面设计：义和文创

科 学 出 版 社 出版
北京东黄城根北街16号
邮政编码：100717
http://www.sciencep.com

成都锦瑞印刷有限责任公司印刷
科学出版社发行　各地新华书店经销

*

2023 年 9 月第 一 版　开本：B5（720×1000）
2023 年 9 月第一次印刷　印张：18
字数：361000

定价：180.00 元
（如有印装质量问题，我社负责调换）

前　言

自古以来，人水关系就密不可分。早期的人类对大自然充满敬畏，被动适应、避让洪水是这一时期人水关系的真实写照。随着人类生产水平和技术能力的提高，人类开始对水进行主动控制，因此人类进化史也是一部人水关系协同演进的人类文明史。在这一进程中，我们的祖先创造了灿烂的治水文明，并在长期实践中积累了丰富的基于人水关系的生态实践智慧。成功的生态实践需要深刻理解人、水系统与自然的互惠共生关系，并强调实践主体和实践对象的统一性。人水关系的生态实践受到实践对象客观条件和实践主体科学知识水平的制约，实践主体将实证知识、经验知识和理论知识整合并用于解决实际问题的一系列行动。这些人水关系的生态实践所依赖的知识，即"可实践生态知识"。在华夏数千年的治水文明史中，可实践生态知识指导下人水关系平衡、和谐共生的案例不胜枚举。

现代科学出现后，历史上生态实践和实践研究这两个总是交织在一起的人类活动逐渐分离，实践不再是研究的唯一起点和终点，研究也不再只是为实践服务。将基于假设条件的片段知识，直接应用于具体场景的整体实践过程中，通常会出现一些问题，已经难以有效指导当前的生态规划与管理实践。生态环境问题因此层出不穷，其中人水关系的失衡尤为突出。面对需求和环境的变化，更需要对可实践知识进行完善、更新，补足缺失的环节，并转化为相应的行动。在当代社会环境下，和谐的人水关系不是实践主体对自然生态系统的被动依附，而是实践主体对自然生态系统的自觉协同，并以社会-生态系统的协同共生和健康存续为目标。

由于传统发展路径缺乏基于水环境功能的约束和引导，无法达到水环境保护、水景观营造和城市生态系统健康维护的目的，已成为影响城市生态安全和可持续发展能力的重要限制因子。本书紧紧抓住人水关系的内在关联和相互作用这一研究主线，尝试回应三个核心问题：①人水关系如何影响人类聚居模式及城市空间形态；②如何将土地利用与水环境的内在关联转化为土地利用生态化模式；③如何构建人水共生目标引导下的空间规划策略与行动指引。

本书以国家自然科学基金面上项目(51278504)"基于水环境效应的山地城市用地布局生态化模式"、国家自然科学基金面上项目(52178048)"沿海城市洪灾韧性的表征测度、影响机制与规划调控研究"、国家自然科学基金面上项目(52278071)"连绵城镇化地区水陆关系演变的环境影响特征、机制与干预"、第49批中国博士后科学基金项目(20110490808)"山地城市用地布局生态化模式：基于水环境效应的规划技术途径"的综合研究成果为基础，形成整体认知→实证知识→规划响应→设计指引的总体逻辑框架。从区域、城市、小流域、住区、滨水区等多个尺度，基于人水关系的生态伦理、人水关系的适应性、土地利用与水环境的关联性等视角，探索人水关系的可实践知识，初步揭示人水关系的演化机理与相互作用规律。结合作者多年的生态规划与设计实践，并借鉴相关实践案例，提出了基于人水关系的生态规划方法、空间规划策略、生态断面模式、规划管制政策、规划设计指引等规划行动框架，为重建人水和谐共生的空间秩序提供理论基础。

由于作者水平所限，书中难免存在疏漏之处，敬请读者批评指正。

目　　录

第一章 人水空间关系的历史与未来

从有明确考证的史前开始，人类就有逐水而居的习惯。这不仅是天性使然，也是出于生存的需要。因此，凡水系发达、河网集中的地区，往往是最早有人类聚居的地方。

翻开世界历史，就会发现许多文化、文明圣地和著名的经济中心等皆发源于大河之滨或其支流周边地区。世界四大文明古国皆发源于大河流域。河流沉积形成的肥沃土壤、平坦的地形、充沛的灌溉水源等因素，都有助于先民们发展农业，从而形成灿烂的人类文明。

华夏祖先的衣食住行皆与河流水系密不可分。从出土的东汉时期的画像砖，如著名的《弋射收获图》、《荷塘渔猎图》（图 1.1）、《播种图》中，我们可以看出先民与水系的密切关系。因河流、湿地之惠，人们得以在大地上诗意地栖居、生息繁衍。《诗经》中描写人与水以及河流有关的章节，超过一半。其中，《关雎》中的"关关雎鸠，在河之洲"写的就是河流及湿地。被王国维在《人间词话》中激赏，称"最得风人深致"的《蒹葭》中，"蒹葭苍苍，白露为霜。所谓伊人，在水一方……"写的也是河畔景致。

图 1.1 东汉画像砖《荷塘渔猎图》

资料来源：《中国美术简史》。

诗词歌赋中的水总是优雅浪漫的，但事实上，水既能滋养文明也能摧毁文明。千百年来，人类一直在学习如何缔造和谐的人水空间关系，更好地实现与水共生。

第一节　人进水退——历史的脉络

人水空间关系改变的根本源自农业发展。在中国历史上，风调雨顺、水旱从人似乎通常与五谷丰登、国泰民安等词语联系在一起。恩格斯说："农业是整个古代世界的决定性的生产部门。"而水则是农业的命脉。

伴随着早期农业的发展，中华民族的先民早在 9000～10000 年前就开始了定居生活。由于生存的需求，先民们既要临水而居，又不得不时常面对洪水的侵袭，人水空间关系因此呈现出利用-避让的被动适应模式。

人口的增多意味着需要更多的土地以满足生存需求，人们开始对之前难以利用的水网密布的低地沼泽进行改造，人进水退的序幕自此拉开。排涝防洪是这个时期人水关系的主旋律，众多的水系、沼泽湿地由此消失。例如，由众多河流冲积扇重叠连缀形成的成都平原，历史上原本地势低洼，沼泽连绵，先民频繁遭受水患之苦，但经过水利工程的兴建、长期的排涝和持久治理，最终变成了"沃野千里，天府之土"，自秦灭古蜀国、设置蜀郡之后，成都平原就成为国家的主要粮食供给地之一。历史地理学的研究也证实了古代黄河流域农业繁荣、城邑密集的区域在更早的时期都是湖泊广阔、薮泽密布的低地沼泽地区。

随着生产与技术水平的提高，人类对水的控制和利用能力也逐步增强。一方面农业及其技术的发展能支撑更多的人口生存，而更多的人口又必然需要更多的土地来供养，人进水退的步伐因此极大加快。例如，洞庭湖的前身云梦泽，先秦时这一湖群的周长约为450km，由于泥沙淤积和历史上持续不断的围垦，到 1949 年水域面积仅存 $4350km^2$，到 20 世纪 90 年代末仅余 $2579.2km^2$，这组数字让人触目惊心！

另一个重要的原因是封建王朝政府权力的高度集中，可以动员更多的人力和物资修建大型水利设施与工程。自秦朝后，作为以农耕文明立国的东方大国，兴水利、除水害历来是治国安邦的大事，关乎民族的生存发展与国家的统一兴盛。要有效地进行灌溉和防洪，必须有中央机构加以控制。灌溉和河堤到整个地段必须按总体规划来维护。对于那些用于围垦的大堤，也必须如此(费正清，1999)。因此，不管朝代如何更迭，兴修水利、防治水患一直是中央政府和地方政府的重要职能(郝亚光，2018)。运河、水渠、堤坝、灌溉系统等大型水利工程在政府的统一指挥调度下得以完成，不仅强化了人进水退的趋势，甚至造成了人水关系格局的永久性变化。

这种趋势一直延续到今天。但如今人水空间之争的主要驱动力已不再是农业，而是由于人口爆发式增长和城市化进程所带来的对更多城市建设用地的需求。人类科技的日新月异使我们可以修建更高的大坝、更大的水库、更庞大的引水工程，也因此使更多的湖泊、湿地、河流水系被城市建设所吞噬，人进水退的步伐仍未停歇。从表象上看，我们似乎在这场人水空间之争上赢得了"胜利"，但是，事实果真如此吗？

第二节 人水失调——现实的困顿

恩格斯说过："我们不要过分陶醉于我们人类对自然界的胜利，对于每一次这样的胜利，自然界都对我们进行报复。"如今，人进水退的恶果已逐渐显现，并从区域、城市、流域等各个不同的尺度上以不同的形式表现出来。在流域层面以及国土层面上，水问题叠加和累积影响越来越严重。面源污染已成为我国水体污染的主要污染源之一，但我国还未建立健全的面源污染控制管理体制。此外，突发性水污染事件频繁发生，如太湖蓝藻污染事件、松花江水污染事件等。污染物种类主要是化学品、油污、外来水生物等，这些污染物可能完全摧毁当地原生水生态系统，严重威胁其水生态安全。

全国各大流域及其主要河流水问题层出不穷，纷纷告急：黄河、海河、淮河和辽河等流域水资源开发利用率远超40%的生态警戒线，京津冀地区汛期超过80%的河流存在干涸断流现象；长江流域、珠江流域、松花江流域和西南诸河氮磷上升为首要污染物，太湖、巢湖、滇池等湖库蓝藻水华发生面积及频次居高不下(杨开忠等，2021)。此外，我国洪涝与干旱发生频率增加，干旱和洪涝危害呈"双上升"趋势，并由年际交替演变为年内交替。极端天气发生频率越来越高，对国民经济的影响程度不断加深。在全球气候变化的趋势下，中国将会持续北旱南涝的降水态势，水资源供需形势更趋于紧张。

城市水环境恶化及其导致的城市生态系统退化问题，是快速城市化进程中产生的典型环境问题。城市化进程所导致的洪涝灾害、干旱断流、水质恶化、水生态系统退化等水环境问题，本质上是自然水循环被不断增加的不透水地面所阻隔，导致城市水系自然功能逐渐退化。由于不透水地面和高密度人工排水系统的不断增加，对地理形态的改造，显著改变了城市自然水文循环过程，改变了流域水和养分流动规律，从而影响城市化流域水质和河流生态系统健康（Alberti，1999，2005；Alberti et al.，2007）。城市地下水位下降对提供城市河流的生态基流造成巨大影响，从而导致城市水环境的恶化，城市用地布局的近期锁定效应将导致水环境问题治理困难（Gburek and Folmar，1999；Bhaduri et al.，2000；Agata et al.，2010）。流域城市化改变了流域土地自然属性、河流水系结构、自然水文系统和流域产汇流过程，将会产生城市雨岛效应、径流峰值效应、径流污染效应和水系结构片段化效应等综合水文效应（颜文涛和周勤，2014）。

水生态健康与人类健康之间的因果关系十分复杂，但是水生态健康和人类健康的关系被广泛认同，也被认为非常重要（瓦格纳 等，2014）。比如，上海市在编制《上海市城市总体规划（2016—2040）》时，针对公众开展城市发展愿景调查发现，雾霾天气、恶臭河水等影响居民健康的环境问题是上海应优先改善的问题。可以说，人水失调所带来的现实问题，已经严重影响民众的身心健康和城市的可持续发展，而从流域、国土，甚至是全球的尺度来看，人水失调对整个人类所带来的影响更为深远、重大，而且基本上是不可逆的。

第三节　和谐共生——未来的愿景

通过对人水空间关系历史脉络的梳理，可以总结出人水关系的模式是由被动—依附—顺从转向主动—改造—征服，后者的恶果已经显现，并严重影响到生命共同体的可持续发展。在此背景下，我们必须认真思考人水关系的未来，即伙伴—共生—和谐。人水关系的和谐共生是社会人文系统与水系统之间的相互作用关系，两者不能独立分割。人水系统之间的协调程度是判断环境安全度的标准，表现为人类健康和经济社会的可持续发展，同时，人类主动维持和改善水资源系统的循环，使水资源系统具有良好的自我更新和修复能力，人水复合系统处于一种协调一致、平衡发展的稳定状态（戴会超 等，2013）。

中华民族的先贤们在长期的水管理实践中积累了丰富的生态实践智慧。例如，城市的选址要"高毋近旱，而水用足；下毋近水，而沟防省"（《管子·乘马》），选择龟背形地形建城有利于排水和避免城市内涝；利用重力自流管理雨洪过程，"彝作水窗十二间，视水消长而启闭之，水患顿息"（《赣州府志·名宦志》）；增强自然过程的可感知能力，通过将环境过程与生命体验相结合，培育人与水之间协同共生的相互关系，如"入沼蓄调，饮用防火"（安徽宏村的水智慧）；构建基于水利社会单元的自治管理模式，以产生维持系统平衡状态的内生动力，如"分四六，平潦旱"（代表都江堰水智慧的治水《三字经》）。这些传统生态实践智慧对我国现代城市水管理实践有哪些启示呢？

第一，转变雨洪是灾害的认知，建构人水互惠共生关系。水文过程对维持健康的社会-生态系统具有重要意义，应将雨洪视为城市重要的自然资源，通过雨洪过程提升社会福祉，构建适应和包容雨洪过程的城市和社区发展模式。第二，建立基于自然过程的管理法则和采用基于集水单元的分散利用方式。通过雨水重力过程完成营养物的降解和水资源的分质利用，避免采用集中收集雨水的大型结构工程。通过重构(或建构)韧性空间模式，形成多种组合方式的雨洪管理生态基础设施。对高风险集水区不过度依赖单一工程的作用，水管理系统应体现整体性、健壮性、冗余性、灵活性、容错性等特征。第三，将城市社区作为雨洪管理的基本单元，提升城市-社会系统的社区韧性。将雨洪过程与生活体验相结合，培养社区居民的环境共识并增强应对雨洪事件的能力。综合平衡工程建设短时性和运行调适长期性的关系，形成利于雨洪管理系统稳定运行的动态反馈管理模式和适应性管理机制。第四，协调长短期目标的实现路径。城市雨洪管理以水要素建设管理为核心抓手，通过继承和复兴地方水文化内涵，带动相关绿色基础设施的建设实施。在可持续性水资源利用框架内，利用水敏性城市发展模式，达到整体提升城市生态系统服务功能的综合目标。

提倡生态实践智慧引导下的城市雨洪管理实践，是对我们的祖先千百年来在与自然协同进化过程中历练出的成功且圆满从事生态实践能力的崇高礼赞；是对体现在他们身上的那种精心维系人与自然之间互惠共生关系的契约精神，以及在这种精神引导下因地制宜、随机应变能力的学习、效仿和回归。如何在现代城市雨洪管理中，学习和应用传统生态实践智慧，探索与当今社会组织形式和经济生产方式相契合的生态智慧范式，形成符合时代精神和当代城市发展特点的现代生态实践智慧并有效地引导实践，是摆在我们面前的重大和紧迫的课题（颜文涛 等，2016）。

面对业已破坏的城市水环境，想要有效的补救和恢复不能仅仅通过治理河溪这样只对问题打补丁的方式，而要从流域尺度探寻水环境问题产生的原因，基于流域的管理方法才是解决水环境问题的根本途径（荣冰凌 等，2009）。城市层面，将小流域作为水环境管理单元，实现环境的可持续调控（颜文涛和邹锦，2019）。城市小流域的健康管理必须考虑人类活动带来的影响。例如，道路和其他城市的功能是如何建立及维护的，这些行为又如何影响水文、物理栖息地、水质和生物群落。相反，实现小流域健康目标的措施也需要考虑建筑环境的构造、重建和管理。例如，我们需要了解建筑环境的特点及其影响雨水的自然径流过程，以指导道路和建筑物的设计，我们可以通过设计减少不透水表面的面积及暴雨径流量，通过布置洼地、屋面落水管断开以储存并缓慢释放雨水径流。

总之，研究人水关系问题必须着眼于把握人与水之间的平衡，寻求人与水、人与环境的和谐发展及其合理性关系，把人的发展同水的消耗、环境退化、生态胁迫等联系在一起，通过法制约束、社会制度、文化导向等人类活动的有效组织，实现人水之间关系的和谐共生与协同进化（李雪松，2006）。

参 考 文 献

戴会超, 唐德善, 张范平, 等, 2013. 城市人水和谐度研究[J]. 水利学报, 44(8): 973-978, 986.

费正清, 1999. 美国与中国[M]. 张理京, 译. 北京: 世界知识出版社.

郝亚光, 2018. "稻田治理模式": 中国治水体系中的基层水利自治——基于"深度中国调查"的事实总结[J]. 政治学研究(4): 48-57, 128-127.

李雪松, 2006. 论人水和谐思想的历史演变及其现实价值[J]. 水利发展研究(8): 56-60.

荣冰凌, 孙宇飞, 邓红兵, 等, 2009. 流域水环境管理保护线与控制线及其规划方法[J]. 生态学报(2): 924-930.

瓦格纳, 马萨利克, 布雷尔, 2014. 城市水生态系统可持续管理——科学·政策·实践[M]. 孟令钦, 吴东芳, 译. 北京: 中国水利水电出版社.

王浩, 2012. 中国治水的叙说[J]. 科技导报, 30(23): 3.

王向荣, 林箐, 2018. 国土景观视野下的中国传统山-水-田-城体系[J]. 风景园林, 25(9): 10-20.

颜文涛, 周勤, 叶林, 2014. 城市土地使用规划与水环境效应: 研究综述[J]. 重庆师范大学学报(自然科学版), 31(3): 35-41.

颜文涛, 邹锦, 2019. 趋向水环境保护的城市小流域土地利用生态化——生态实践路径、空间规划策略与开发断面模式[J]. 国际城市规划, 34(3): 45-55.

颜文涛, 王云才, 象伟宁, 2016. 城市雨洪管理实践需要生态实践智慧的引导[J]. 生态学报, 36(16): 4926-4928.

单菁菁, 李红玉, 武占云, 等, 2021. 城市蓝皮书: 中国城市发展报告(NO.14)大国治水之城乡生态文明建设[M]. 北京: 社会科学文献出版社.

中央美术学院中国美术史教研室, 1990. 中国美术简史[M]. 北京: 高等教育出版社.

Agata K, Paulina D, Grootjans A P, et al., 2010. Prospects of fen restoration in relation to changing land use—An example from central poland[J]. Landscape and Urban Planning, 97(4): 249-257

Alberti M, 1999. Urban patterns and environmental performance: what do we know[J]. Journal of Planning Education and Research (19): 151-163.

Alberti M, 2005. The effects of urban patterns on ecosystem function[J]. International Regional Science Review, 28(2): 168-192.

Alberti M, Booth D, Hill K, et al., 2007. The impact of urban patterns on aquatic ecosystems: An empirical analysis in puget lowland sub-basins[J]. Landscape and Urban Planning, 80 (3)：345-361.

Bhaduri B, Harbor J, Engel B A, et al., 2000. Assessing watershed-scale, long-term hydrologic impacts of land use change using a GIS-NPS model[J]. Environmental Management, 26 (6)：643-65.

Gburek W J, Folmar G J, 1999. Flow and chemical contributions to streamflow in an upland watershed: A baseflow survey[J]. Journal of Hydrology (217)：1-18.

第二章 人水关系的空间秩序：
一个世界文化遗产区的启示

人类是在与自然发生关系的过程中结成了社会关系，依赖于自然资源的诸多社会活动，将自然和社会系统紧密联系起来，社会系统对自然资源的可持续利用发挥着决定性作用。可持续的人类聚居模式应该是人—社会—自然的动态互惠共生模式，强调人与自然系统相互作用的整体性和有机性，即强调共生(symbiosis)和共栖(commensalism)意义上的相互依存关系。社会发展不应是单一社会福祉最大化，而应寻求权衡多种功能的平衡状态和共生关系，追求社会与自然系统在不同时空维度上的协同模式。

作为天府之国的都江堰灌区，蕴含着丰富的人类聚居的生态智慧，除为地方的持久发展提供知识外，也为当代面临的可持续发展挑战提供启示。人与自然的共生目标难以通过自上而下的技术路径达到，自上而下的生态规划及工程技术的实施，只能提供良好但暂时的系统状态，而真正能够实现系统持续优化的内在动力来自社会系统的建构，这是一种内生的主动力量，是一种自下而上的社会学习过程，由此形成的社会共识将为维护整体环境健康提供持续的动力。只有这样，我们才能取得社会发展和环境保护之间的平衡，实现可持续发展的良性循环。

世界进入快速城市化阶段，2007 年全球超过 50%的人口居住在城市(Madlener and Sunak，2011)，"都市化已经成为主导的人类聚落模式"(Rees，1997)。人口和产业的空间集聚对人居环境系统产生了深远的影响(Reiner and Parr, 1980；Antrop，2004；Pickett et al.，2011；Chen et al.，2013)，人与自然的关系并没有随着技术和社会革新而得到改善(Grimm et al.，2008)。我们致力于矫正人类和自然的失衡关系，试图通过工程技术和材料的创新来解决人类聚居空间环境问题的同时，产生了其他一系列的环境问题(Alexander，2008；颜文涛 等，2012)。人居环境问题越来越突出，特别是在发展中国家，人与自然的和谐关系遭到了巨大的挑战（Wilson，1984；Kalnay and Cai，2003；Alberti，2005；Cohen，2006；Seto et al.，2010；Wu，2014）。

人与自然的关系问题本质上是一个非理性问题，我们难以消除问题，但可以通过多种途径应对或减缓环境问题（Xiang，2013）。如果不理解社会系统对环境问题在不同时空维度上的作用机制，只是将环境问题简化为单向线性技术问题，最终将无法实现可持续的人居环境目标。社会系统结构及社会治理方式会对人居环境实体系统的实施和有效运行产生巨大影响，然而当代生态城市规划实践更多关注的是对人居环境实体系统的建设，很少考虑社会系统的建构和完善，这可能导致可持续规划实践的失效（Friedmann，1987，1992；Johnson，1989；Kellogg，2002）。

如果人类聚居模式继续按工业革命后的路径增长和蔓延，人类文明注定会发生灾难。在工业文明到后工业文明时代过渡的阶段，人类与自然的关系达到一个关键的转折点（Naveh，2000）。既然工业革命后的发展模式存在难以克服的问题，我们能否从工业革命前的人类聚居实践历史中探索出引导我们行动的生态智慧和实践准则呢？笔者选择天府之国的世界文化遗产区——都江堰灌区作为研究对象①，通过探索人水关系的历史变迁，总结人类聚居的生态智慧，探索对当代可持续规划的启示，试图回答以下问题：①天府之国的人水关系是如何影响人类聚居模式的；②什么样的生态智慧指引着天府之国可持续的人类聚居实践；③这些历史上的生态智慧对当代有何价值与启示。

第一节　人水关系如何影响人类聚居模式

都江堰灌区的历史是一部因水而兴、治水而兴的历史，人与自然的关系集中体现在人与水的关系中。都江堰水利系统对都江堰灌区的人类聚居模式一直有着重大影响。水利系统建设后，都江堰灌区被称为天府之国，距今已有2200余年的历史，以灌溉水利网络为载体的都江堰水利系统为数千万人口提供农

---

① （晋）常璩《华阳国志·蜀志》："（冰）又灌溉三郡，开稻田，于是蜀沃野千里，号为陆海。旱则引水浸润，雨则杜塞水门。故记曰：水旱从人，不知饥馑，时无荒年，天下谓之天府也。"都江堰水利系统2000多年来一直发挥着防洪灌溉的作用，于2000年被联合国教科文组织列入"世界文化遗产"名录。

业灌溉、市政供水、航运、水产品、生态保护、旅游观光等综合服务功能(谭徐明，2009；Cao et al.，2010；Li and Xu，2006；Peng，2008)。根据不同时期的人水关系特征，可以将都江堰灌区的人类聚居历史划分为四个阶段：都江堰水利系统建设前(公元前256年以前)、形成时期(公元前256～公元前206年)、发展时期(公元前206年至20世纪30年代)和近现代时期(20世纪40年代以后)(谭徐明，2009；Cao et al.，2010)。采用历史对比法，分析不同时期人水关系及治水方式的历史变迁，研究不同时期人类聚居空间的结构特征，总结不同时期人与自然的关系模式，探讨人水关系如何影响人类聚居模式。

一、都江堰水利系统建设前(公元前256年以前)：避让洪水的自发退让模式

由于地质构造和地形的关系，成都扇形冲积平原自西北向东南倾斜，因泥沙淤积，形成了高于南北扇缘的都江堰—郫县—成都的中脊线，汹涌湍急的岷江上游江水沿着地形低洼的扇形冲积平原南北扇缘流出。通过整理不同时期古代人类聚落遗址的变迁格局，发现都江堰水利系统建设前的人类聚落遗址基本分布在海拔为473～675m的扇形冲积平原上，分三个阶段：第一阶段，从岷江上游向成都平原南部扇缘的岷江沿岸区域变迁，可能是在渔猎文明逐渐向农耕文明演进的过程中，临水而居可以满足人们的基本用水需求；第二阶段，由于成都平原南部扇缘属于岷江主干河道，可能沿岸受洪涝灾害影响严重，古代人类聚落逐渐从南部扇缘向洪水威胁较小的北部扇缘变迁；第三阶段，由于属于岷江分流水系的北部扇缘依然存在洪水威胁，古代人类聚落逐渐深入位于都江堰—郫县—成都中脊线上的平原中心区域，即今日成都市中心位置，该区域远离岷江主流，又不乏水源，洪水威胁相对最小(谭徐明，2009)。

该时期人类对大自然充满敬畏，在三星堆、金沙等史前遗址中发现了众多祭祀物，人们试图通过祈祷和祭祀等仪式感动上苍，而免于自然灾害的袭扰。人水关系表现为被动适应，治水方式主要以避让洪水为主。自然过程对人类聚居模式起支配性作用，人们主要选择在地形与气候条件好和自然资源相对优越的区域开展人居环境营建活动。受洪涝灾害的影响，冲积平原形成了小而分散的逐水而居的聚居空间结构特征。人类聚居

活动表现为顺从自然的人与自然关系模式，形成了自发退让的人类聚居模式(图 2.1)。自然系统存在足够的环境容量，人类聚居活动对自然过程几乎没有影响，人与自然处于原始和谐状态。

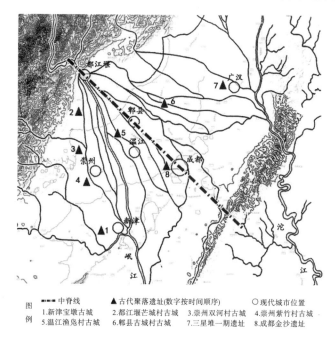

图例 **▬▪▬** 中脊线　　▲ 古代聚落遗址(数字按时间顺序)　　○ 现代城市位置
1.新津宝墩古城　2.都江堰芒城村古城　3.崇州双河村古城　4.崇州紫竹村古城
5.温江渔凫村古城　6.郫县古城村古城　7.三星堆一期遗址　8.成都金沙遗址

图 2.1　古代都江堰灌区聚落遗址变迁分布(张蓉和吴庆洲，2010)

二、形成时期(公元前 256～公元前 206 年)：顺水而为的自然引导模式

公元前 256 年，秦国蜀郡太守李冰主持修建了都江堰水利系统，包含由鱼嘴分水堤、飞沙堰溢洪道和宝瓶口进水口构成的都江堰渠首工程，以及在天然水系的基础上改造修建的穿越都江堰灌区的渠系工程(谭徐明，2009；Cao et al.，2010；Li and Xu，2006)。都江堰渠首至渠系工程的无坝引水方式，使得整个水利系统运行了 2200 余年依然保持生命力。都江堰水利系统对该时期及以后的都江堰灌区人类聚居空间结构的变迁起着决定性作用。都江堰水利系统修建后，成都平原腹心地带的水害逐渐得到控制，并有了稳定而丰沛的水源，而渠系工程构成了都江堰灌区水运通道和行洪通道，农业和手工业均得到极大的发展。平原人口逐渐在成都、郫县(现郫都区)和都江堰等地区集聚，主要分布在中脊线及属于内江水系的柏条河和走马河两岸

(谭徐明，2009)。其中郫江和检江(现分别为府河和南河)集航运、灌溉、防洪等功能于一体，对成都市城市形态和城市经济的发展发挥着重要作用(图2.2)。

图2.2 秦代时期都江堰灌区聚居空间与水系结构示意图(谭徐明，2009)

这一时期人类已经能够理解和利用自然的力量，面对洪水袭扰或干旱灾害，采用了一系列具有科学思想的高超治水技术，比如鱼嘴的四六分水和飞沙堰的溢洪排沙，至今仍然有巨大的工程价值。当时的人水关系表现为顺势利用的关系，主要采用顺水而为的治水方式。既利用水的社会效益，又避免产生更多的负向效应，构成了相对集中的依水珥城的聚居空间结构。人类聚居活动表现为尊重自然的人与自然关系模式，形成了自然引导的空间发展模式。结合自然水系，顺势而为，形成成都灌区内江水系，同时采取了"取富之余，补贫之缺"的生态理念，其没有影响整体的功能，因而自然系统依然有足够的环境容量，人类聚居活动对自然过程影响很小，人与自然处于较高的和谐状态。

三、发展时期(公元前206年至20世纪30年代)：依势理水的自觉改造模式

汉唐时期，人们进一步完善和修建了成都灌区平原的渠系工程。修建方式沿用建设初期李冰提出的工程法则，全部采用无坝分水方式，形成了完整的内江水系结构。随着治水技术的进一步提高，成都灌区平原的手工业也得到进一步发展，利用水运交通进行的商业航运发展迅速，成都成为全国最繁忙的商埠之一，在唐代有扬一益二之称[①]。主要城镇分布在成都冲积扇平原的中脊线与重要灌区水系沿岸，出现了较多沿水系布局的县城(图2.3)。

---

① (宋)洪迈《容斋随笔》："唐世盐铁转运使在扬州，尽斡(掌管)利权，判官多至数十人，商贾如织。故谚称'扬一益二'，谓天下之盛，扬为一而蜀次之也。"

两宋到明清(公元 960～1820 年)时期，由于战争原因，都江堰灌区经历了两次浩劫与恢复，都江堰水利工程也随之两次废弃与重建，每次重建时间都为 10～20 年，重建后渠首和渠系均继承了原有形式和格局。该时期的内江主干水系没有大的变化，主要修建了由大量支渠和斗渠、农渠、毛渠等多个层级组成的水网(Willmott，1989)，满足了成都灌区人口增长的需求，维持了良好的人居环境和稳定的社会生产，出现了数量众多的沿支渠和斗渠分布的小型乡村聚落。

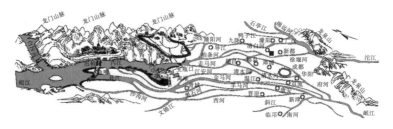

图 2.3   汉唐时期都江堰灌区聚居空间与水系结构示意图(谭徐明，2009)

该时期人类已经具有部分调节自然的能力，依据成都灌区水利系统建设初期的自然法则，都江堰水利系统经过上千年的演进，内江河网水系已逐渐成熟。次级水系支渠与斗渠的大量建设也扩大了灌溉面积，1938 年灌溉面积达到 1720km²(其中内江灌区面积达到 920km²，外江灌溉面积达到 800km²)(谭徐明，2009)。人水关系表现为"依存改造"的关系，主要采用"依势理水"的治水方式。城镇沿着主要水系向腹地变迁，构成了理水择居的聚居空间结构特征，聚居空间与水系结构呈现高度融合状态，是自然有机组成的一部分。人类聚居活动表现为有限改造自然的人与自然关系模式，形成了自觉改造空间发展模式。尽管当时人们大量修建都江堰水利工程的末端水网，但总体上依然采用遵循自然的法则。另外，基于末端水网的水利片区形成了具有自治组织的乡村单元，这种社会系统对有效维护成都灌区水系的生态服务功能起到了重要作用(Li and Xu，2006)。

四、近现代时期(20 世纪 40 年代以后)：工程技术导向下的区域蔓延模式

西方现代水利技术的发展对都江堰水利系统改造产生了深远影响。1933 年岷江上游叠溪七级地震导致堰塞湖群溃坝，

1936 年岷江大洪水导致渠首和渠系遭到完全破坏,因此在 1939 年的《都江堰治本计划》中，设想以现代西方水利工程的大坝形式取代传统无坝引水系统，取消渠首工程。尽管该计划受到诸多质疑而没有实施，但在思想上反映出当时西方现代水利工程技术的特点。为了在非汛期增加内河流量以满足不断增加的灌溉用水需求，1974 年在鱼嘴外江口建成现代水量节制闸，取代了传统的杩槎来实现围堰和泄洪，在非汛期岷江水全被引入成都灌区，导致岷江干流在非汛期出现断流状态。为避免类似的地震灾害和洪水灾害对都江堰的破坏，2006 年在位于离鱼嘴上游 9km 的岷江河道内建成了紫坪铺水库，这项工程避免了汶川"5·12"地震产生的堰塞湖洪水灾害对都江堰灌区的破坏(Cao et al.，2010)。

　　该时期人类掌握了现代水利科学与技术，对水的控制能力达到历史高峰，治水理念和方式发生了很大的变化(通过修建外江口水量节制闸，成都灌区面积已扩大到 6687km^2)，人类试图通过现代科学技术控制自然过程，人水关系表现为征服控制，主要采用工程技术导向的治水方式。传统的聚居空间格局被迅速改变，成都灌区平原的聚居空间结构逐渐与水系结构分离(对水系因素或者说对自然因素的考量降到了历史低点)，原先基于水系导向下的聚居空间结构特征逐渐被快速交通导向下的离水而去空间结构特征取代，单个聚居空间规模和聚居点数量的急剧增大，致使聚居空间连点成面。人类聚居活动表现为征服自然的人与自然关系模式，形成了区域蔓延的空间发展模式。由于花卉种植业取代了大量传统的灌溉农业，以及基于交通导向的区域城市化过程，导致成都灌区水系的主导服务功能发生转变，自然与社会系统的传统共生关系存在瓦解的风险。

　　基于无坝引水工程形式的都江堰水利系统，创造出人水和谐共存的聚居形式，历经 2200 多年仍在发挥着当年设计者赋予它的功能，润泽着天府之国的千里沃野。它缔造了基于灌区水系的自然系统和社会系统，成就了富庶的天府之国，形成了人与自然协调发展的人类聚居环境实践典范。都江堰灌区的人类聚居空间结构特征经历了逐水而居、依水珥城、理水择居、离水而去四个阶段的演变。自然过程对人类聚居模式有重要影响，随着人类对自然的认知达到一定水平，即使没有现代意义上的技术和材料，人类依然可以通过引导自然过程获得较高的生态系统服务功能，维持大规模人类聚居活动。都江堰灌区人居环境从一个高度融合生态、生产和生活过程的整体系统，逐渐演变为近现代将生态、生产和生活过程割裂的系统，人们对都江堰灌区水系的治理模式，更多地依赖于高成本的近现代工程技术，而与水系相协调的、低成本的传统社会治理系统逐渐瓦解。如何有效维持都江堰水系的综合功能，人们将面临前所未有的挑战。

第二节　天府之国人水关系的生态智慧

经历 2200 余年的历史变迁后，都江堰水利系统仍然发挥着神奇的作用，提供农业灌溉、市政供水、航运、水产品、生态保护、旅游观光等综合服务功能。都江堰灌区依然保有"天府之国"的美誉(Xiang，2014；Zhang et al.，2013)，其长久不衰的奥秘蕴含了深刻的生态智慧。假如只从都江堰水利系统工程本体去认识，我们难以找到这个问题的答案。本书的重点不是总结都江堰水利系统的科学技术，而是从世界观、实践观、社会观、伦理观、治理观五个方面，探索天府之国人与自然和谐共处的生态智慧，为当代的可持续人居环境实践提供范式思考：探索其环境观和实践观，认知其可持续奥秘的思想基点和行动准则；探索其社会准则，理解聚居环境演变如何受到社会系统的影响；探索古代的工程技术伦理观，认识环境伦理对工程技术的约束作用；探索维持天府之国水系功能的社会治理体系，理解天府之国自然和社会系统协同进化的内涵。

一、"道生万物"的整体环境观

都江堰水利系统的成功在于综合及系统化的思想，系统性思想在建设初期形成，经过普通民众连续不断的尝试和改进并付诸实施。在建设初期，整个系统就考虑了内外江[①]和上下游人类需求的平衡，也考虑了整个成都灌区人类与自然需求的平衡。天府之国人与自然持久的和谐关系，主要归因于李冰建立的整体性原则，指引了都江堰水利系统从规划、设计，到建设、运行、维护和管理这一系列的实践过程(Cao et al.，2010；Xiang，

---

① 本书中内江即郫江；外江即检江，又称南河。

2014)。整体性原则来源于道家思想的"道生万物"理念，指的是世间一切事物(包括人在内)皆由"道"演化而来，人与万物在本原上有着同一性，把人与自然看成高度相关的统一整体(Peerenboom，1992；Richard and David，1988)。

在成都灌区平原的宏观水系格局和具体工程建设中，均体现了道生万物的哲学思想。近似于天然河道的都江堰灌区无坝引水的工程形式，与自然环境融为一体，不但要处理成都灌区平原内部各系统的相互关系，还需协调与区域自然系统和社会系统的关联。成都灌区平原上下游和内外江自然要素的变化，都会影响相关的自然要素和社会要素。或者说，防洪系统、灌溉系统、航运系统、供水系统、人类聚居系统等多种自然系统和社会系统中任何一个系统的变化，必定会影响其他几个系统，不同系统的运行在互相制约中达到整体平衡，而单一系统的有效运行无法保障整体系统有效运行。实际上，都江堰水利系统支持下的人类聚居模式，是经过长期的整体实践后逐渐形成的。如果没有古代整体论哲学观的指导，就无法完成如此复杂且有效的都江堰水利系统，都江堰灌区也无法持续保持天府之国的美誉。

二、道法自然的生态实践观

道法自然是道家另一重要的哲学思想，可为我们提供生态实践的方法论。道法自然指的是万事万物的运行法则都必须遵守自然规律，即尊重自然之本性，遵循自然之法则，顺应自然之趋势，恢复道、天、地和人原有的自然关系。都江堰水利系统在设计建造之初一直到近代这 2000 多年的历程中，人类活动始终遵循道法自然的理念，形成了年代最久、唯一留存、以无坝引水为特征的水利系统，完美应用了道法自然的生态理念，其主要体现在成都灌区水系格局构建方法及传统引水技术两个方面。

依据区域的水文过程，充分利用灌区西北高、东南低的地理条件，构建了成都灌区水系格局。各级渠系基本呈天然河流形态，垂直灌区的等高线枝状分布在都江堰灌区上。在整个都江堰灌区人类聚居演变史中，均采用因势利导的法则，在区域尺度上维持了支撑关键环境过程的水系结构。根据岷江出山口特殊的地形、地质构造、水脉、水势，在扇形平原的顶端布置渠首工程，基于自然河流的水力条件，采用鱼嘴式和堤堰式的引水技术，完全不依赖于外力作用，自动实现引水调节功能（谭徐明，2009；Cao et al.，2010；Jin，1988）。成都灌区"深淘滩、低作堰"，与现代筑高坝的水利工程截然不同，其差异代表了截然不同的人与自然的关系哲学。这些生态意义上的无坝水利工程，更像自然设施而非人工设施。这种朴素的生态实践法则，甚至解决了现代水利工程泥沙淤积的巨大难题。

三、兼利天下的社会行为准则

社会系统的可持续性是人居环境可持续性的核心，或者说，没有社会基础的人居环境必定是不可持续的。兼利天下的社会行为准则为天府之国可持续发展奠定了社会基础。兼利天下指的是使天下万物都受益，即人类的社会行为应利于万物的生长。很多人称赞都江堰水利系统四六分水和低作堰的生态原则，但仅将都江堰水利系统视为孤立的无坝引水生态工程，显然还未能理解都江堰水利系统的社会内涵。事实上，都江堰的分水原则不只是为了防洪分沙，还反映了一种兼利天下的社会理念；而以大坝为代表的现代水利工程采用的是上游优先甚至上游独占的原则，这将造成上下游之间的社会冲突和关系紧张（Tilt et al.，2009；McCully，2001）。

与现代水利设施不同，都江堰水利系统体现流域公平水权的社会准则。它的兼利天下、四六分水原则，为都江堰灌区人居环境的可持续发展提供了社会基础，体现了人与人之间以及人与自然之间的平衡关系。如果一个流域中所有的引水工程都采用四六分水原则，最后总的用水量有可能被限制在流域总径流量的40%～50%，而这个数字恰恰与今天国际上的河流水资源承载能力一致（Jowett，1997）。如果所有河流60%的水都能够流入下游，就不会出现下游主干河流断流的情况，并可能消解上下游的冲突以及防洪与航运、渔业、景观之间的矛盾。

四、以道驭术的伦理观

以道驭术有两层含义，一是指技术活动和实践方法有利于维持自然系统的健康演进过程，强调的是技术行为的自然伦理；二是指技术行为和技术应用要受社会伦理道德的制约，限制和消除不适当的技术应用所带来的消极社会影响，强调的是技术行为的社会伦理。技术上能做的事情并不是伦理道德意义上该做的事情；失去自然法则和社会道德约束的技术发展，可能导致技术的滥用，为了功利目的而不择手段(Radder，2004)。因此，符合道德标准和自然法则的技术才是好的技术，只有遵循事物本身发展规律的行为才能实现造福万代的目标。在这方面，造福万代既是做技术上正确的事，也是做道德上的好事(Higgs et al.，2000；Wong，2012)。因此，以道驭术伦理观为可持续的人类聚居实践提供了伦理基准。

都江堰水利系统历经多个时代的演变，其建造、维护和改造技术行为，始终受到自然法则的制约。都江堰治水实践智慧体现在三字经和河工八字诀[①]上，二者都是从上千年的历史经验和教训中凝练出的合乎都江堰水利系统自然本性的技术规程，从而达到技术活动各要素之间的和谐，不仅包括技术操作者与技术工具的和谐，也包括治水技术活动中人与人的和谐、技术活动与社会系统的和谐、技术活动与自然系统的和谐。但进入现代，技术活动逐渐摆脱了"道"的约束。例如，1939年提出的《都江堰治本计划》，就脱离了都江堰传统伦理观的约束。为了在非汛期增加内河流量以满足灌区不断增加的灌溉用水需求，通过外江口水量节制闸调节水量，在非汛期时将全部岷江水引入灌区(Cao et al.，2010)，这种做法打破了传统四六分水的规则，导致岷江干流在非汛期时出现断流状态。

五、自发秩序的善治思想

社会系统建构如果没有良好的治理措施，人居环境实体系统将无法有效运行和保持永久功能(Doxiadis，1968)。都江堰水利系统经过2200余年仍在发挥作用，从某种意义上，是良好社会治理的延续(Li and Xu，2006；Jin，1988)。其中，基于自发秩序的善治思想(Beng，2013)，是天府之国人类聚居的另一类生态智慧，主要体现在以下两个方面。

第一，形成了国家与基层社会的合作与依赖关系。国家对

[①] 二王庙石壁上的治水三字经"深淘滩，低作堰，六字旨，千秋鉴，挖河沙，堆堤岸，砌鱼嘴，安羊圈，立湃阙，凿漏罐，笼编密，石装健，分四六，平潦旱，水画符，铁桩见，岁勤修，预防患，遵旧制，勿擅变"，以及河工八字诀"遇弯截角、逢正抽心"，是古代都江堰管理者对无数次经验和教训的实践总结，形成了修缮都江堰水系的技术规程，有着深刻的文化内涵，是管理都江堰水利系统的行为准则。(汉)《河渠志》和（明)《四川志》也提到了六言石刻的治水之法。

都江堰水利系统的管理，最终要通过乡村社会组织发挥作用。汉代遵从国家祀典礼制为李冰立祠，产生了成都灌区富有宗教色彩的灌溉祀典和仪式。水神崇拜与岁修和灌溉仪式有效地融合，形成了政府行政机构、官方专业机构和民间社会组织之间的联系纽带，为灌区行政管理与基层社会组织提供了沟通合作的桥梁，也为灌区水利系统的延续和有效运行注入了活力。其有助于维持灌区平原正常的社会秩序，有利于培育起地方百姓共同的精神情感。对于需要动用大量劳动力进行维护管理的水利系统，这种精神纽带可以凝聚各方力量。通过在各级渠堰兴建供奉李冰的小祠庙，建立了灌区社会最基层的管理组织单元，它们除管理乡村水利工程和公共资源外，还是乡村公共事务议事和村民活动的场所。

第二，多方互动的管理过程，强调管理主体多元化和地方民众的参与。都江堰水利系统非常复杂，由于不同季节内外江和上下游的需水量都有变化，如采用命令式的自上而下的管理方式，将失去应变能力并无法达到资源管理目标。复杂的灌区水系管理逐渐分化为两个层级，即渠首及干渠以上的官堰系统和支渠及以下的民堰系统。在政府管理权限无法到达的支渠及以下的民堰系统，通过用水户广泛参与，形成了具有自治性质的乡村社会组织管理末端水系的方式。其中民堰管理者的产生方式大致有选举制和轮换制两种，由此形成支渠及以下水利系统的管理方式和管理手段的多元化。为了协调官堰和民堰、上下游、内外江的用水纠纷，人们通过会议讨论(如成都灌区的堰工讨论会)形成乡规民约，即提出对各方行为均有限制作用的公共契约。整个灌区官民协调，形成了以水系为基础的良好的地区协作管治机制(袁琳，2016)。各方利益代表的公共参与协商具有灵活的利益表达机制，这有利于形成良好的社会治理体系，也为灌区水利系统的功能延续和有效运行提供了非常重要的社会保障。

第三节　天府之国人水关系面临的挑战

近现代时期(20世纪40年代以后)，人类更多地依赖技术外力对都江堰灌区水系进行调节控制，人水和谐依存的关系逐渐割裂(图 2.4、图 2.5)。如何有效维护都江堰灌区水系综合功能以及在此基础上形成的可持续人居环境模式，都是都江堰灌区面临的巨大挑战，主要表现在：①技术至上的环境观，没有继承传统的整体环境观和生态实践观，打破了人与自然的平衡关系；②追求局部系统的利益最大化，没有尊重流域公平水权的社会准则(如没有继承四六分水原则)，打破了人与人的平衡关系，加剧了内外江和上下游之间的社会矛盾(图 2.6、图 2.7)；③基于水利单元的社会组织形式逐渐瓦解，现在的都江堰放水仪式只是一种旅游产品，已经没有社会学习和组织功能，官方机构和民间组织之间的联系纽带逐渐断裂，不利于培育地方居民共同的精神情感。都江堰灌区人居环境从一个高度融合生态、生产和生活过程的整体系统，逐渐演变成将生态、生产和生活过程割裂的系统，人类聚居活动表现为征服自然的人与自然关系模式，形成了区域蔓延的空间发展模式。因此，探索与当前社会生产和生活方式契合的都江堰灌区区域和地方协作机制，形成现代意义上自然与社会系统的协同共生关系，并在此基础上构建可持续人居环境模式，是都江堰灌区面临的挑战。

图 2.4　现代水量节制闸

资料来源：颜文涛拍摄于 2015 年 5 月 31 日。

图 2.5　外江岷江主流

资料来源：颜文涛拍摄于 2017 年 5 月 17 日。

图 2.6　内江水系洪水泛滥　　　　图 2.7　外江水系较低水位

资料来源：颜文涛拍摄于 2013 年 7 月 9 日。资料来源：颜文涛拍摄于 2013 年 7 月 9 日。

第四节　天府之国人水关系的
当代启示

人居环境可持续发展一直是人类社会追求的最终目标，人居环境的核心问题是人与环境的协调问题。本节通过总结天府之国五个方面的生态智慧，探索其应对各类人居环境挑战的当代价值及其对当代区域生态规划实践的启示。

一、自然与社会系统的协同进化

人类在重构人居环境秩序时，应该重新考虑人类与自然的和谐和平衡。人类社会发展从全球到地方尺度均依赖于自然系统，并深刻地影响着自然系统的生态服务功能。城市系统结构上的整体性，表现为社会系统和自然系统相互作用形成整体的城市环境系统；城市空间结构上的整体性，表现为在全球与区域视野中审视城市各个系统的问题，并在城市和场地的尺度实施各个系统(Forman，2008)，但应注意不同规划层次关键要素管控的连续性。从人类社会对自然系统影响的视角，需要理解动态的社会过程对自然系统服务功能的作用性质、作用类型、作用途径和作用强度(颜文涛 等，2012)，从而提出改善自然系统功能的新型社会治理模式；从自然系统对人类社会影响的视角，同样需要理解动态的自然过程对社会系统的作用机制，评估可能导致的社会效应(正向效应或负向效应)，从而提出适应自然过程的城乡韧性发展模式(Adger，2000；Cumming，2011；Ahern，2013)。人类聚居环境的最终目标不是单一系统的功能最大化，而是寻求多种系统共同作用形成的平衡状态，体现人类与自然在时间、空间维度上的共生关系，而社会与自然系统的相互关系是一种协同进化的关系（Wood，2007；Liu et al.，2007；Persha et al.，2011；颜文涛 等，2016）。

二、空间形态与自然过程的相容性

我们通过规划实践维持或重塑健康的自然过程，有利于维护区域生命系统的健康和稳定。从城乡空间结构模式到工程技术实践均应遵循自然法则。若违背自然法则，代价可能是面临更高的风险和更大的经济成本（Berke，2008）。因此，人类聚居模式的演进应该遵循自然的指引，维护自然系统基本的环境过程及生命支持功能。在区域尺度上，各种自然过程是城乡空间结构的驱动因素，为了重建与自然的平衡关系，可以通过保护或保存支撑关键自然过程的空间结构，实现城市拓展与区域环境自然演进过程的动态平衡（颜文涛 等，2012；Register，2006）；在城市或社区尺度上，由于高密度开发建设不可避免，城市空间结构将改变原有的自然过程。城乡规划不应仅是被动保护自然系统，而应更积极地在城市或社区的空间结构中植入生态元素，将人工构建的生态元素融入区域的自然系统结构中，调节和重塑健康的自然过程，恢复和改善城市或社区环境容量（Kellogg，2002；颜文涛 等，2011；邹锦 等，2014）。将维持关键环境过程的物理结构作为城市空间的支撑元素，可以增强空间形态与环境过程之间的相容性，有利于维护和恢复自然系统的稳定，支持健康而多样的生命系统。基于自然变迁过程理解区域空间的环境功能内涵，构建城乡空间结构生态化模式，为人与自然的共生提供物质载体。

三、模块化的自治管理模式

通过融合社会单元、环境单元和规划发展单元，形成模块化的聚居空间模式（modular human settlement patterns），探索基于模块单元的自治管理模式。由于各个模块单元承载了不同的环境、经济和社会功能，区域将会产生功能多样化的模块系统——类似都江堰灌区基于水利灌溉单元的乡村组织。基于独立且多样的模块单元（类似有机体细胞）所形成的网络城市结构，可以提高系统应对各类冲击的能力，增强系统的整体适应性。另外，结合不同模块的环境特性，为不同的功能模块植入不同的精神价值和内涵，有助于促进多元地域文化的延续和地方知识的传承。由于社区居民生活与模块单元密切相关，有助于社区居民积极参与各类规划决策过程，形成富有活力的、健康的社会自治组织形式。基于这种社会组织结构和社会治理模式，通过社会学习过程形成社区共识，可以有效管理社区尺度的自然系统，是实现公共利益最大化的基本保障。利益相关者的参与可以形成符合社会共同价值标准的行动，也是规划权力合法性的来源和社会基础(Friedmann，1987，1992；Johnson，1989)。通过各种形式的参与决策过程，可以有效防止和化解公民与公民、公民与政府机构、公民与相关经济组织之间的冲突，避免政府与经济组织的政治关联引起的腐败问题。这种多元化的协作性管理方式，也可避免单向命令式管理所面临的社会风险。

四、规划过程引入环境伦理观

在空间规划的决策、编制和行政过程中，存在一系列规划行为主体的价值判断和价值选择。所有的决定和判断都是由价值观而不是技术因素驱动的，尽管技术因素、经济因素和制度因素都很重要，但最后的决议往往取决于决策者的价值观体系。在城市规划领域引入环境伦理观，指导规划价值选择与规划制度革新，可为空间规划编制及法规制定提供价值规范(颜文涛和萧敬豪，2015)。规划实践中，在评估自然资产和社会资产的价值时，不同的规划阶段应保持价值判断的一致性，为规划行为主体的价值选择提供依据。如果一味追求将事实与价值分裂的科学性，将导致许多规划成果违背环境伦理准则，从而加剧社会矛盾冲突。因此，应该从环境伦理学的视角，对空间规划的全过程进行环境伦理考量，实现增进和维护整体的社会环境效益。另外，由于城市规划具有一系列的技术特性，注重规划手段、技术、方法、实证及量化表达，容易产生以技术标准代替价值标准从而"用正确的方法做不正确的事情"的结果，因此需要重新评估规划技术、工程措施及其材料的自然伦理和社会伦理，有些技术的应用可能会受到环境伦理意义上的限制。

参 考 文 献

谭徐明, 2009. 都江堰史[M]. 北京: 中国水利水电出版社.

颜文涛, 萧敬豪, 2015. 城乡规划法规与环境绩效——环境绩效视角下城乡规划法规体系的若干思考[J]. 城市规划, 39(11): 39-47.

颜文涛, 王云才, 象伟宁, 2016. 城市雨洪管理实践需要生态实践智慧的引导[J]. 生态学报, 36(16): 4926-4928.

颜文涛, 王正, 韩贵锋, 等, 2011. 低碳生态城规划指标及实施途径[J]. 城市规划学刊(3): 39-50.

颜文涛, 萧敬豪, 胡海, 等, 2012. 城市空间结构的环境绩效: 进展与思考[J]. 城市规划学刊(5): 50-59.

袁琳, 2016. 生态基础设施建设中的地区协作——古代都江堰灌区水系管治的启示[J]. 城市规划, 40(8): 36-43, 52.

张蓉, 吴庆洲, 2010. 先秦至五代成都古城形态变迁研究[M]. 北京: 中国建筑工业出版社.

邹锦, 颜文涛, 曹静娜, 等, 2014. 绿色基础设施实施的规划学途径——基于与传统规划技术体系融合的方法[J]. 中国园林, 30(9): 92-95.

Adger W N, 2000. Social and ecological resilience: Are they related[J]. Progress in Human Geography, 24(3): 347-364.

Ahern J, 2013. Urban landscape sustainability and resilience: The promise and challenges of integrating ecology with urban planning and design[J]. Landscape Ecology, 28(6): 1203-1212.

Alberti M, 2005. The Effects of urban patterns on ecosystem function[J]. International Regional Science Review, 28(2): 168-192.

Alexander A, 2008. Different paths, same mountain: daoism, ecology and the new paradigm of science[J]. International Journal of Green Economics, 2(2): 153-175.

Antrop M, 2004. Landscape change and the urbanization process in Europe[J]. Landscape and Urban Planning, 67(1): 9-26.

Beng P, 2013. Spontaneity and nonspontaneity in Wu-Wei as an ethical concept of early Daoism[J]. Philosophia-International

Journal of Philosophy, 14 (1) : 1-15.

Berke P, 2008. The evolution of green community planning, scholarship, and practice: An introduction to the special issue[J]. Journal of the American Planning Association, 74 (4) : 393-407.

Cao S Y, Liu X N, Er H A, 2010. Dujiangyan irrigation system: A world cultural heritage corresponding to concepts of modern hydraulic science[J]. Journal of Hydro-Environment, 4 (1) : 3-13.

Chen M X, Liu W D, Tao X L, 2013. Evolution and assessment on china's urbanization 1960-2010: Under-urb-anization or over-urbanization?[J]. Habitat International, 38 (1) : 25-33.

Cohen B, 2006. Urbanization in developing countries: Current trends, future projections, and key challenges for sustainability[J]. Technology in Society, 28 (1) : 63-80.

Cumming G S, 2011.Spatial resilience: Integrating landscape ecology, resilience, and sustainability[J]. Landscape Ecology, 26 (7) : 899-909.

Doxiadis C A, 1968. Ekistics: An Introduction to the Science of Human Settlements[M]. New York: Oxford University Press.

Forman R T T, 2008. Urban Regions: Ecology and Planning beyond the City[M]. Cambridge: Cambridge University Press.

Friedmann J, 1987. Planning in the Public Domain: From Knowledge to Action[M]. Princeton: Princeton University Press.

Friedmann J, 1992. Empowerment: The Politics of Alternative Development[M]. Cambridge: Blackwell Publishers.

Grimm N B, Faeth S H, Golubiewski N E, et al., 2008. Global change and the ecology of cities[J]. Science, 319 (5864) : 756-760.

Higgs E, Light A, Strong D, 2000. Technology and the Good Life?[M]. Chicago: University of Chicago Press.

Jin Y T, 1988. Main experiences on design and management of the Dujiangyan Irrigation System[J]. Irrigation and Drainage Systems, 2 (2) : 173-184.

Johnson W, 1989. The Politics of Urban Planning[M]. New York: Paragon House Publishers.

Jowett I G, 1997. Instream flow methods: A comparison of approaches[J]. Regulated Rivers: Research & Management, 13(2): 115-127.

Kalnay E, Cai M, 2003. Impact of urbanization and land-use change on climate[J]. Nature, 423(6939): 528-531.

Kellogg W, 2002. Nature's neighborhood-urban environmental history and neighborhood planning[J]. Journal of the American Planning Association, 68(4): 356-370.

Li K, Xu Z F, 2006. Overview of Dujiangyan irrigation system scheme of ancient china with current theory[J]. Irrigation and Drainage, 55(3): 291-298.

Liu J G, Dietz T, Carpenter S R, et al., 2007. Complexity of coupled human and natural systems[J]. Science, 317(5844): 1513-1516.

Madlener R, Sunak Y, 2011. Impacts of urbanization on urban structures and energy demand: What can we learn for urban energy planning and urbanization management?[J] Sustainable Cities and Society, 1(1): 45-53.

McCully P, 2001. Silenced Rivers: The Ecology and Politics of Large Dams[M].London: Zed Books.

McHarg I L, 1969. Design with Nature[M]. New York: Natural History Press.

Naveh Z, 2000. What is holistic landscape ecology? A conceptual introduction[J]. Landscape and Urban Planning, 50(1-3): 7-26.

Peerenboom R P, 1992. Nonduality and daoism[J]. International Philosophical Quarterly, 32(1): 35-53.

Peng B, 2008. Dujiangyan irrigation system: A case of east Asia local knowledge with universal significance[J]. Frontiers of History in China, 3(4): 533-550.

Persha L, Agrawal A, Chhatre A, 2011. Social and ecological synergy: Local rulemaking, forest livelihoods, and biodiversity conservation[J]. Science, 331(6024): 1606-1608.

Pickett S T A, Cadenasso M L, Grove J M, et al., 2011. Urban ecological systems: Scientific foundations and a decade of progress[J]. Journal of Environmental Management, 92(3):

331-362.

Radder H, 2004. Pragmatism, ethics, and technology[J]. Research in Philosophy and Technology, 7(3): 10-18.

Rees W E, 1997. Urban ecosystems: The human dimension[J]. Urban Ecosystems, 1(1): 63-75.

Register R, 2006. Ecocities: Rebuilding Cities in Balance with Nature[M]. Gabriola Island, BC: New Society Publishers.

Reiner T A, Parr J B, 1980. A note on the dimensions of a national settlement pattern[J]. Urban Studies, 17(3): 223-230.

Richard S, David B, 1988. Taoism and deep ecology[J]. Ecologist, 18(4-5): 148-159.

Seto K C, Sanchez-Rodriguez R, Fragkias M, 2010. The new geography of contemporary urbanization and the environment[J]. Annual Review of Environment and Resources, 35(1): 167-194.

Tilt B, Braun Y, He D, 2009. Social impacts of large dam projects: A comparison of international case studies and implications for best practice[J]. Journal of Environmental Management, 90(3): S249-S257.

Willmott W E, 1989. Dujiangyan: Irrigation and society in Sichuan, China[J]. The Australian Journal of Chinese Affairs, 22(22): 143-153.

Wilson F D, 1984. Urban ecology: Urbanization and systems of cities[J]. Annual Reviews Sociology, 10(1): 283-307.

Wong P H, 2012. Dao, Harmony and personhood: Towards a Confucian ethics of technology[J]. Philosophy & Technology, 25(1): 67-86.

Wood J, 2007. Synergy city: Planning for a high density, super-symbiotic society[J]. Landscape and Urban Planning, 83(1): 77-83.

Wu J G, 2014. Urban ecology and sustainability: The state-of-the-science and future directions[J]. Landscape and Urban Planning, 125(SI): 209-221.

Xiang W N, 2013. Working with wicked problems in socio-ec ological systems: Awareness, acceptance, and adaptation[J]. Landscape and Urban Planning, 110(1): 1-4.

Xiang W N, 2014. Doing real and permanent good in land scape and urban planning: ecological wisdom for urban sustainability[J]. Landscape and Urban Planning, 121（SI）: 65-65.

Zhang S H，Yi Y J，Liu Y，et al. 2013. Hydraulic principles of the 2268-year-old Dujiangyan project in China[J]. Journal of Hydraulic Engineering—ASCE, 139（5）: 538-546.

第三章 城市形态与河流水系的关系变迁：成都案例解析

河流水系是影响城市形态发育演变的重要因素。河流水系可以提供饮用水源、污染净化和生产(活)动力等功能，为城市的产生提供重要的基础条件，因此临水筑城是大多数古代城市选址的重要原则。由于河流水系具有重要的航运功能，沿河流水系形成的商贸货运设施，构成了城市主要的生活和生产空间，对城市形态发育和形成发挥着重要的作用(邢忠和陈诚，2007)。城市发展受到基于河流水系的航运交通影响，由河流水系主导的城市空间形态，呈现带状或星状的结构特征。随着城市发展对空间的进一步需求，人们通过调整或修建人工水系(如运河)，满足城市对交通增长的需求，这也直接影响了城市空间形态的演进(邹卓君和杨建军，2003)。历史上区域水系变迁对城市空间拓展发挥着重要作用，城市空间每一次变革性突破与区域水系调整都密切相关(徐敏，2011)。由于地形地貌的差异以及城市发展对河流水系功能的需求不同，不同区域的水系调整方式也可能不同，进而孕育出不同空间特征的城市形态。本章以成都作为研究对象，采用历史比较法，探讨成都城市形态与河流水系的关系变迁。从水系格局和自然过程的适应性、水系功能与社会需求的适应性、形态功能与水系格局的适应性等方面，解析成都城水关系的适应性智慧。从空间维度、时间维度、功能维度三个方面，提出对当代生态城市实践的若干启示。

第一节 城市形态与河流水系的关系演变

人的一切活动都离不开水，水是影响古代城市选址和发展的重要因素。岷江出山进入平原，河流纵比降急剧减小而发生大量的泥沙淤积，形成古代成都冲积扇平原，逐渐形成从西北向东南的自然河流水系，以及平行于河流水系的垄状台地，而成都平原早期人类聚落遗址群多分布在这些垄状台地上(许荣生，2006)。古代成都冲积扇平原的自然水系不断改道且洪水泛滥，导致早期人类聚落难以形成永久性定居点，古代人类聚落经历了平原南部扇缘—北部扇缘—平原中心的历史变迁(颜文涛 等，2017)。随着古蜀先民的治水活动，通过"岷山导江，东别为沱"①，逐渐减轻了平原的洪水泛滥，平原中心龟背区域逐渐发展为古蜀都城，即今成都市中心位置。成都二江(郫江即今府河，检江即今南河)在不同历史时期对成都城市的形成和发育都起到了非常重要的作用。成都城市形态与河流水系的关系变迁经历了三个阶段：秦汉隋唐的发展阶段、两宋明清的成熟调整阶段、近现代的剧变转型阶段。

一、秦汉隋唐的发展阶段：从两江珥城到两江抱城的形态演变

秦成都应该是在古蜀都城的基础上发展形成的，仿咸阳制设置大城(行政区)和少城(商业区)两个功能区。秦蜀郡太守李冰(公元前302~公元前235年)主持修建了都江堰水利系统，并在原天然河流水系的基础上整治开凿二江，一为郫江(又称内江)，一为检江(又称外江或南河)，构建了两江并流的水系格局。二江居城之南，整个城市依托二江向北拓展，形成了两江珥城(市)的城市空间形态特征(颜文涛 等，2017)(图3.1)。少城所在区域是成都平原最早的人类聚居点之一，主要受二江航运功能影响，少城逐渐发展为北寺南市的空间布局形态，是秦朝时期成都城市商业最繁荣、社会生活最丰富的区域。汉代时期则依托七桥跨越二江，以及依托检江(南河)的交通运输功能，沿岸逐渐形成了以军事功能为主的车官城以及以纺织生产功能为主的锦官城等城市功能组团，手工业和商业也得到了进一步发展。郫江(内江)的主要功能是为生活及部分生产功能提供充足水源。秦成都形成了以二江为载体、以七桥为连接廊道的城市多组团结构。秦汉时期除二江以外，城市外围还分布了许多池塘，《华阳国志》记载城北有万岁池(即龙堤池)，城东有千秋池，城西有柳池。

---

① 《禹贡》是保存在《尚书》中的中国最古老的地理文献之一，其中记述了大禹在岷江流域治水的故事："岷山导江，东别为沱"，意思是大禹在岷江开凿河道，导引岷江分流向东，流入沱江，从而减轻岷江的水灾，使人民得以安居乐业。

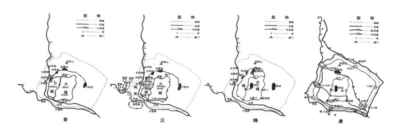

图 3.1　秦汉隋唐四个时期河流水系和城市空间形态关系

资料来源：根据《成都城坊古迹考》(四川省文史研究馆，2006)绘制。

隋唐时期是成都发展的黄金时期。隋代新建隋城，城市向北拓展，诸多堰池相连并与河流水系相通，成为城市空间形态的构成要素。基于军事防御、扩大城市规模、发展城东商业等多重目的，晚唐时期的名将高骈充分利用原有地形改造内江(郫江)，将内江由原绕城西而东流改为由西向东绕城北再折向南流，但外江河道不变，仍经城西绕城南而东流，然后二江在合江亭汇合。大城外围新建罗城，少城被拆，形成"双城相套，两江环抱"的城市空间形态特征。成都城市结构由两江珥城过渡到两江抱城，这个阶段成都古城空间形态发生了很大的变化(图 3.1)。公元 785 年开凿解玉溪、公元 853 年开凿金水河等，使成都城市水系结构形成"两江抱城，碧网润城"的空间形态。二江主要提供军事防御和对外交通运输的功能，解玉溪和金水河主要承担为生产生活提供水源、排水防涝以及城市内部交通运输的功能。双城边界充分尊重自然地形条件，城市中心逐渐从西部、南部向东部、北部变迁，依托解玉溪和金水河形成了重要的城市手工业和商业设施，如依托解玉溪形成东市(柴宗新，1990)。这一时期河流水系为成都城市形态的基本构成要素，其功能和结构的调整受城市发展的影响，城市的形态发展演变也依托于河流水系。

二、两宋明清的成熟调整阶段：从两江抱城到三城相套的形态演变

两宋时期成都水系格局虽然与唐代保持一致，但由于内(郫)江改道北移，位于内江故道沿线的低洼地——城西和城南排水能力下降，公元 966 年由于区间暴雨成都遭遇较大的洪涝灾害。北宋时期通过整理内江故道，加开支渠改善城南排水状

况，形成了四大沟渠汇入金水河，均具有供水、航运、排污功
能，较大程度地改善了城西和城南的行洪能力，成为城市重要
的市政基础设施(图 3.2)。南宋时期成都经历了较大的洪水，
其中城南和城西灾情最重，是城市河流水系疏于管理而淤塞，
以及内江故道北移后导致城南和城西的行洪能力不足等造成
的(许荣生，2006)。

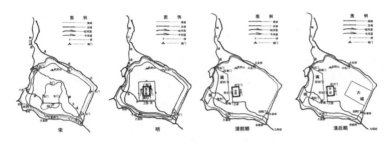

图 3.2　宋明清三个时期河流水系和城市空间形态关系

图片来源：根据《成都城坊古迹考》(四川省文史研究馆，2006)绘制。

　　元代由于战乱人口稀少，城池缺乏修缮与维护，城墙坍塌，
池水干涸。明代开始重修成都城，成都城出现城中之城——明
蜀王府。明成都共有三道城墙：第一道为蜀王府城(内城)，
位于金水河以北，正南北轴向且城墙边界规整，沿蜀王府城
开挖御河并连接金水河；第二道城墙为蜀王宫萧墙(中城)；
第三道城墙为在原来罗城旧址上修筑的明罗城(外城)(四川
省文史研究馆，2006)。明成都逐渐形成了"三城相套，两江
抱城"的城市空间形态特征，这是成都古城空间形态发生的
第二次重大变化(图 3.2)。明末清初因战乱，成都城再次全部
毁灭，清初重建成都城，在明蜀王府废墟之上建四川乡试贡
院，在贡院西侧修建满城。清中后期贡院东侧修建以商贸集
市为主导功能的大城，依托郫江(内江)的航运功能，形成了
东西南北四条大街。清成都呈现"三城相重，两江环抱"的
城市空间形态特征。总体而言，由于两宋明清时期的长期战
乱破坏，成都城市经过多次毁灭与重建，其结构也发生了巨
大的变化。二江水系为城市提供水路航运和军事防御等功能，
但解玉溪由于填埋和失修逐步干涸而消失，摩诃池由于缺乏
维护面积大量缩减(陈渭忠，2006)，而金水河依然提供排污、
行洪、水运和消防等功能。

三、近现代的剧变转型阶段：从三城相重到同心圆放射式的形态演变

1912 年内部堰池水系逐渐消失，摩诃池彻底消失，满城城墙被拆除，因废除科举，原来的贡院被当作学校使用，保留了大城和罗城城墙。抗战时期大城也逐渐被拆除（李旭 等，2016）。20 世纪 40 年代，成都市区范围与现在的一环路以内相当，城市空间已经突破外城限制并跨越两江(河)发展，唐代以来成都两江抱城的城市形态特征逐渐发生变化。1954～1957 年的沙河大改造为城市东部片区提供了充足的水源，沙河从以前的分流功能转变为为城市提供生产和生活水源的功能，沙河主导功能的改变为城市东拓（东拓动力来源于成渝两地紧密的经济联系）奠定了有利条件。从 20 世纪 50 年代至改革开放初期，由于沙河承担了水运、供水等重要的功能，沿沙河区域成为近郊与远郊的接合部（成都市社科院，2006），公共服务设施相对完善。以三线建设的东郊工业区为主导，城市主要向东、东南和东北方向逐渐扩展，成都二环路的东段和东北段最先建成（图 3.3）。在此期间，金河、御河因修筑防空工事，被断流填埋，昔日环绕整个城市的郫江(内江)和检江(外江)已经演变为城市内部河流，主导功能转变为排水和游憩。

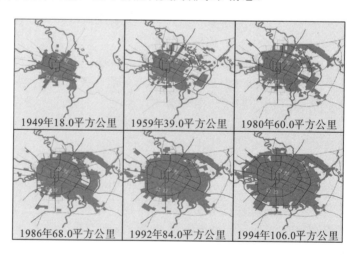

图 3.3　现代成都中心城区空间形态变迁

资料来源：《成都市城市空间发展战略研究》，成都市规划设计研究院。

改革开放以来，城市规模快速沿主干交通向外轴扩张，成都依托沙河形成重要的工业带，城市范围突破二环并逐步向三环发展，使得原有城市空间形态特征彻底被打破，逐步形成单中心圈层结构的空间形态发展模式（图 3.3）。自唐代以来延续了一千多年的两江抱城的城市形态特征，逐渐演变成为近现代的"两江环于城中，沙河襟带城东"的城市形态特征。二江在城市内的次级水系基本干涸消失，同时二江的航运功能也被陆运交通所取代。以经济为导向，以陆运交通为载体，极大地改变了原有的城市空间形态，城市建设用地不断向外拓展，城市周边的水系结构逐渐退化。

第二节　城市形态和河流水系的适应性

成都平原的发展史是一部因水而生、治水而兴的历史，人与自然的关系主要体现在人与水的相互关系上。成都河流水系与城市空间形态的关系，经历了逐水而居、依水珥城、理水择居、离水而去四个阶段（颜文涛 等，2017）。成都城水关系的适应性智慧，体现了水系结构和功能的变化适应了动态的自然过程和社会需求，主要表现在水系格局和自然过程的适应性、水系功能与社会需求的适应性、水系格局与城市形态的适应性等方面。

一、水系格局与自然过程的适应性

区域的气候、水文、地形、土壤地质条件影响着河流的产生和发育。历史时期成都两江抱城的城市水系格局，是人类依据成都平原西北高、东南低的地理条件及水文过程，采用因势利导的适应性法则，主动选择与多次调整的结果，反映了城水的动态适应关系。构建或调整城市河流水系格局须遵循水文过程、沉积过程、侵蚀过程等自然过程，否则自然过程将产生改变人工水系格局的力量，继而可能导致不确定的变化后果甚至引发洪水灾害。成都秦汉时期两江珥城的水系格局，基本遵循了自然河流水系的格局特征。唐代郫（内）江北移形成的两江抱城水系格局，依然遵循原来西北至东南的水力坡降条件，调整后的水系格局与自然水文过程相适应。河流水系变化还反映出人们在理解自然过程后对环境因势利导的适应性改造，将河流水系与各个湖塘相连，形成适应区域自然水文过程的城市水系网络格局，可以提供安全而持续的洪水调节、水源供给、水运交通等功能。

二、水系功能与社会需求的适应性

水系格局的动态优化过程是一个持续协调自然与社会系统相互关系的过程。不同历史时期水系功能的变迁，折射出成都城市社会系统演替及其对水环境的需求特征。二江具有的航运功能适应了早期少城居民的商贸需求。随着城南人口规模的扩大，对水系功能的社会需求也产生了变化，二江逐渐承载了水运交通、军事防御、水源供应、排污行洪等综合功能。唐代时期内江北移后，城市水系功能发生较大变化，二江主要提供军事防御和对外交通运输的功能，解玉溪和金水河主要提供生产生活用水、排水防涝以及城市内部交通运输的功能，依托解玉溪和金水河形成了重要的城市手工业和商业设施。纵观历史，二江主导功能从航运→综合→(航运+防御)→(排水+景观)的变化，体现了在不同历史阶段社会需求的适应性。无法满足社会需求的城市河流水系将逐渐退化(或填埋消失)，这会影响依赖于河流水系的社会生产方式和组织形式，并将对城市社会空间结构产生潜在而深远的影响。

三、水系格局与城市形态的适应性

成都城市形态和河流水系的关系演变过程，表明了区域环境对城市形态的决定作用，其中水文过程在控制和塑造城市空间形态的过程中一直扮演着关键的角色。古代成都城邑修建顺应了水系的形态特征，城垣走向也与水系平行。成都后续的水系改造促进了城市形态的完善和特色的提升，水系格局的优化与城市形态的完善相互影响。成都历史上郫江(内江)北移、解玉溪和金水河的修建以及沙河功能的转变，为城市中心逐渐从西部、南部向东部、北部变迁提供了基础条件。历史上成都每次城市空间形态的突破都与河流水系结构和功能的调整有关。河流水系和依托河流水运交通功能等的相关设施，以及连接码头的主要历史街道轴线，构成了城市空间形态的基本组成要素。重视河流水系对城市空间形态的支撑和限制作用，可以增强空间形态与自然过程的相容性，有利于塑造健康而多样的城市地域空间特色。因此，水系格局构建（或重建）应该与城市形态拓展需求或城市空间功能更新相适应。

第三节 对当代城市生态规划的启示

城市河流水系是区域自然系统的延伸，城市形态与河流水系关系变迁的适应性智慧，本质上是社会与自然系统在时间和空间维度上的协同演进关系，可为当代生态实践提供以下几个方面的启示。

在空间维度上，河流水系是生态城市空间形态必不可少的基础结构，生态城市实践需要考虑城市空间形态的整体性和河流水系格局的完整性。城市空间形态必须与宏观河流水系格局相适应，同时应体现生态过程的连续性和空间结构的整体性（颜文涛 等，2011，2012）。城市河流水系不是独立的自然环境要素，而是区域生态系统在城市空间中的延伸，是区域生态系统结构的有机组成部分。只有在保障区域生态系统结构完整性的前提下，基于完整水-绿网络的城市河流水系，确定合理的城市河流水网密度、网络连通度和水面率指标，城市河流水系才能产生稳定高效的生态服务功能（邹锦 等，2014；颜文涛等，2016）。城市空间形态应能适应河流水系的动态变化特征，提升空间形态与水文过程的相容性，增强城市的承洪韧性（Liao，2012）。恢复健康的河流水系应充分尊重自然法则，探索利用河流的自然法则调整河流的水文过程，违背自然法则可能会给我们带来更高的经济代价与环境风险。

在时间维度上，城市河流水系经历了城市起源和发展的各个阶段，河流滨水空间是历史文化积淀最深厚的地方。若割断城市发展与河流水系相互之间的关系，则等同于失去了城市赖以生长的根基。因此，生态城市空间形态应体现河流水系在不同历史时段的文化价值，强调时间谱系的连续性。城市河流水系处于一个持续的动态变化过程，由于河流生态系统的复杂性和规划决策及参与主体的不确定性，难以通过工程技术手段完全控制河流自然过程和滨水空间开发行为，应为将来持续的优化维护提供可灵活调节的弹性空间框架。由于城市社会系统更替和经济发展阶段的差异，不同历史阶段对河流水系的需求也不同，整合城市河流水系的自然生态价值和历史人文价值，结合现状和将来的河流水系使用价值，提升城市形态空间和河流水系相互作用的综合效应。引导促进人类健康安全的河流水系自然演替过程，赋予河流水系新的社会功能与认知价值，城市空间形态需要考虑河流水系环境演变的历史和过程（袁琳，2014）。

在功能维度上，构建城市河流水系生态功能和建成环境功能的共生关系，强调河流水系生态要素和城市空间人文要素的协同增值效应。河流水系所在的小流域开发形态模式和功能安排，决定了城市河流水系的水环境功能。将河流水系的水环境功能目标转化为城市形态的空间约束，通过探索城市河流水环境容量和开发功能的相互关系，提出城市功能布局适应性原则，构建合理的城市功能结构模式（颜文涛 等，2012）。依据河流水系的水域功能目标、自然特征和景观条件，可以在河流水系沿线布置以文化、游憩、商业、居住等为主题的一个或多个功能区，发挥河流水系的环境效益、经济效益和社会效益。例如，对以自然保护和饮用水源为主导功能的河流水系，应严格限制高污染负荷的功能用地，引导开发具有水源涵养、生物多样性保护、环境净化、侵蚀控制和保持水质功能的功能用地（森林和草地等）；对以景观娱乐为主导功能的河流水系，可以进行适度开发，土地利用类型需要与河流水系主导功能兼容，基于城市河流水系的集水区尺度，提出与水域功能相适应的土地利用政策（颜文涛和萧敬豪，2015）。

参 考 文 献

柴宗新，1990. 成都城市水系变迁及其在都市发展中的作用[J]. 西南师范大学学报（自然科学版）(4):573-578.

陈渭忠，2006. 摩诃池的兴与废[J]. 四川水利(5): 60-62.

成都市社科院，2006. 成都市志[M]. 成都：巴蜀书社.

李旭，许凌，裴宇轩，等，2016.城市形态的"历史结构":特征·演变·意义——以成都为例[J]. 城市发展研究，23(8): 52-59.

四川省文史研究馆，2006. 成都城坊古迹考（修订版）[M]. 成都：成都时代出版社.

邢忠，陈诚，2007. 河流水系与城市空间结构[J]. 城市发展研究, 14(1):27-32.

徐敏, 2011. 水利因素影响下的城市形态变迁研究——以慈城为例[J]. 城市规划, 35(8): 37-43.

许蓉生, 2006. 水与成都：成都城市水文化[M]. 成都：巴蜀书社.

颜文涛, 萧敬豪, 2015. 城乡规划法规与环境绩效——环境绩效视角下城乡规划法规体系的若干思考[J]. 城市规划, 39(11): 39-47.

颜文涛, 王云才, 象伟宁, 2016. 城市雨洪管理实践需要生态实践智慧的引导[J]. 生态学报, 36(16): 4926-4928.

颜文涛, 象伟宁, 袁琳, 2017. 探索传统人类聚居的生态智慧——以世界文化遗产区都江堰灌区为例[J]. 国际城市规划, 32(4):1-9.

颜文涛, 王正, 韩贵锋,等, 2011. 低碳生态城规划指标及实施途径[J]. 城市规划学刊(3): 39-50.

颜文涛, 萧敬豪, 胡海,等, 2012. 城市空间结构的环境绩效:进展与思考[J]. 城市规划学刊(5):50-59.

袁琳, 2014.传统调适经验对当代人居环境洪涝减灾的启示——古代都江堰灌区为例[J]. 城市规划, 38(8):78-84,90.

邹锦, 颜文涛, 曹静娜,等, 2014. 绿色基础设施实施的规划学途径——基于与传统规划技术体系融合的方法[J]. 中国园林, 30(9): 92-95.

邹卓君, 杨建军, 2003. 城市形态演变与城市水系动态关系探讨[J]. 规划师, 19(2): 87-90.

Liao K H, 2012. A theory on urban resilience to floods: A basis for alternative planning practices[J]. Ecology and Society, 17(4):388-395.

第四章　城市小流域土地利用与水环境的内在关联

　　快速城市化改变了小流域[①]的地理形态和土地的自然属性，而城市建设引起不透水表面和高密度人工排水系统的不断增加，也产生了显著的水环境效应(徐光来 等，2010；Ali and Khan，2011；颜文涛 等，2011，2014)。城市土地利用与河流水环境存在紧密的相互作用关系，城市开发建设活动可以通过影响小流域的水质和水量，对更高一级的过境河流水环境产生重大影响。城市小流域的河流水环境质量又会对水域周边及小流域土地利用产生潜在的影响。由于缺乏面向水环境绩效[②]管理的空间规划方法和策略，实现健康的城市河流水环境目标依然面临巨大的挑战(颜文涛 等，2012；颜文涛和萧敬豪，2015)。

　　解析城市小流域土地利用与水环境的相互关系，可以帮助我们深刻理解土地利用规划与水环境管理的内在关联，为趋向水环境保护的城市土地利用生态化提供科学依据。国内外学者主要从四个方面展开了研究：①流域和河岸缓冲带尺度上土地利用/覆盖对河流水质的影响(Lee et al.，2009；张殷俊 等，2011)，主要研究了流域或河岸带上土地利用/覆盖类型与河流水质指标之间的关系；②流域尺度上景观格局与河流水质及水生生态系统的关系研究(Alberti et al.，2007；刘丽娟 等，2011；杨莎莎 等，2013)；③城市不透水表面对洪水频率、径流总量和径流污染等水环境效应影响的研究(Arnold and Leopold，

[①] 城市小流域是指以分水岭和城市河道出口断面为界，以城市溪流为地貌特征的一个集水区域，集水面积为 $10\sim100km^2$。城市小流域既是一个水文单元，又是一个自然生物单元。城市建设区与小流域空间单元密切相关。城市建设区可以位于小流域单元中，也可由若干个小流域单元构成。

[②] 城市河流水环境绩效是指实现水环境目标的程度，即河流水环境绩效=河流水环境质量的实现指标/河流水环境的规划指标，绩效大于 1 表示规划实施后水环境质量达到并超过规划目标，绩效小于 1 表示规划实施后水环境质量没有达到规划目标。衡量水环境质量的指标包括化学需氧量(Chemical Oxygen Demand，COD)、总磷(Total Phosphorus，TP)、总氮(Total Nitrogen，TN)、悬浮固体物总量(Total Suspended Substance，TSS)等水质指标，地表径流总量、径流峰值、径流时间、径流系数、地下水储存量等水量指标，以及水系结构、河网形态等指标，这些指标可以表征城市河流水环境的健康程度。

1968；Hollis，1975；Gibbon，1996；Brun and Band，2000；刘珍环和曾祥坤，2013）；④基于水环境保护的流域景观格局优化和土地利用分区管制研究（岳隽 等，2007；陈雯，2012）。

探讨城市小流域水环境的土地利用增效机制，有利于采用适宜的生态规划策略提升城市水环境绩效，也是针对小流域水环境管理的生态实践。但是，为了提升城市水环境绩效，城乡生态规划过程应该控制哪些关键规划变量，以及开发建设应该在小流域上游还是下游或中游，笔者通过梳理前人实证性研究的相关结论，总结凝练小流域土地利用和水环境相互关系的规律性认知，探讨水环境管理目标对土地利用的约束和引导，提出整合水环境目标的小流域生态实践路径。尝试探索将量化水环境目标转化为空间规划策略，探索基于反馈调节的生态实践路径，可为城市小流域水环境管理提供综合框架。

第一节　土地利用对河流水环境的影响规律

快速城市化过程中森林、水域、湿地等非建设用地转化成居住、工业或商业等建设用地，流域城市化改变了流域土地自然属性、河流水系结构、自然水文系统和流域产汇流过程，导致不透水表面的大量增加和水系自然形态的改变，影响了小流域的自然水文过程和营养物质的产生、传输和累积过程，从而产生了显著的水环境效应（颜文涛 等，2012，2014），同时也影响着城市化流域水质和河流生态系统健康（Alberti et al.，2007；Lee et al.，2009；张殷俊 等，2011；颜文涛和萧敬豪，2015）。城市地下水位下降对城市河流的生态基流造成巨大影响，从而导致城市水环境的恶化，城市用地布局的近期锁定效应将导致水环境治理的困难（Arnold and Gibbon，1996；Brun and Band，2000；刘丽娟 等，2011；杨莎莎 等，2013）。不同的城市用地布局模式通过降雨径流作用，会不同程度地影响城市水环境，传统城市土地利用模式将会产生城市雨岛效应、径流峰值效应和径流污染效应、水系结构片段化效应等综合水文效应（Leopold，1968；Hollis，1975；Klein，1979；Todd et al.，1989；Booth，1991；Bhaduri et al.，2000；岳隽 等，2007；陈雯，2012；刘珍环和曾祥坤，2013），容易导致城市洪涝灾害频发、城市河流干旱断流、水质恶化、流域生态系统退化等环境问题。建设用地与不透水表面存在显著的线性正相关关系，通过计算不同类型建设用地的不透水表面系数[①]，可以将建设用地面积转化为不透水表面面积[②]。因此，建设用地和不透水表面均可以作为影响水环境的规划控制变量。本节探讨土地利用规模、类型和形态等对河流水环境的影响规律，为采用土地利用控制手段管理小流域水环境提供科学依据。

一、土地利用规模对河流水环境的影响效应

小流域土地利用规模是指建设用地（或非建设用地）数量及比例关系，不同的建设用地（或非建设用地）数量或比例关系对河流水环境存在不同的影响效应。小流域建设用地的增加直接导致不透水表面的增大，这将改变地表径流特性，进而影响城市小流域的河流径流总量和洪峰流量，短时间内会增大降雨径流峰值，长时间内会增加洪水频率和径流总量。不透水表面的增大加剧了小流域中小洪水的峰值和频率，但对规模大、重现期长的洪水（如百年一遇以上的洪峰）影响不大（Hollis，1975）。或者说，对于不透水表面增大对河流径流总量和洪峰流量的影响，小雨雨情显著大于暴雨雨情。另外，不透水表面和雨水沟渠系统两个因素同时增加了径流累积速率，减少了峰值水位滞后时间（lag time），导致径流峰值增大（Leopold，1968）。不透水表面率为 20%～80% 时，小流域的径流总量将快速增长，20% 的不透水表面率可能是径流迅速增加的阈值（表 4.1）。

---

① 各类建设用地的不透水表面系数，美国高密度居住区（high density residential area，3～7 住宅单位/英亩）不透水表面系数为 0.20～0.40，多户家庭居住区（multifamily area，7～30 住宅单位/英亩）不透水表面系数为 0.35～0.60，普通商业用地不透水表面系数为 0.85，工业用地不透水表面系数为 0.75，购物中心不透水表面系数为 0.95。转引自 Soil Conservation Service（1975）。

② 由于城市规划管理技术规定存在差异，不同类型建设用地的不透水表面系数不同。需要依据采样统计结果，计算不同类型建设用地的不透水表面系数。采用算式 $IC = \sum IC_i = \sum (DL_i \times \alpha_i)$（式中，$DL_i$ 为第 i 类建设用地面积；α_i 为第 i 类建设用地不透水表面率；IC_i 为第 i 类建设用地不透水表面的面积；IC 为建设用地不透水表面的总面积），可以将建设用地面积转化为不透水表面面积。

表 4.1 城市小流域土地利用规模对河流水环境绩效的影响研究归纳

作者	研究尺度	不透水表面率 (建设用地比例)	水环境绩效说明
Leopold(1968)	2.6 km²	20%	年均洪峰流量可增大到开发前的1.5 倍
		40%	年均洪峰流量可增大到开发前的2.3 倍
		80%	年均洪峰流量可增大到开发前的4.2 倍
Klein(1979)	2.4~7.3 km²	12%	可以维持健康的河流生态系统
		30%	河流生态系统退化严重
Todd 等(1989)	234 km²	30%	水体 TP 和 TSS 污染负荷的增加将导致水域富营养化
Booth(1991)	13 km²	10%~15%	鱼类和水生昆虫多样性迅速下降
		30%	河流水生生态系统退化严重
Arnold 和 Gibbons(1996)	多尺度	10%	河流水环境质量开始退化
		30%	河流水环境质量退化不可逆转
Brun 和 Band(2000)	91 km²	20%~80%	小流域径流总量将快速增长,其中 20%可能是径流总量迅速增加的阈值
Bhaduri 等 (2000)	70.5 km²	增加了 18%	年均径流体积增长了 80%左右
Center for Watershed Protection (2003)	子流域尺度	10%~25%	河流健康度开始快速下降
		25%	难以维持良好的健康状态
刘珍环和曾祥坤(2013)	深圳市 11 个小流域	增加了 73.21%	枯水年年径流总量增长了 56.34%,丰水年年径流总量增长了 44.71%
颜文涛和何强 (2016)[①]	10~100 km²	20%以下	NH_3-N 的年平均水质达到Ⅲ类标准的河流占 75%左右;TP 年平均水质达到Ⅴ类标准的河流占 50%左右
		20%以上	NH_3-N 的年平均水质达到Ⅴ类标准的河流占 25%左右;TP 年平均水质均为劣Ⅴ类标准

　　小流域建设用地(或不透水表面)数量和比例增大,产生的点源和径流污染负荷排放将影响河流水质。大量的不透水表面

---

① 该部分结论引用自"十二五"国家科技重大专项课题"重庆两江新区城市水系统构建技术研究与示范"研究报告(2016),课题负责人:颜文涛、何强。

将使城市径流温度升高，河岸植被破坏，导致河流水体日平均温度上升，两者都会影响水体水环境和水生生态系统的健康。小流域建设用地与河流水质主要指标之间存在显著的相关关系(岳隽 等，2006；Lee et al.，2009)。不透水表面增大会减少地下水的补给量，会使地下水位降低以及非雨期城市河流基流变小，进而导致水生生态系统退化。不透水表面率达到 30%时，排入水体的 TP 和 TSS 增加，将导致水域的富营养化(Todd et al.，1989)。滨海地区地下水位的下降，还可能导致地面下陷以及海水入侵等负向水环境效应。不透水表面率可以用来推测河流当前和未来的水质，不透水表面率的增加会直接影响河流生态系统的健康状态。当小流域不透水表面率在 10%以内时，能有效维持河流水环境的健康状态；当小流域不透水表面率在10%～30%时，河流水环境的健康状态将受到影响；当小流域不透水表面率超过 30%时，河流水环境的健康状态将会退化甚至产生不可逆的影响(Arnold and Gibbon，1996)。国内相关研究表明①，当城市建设用地比例达到 20%时，该小流域的河流水环境退化情况严重，与发达国家进行比较后发现，国内城市建设对水环境影响的阈值更小，说明城市建设过程中可能存在局部点源污染的直接排放情况。

二、土地利用类型对河流水环境的影响效应

不同土地利用类型具有不同的水环境影响效应。建设用地对水环境存在负向效应，非建设用地(除传统农业用地)对水环境存在正向效应。有机废物和营养物主要来源于居住用地(R)、公共管理和公共服务用地(A)、商业服务业设施用地(B)、城市道路用地(S1)、农业用地(E2)等用地类型。河流沉积物主要来源于建设用地施工场地以及农业和采矿用地。热废物、有毒废物和人工合成化合物、重金属污染物和农药污染物主要来源于工业用地(M)、采矿用地(H5)、农业用地(E2)。居住用地比例与 TN 和 TP 存在显著的正相关关系，公共设施用地比例与 TN 和 BOD(Biochemical Oxygen Demand，生化需氧量)存在显著的正相关关系，道路交通用地与 TN 有正相关关系，林地比例与各类水质标存在负相关关系(颜文涛 等，2011)。理解各类土

---

① 该部分结论引用自"十二五"国家科技重大专项课题"重庆两江新区城市水系统构建技术研究与示范"研究报告（2016），课题负责人：颜文涛、何强。

地用途的污染物输出特征(表 4.2),有利于帮助规划决策者确定改变水环境潜在问题的关键区域。

表 4.2　各类土地用途的污染物输出特征

土地用途	污水类型	有机废物(COD、BOD)	营养物(TN、TP、NH₃-N)	河流沉积物	热废物	有毒废物和人工合成化合物	其他(细菌、石油、重金属污染物、漂浮物、农药污染物等)
居住用地(R)、公共管理和公共服务用地(A)、商业服务业设施用地(B)	生活污水	●	●				
城市道路用地(S1)、广场用地(G3)	城市雨水径流	●	◎	◎			◎
农业用地(E2)	农业排水	●	●	◎		◎	
工业用地(M)	工业废水	◎	◎		◎	◎	◎
采矿用地(H5)	矿山排水			◎		◎	
各类施工场地	建设径流	◎		●			

注:●表示基本影响因子,◎表示可能条件下的重要影响因子。

　　各类用地年均污染负荷输出系数不同。其中,城市道路用地(S1)和广场用地(G3)的单位用地年均径流污染负荷输出较大,其他各类建设用地[如居住用地(R)、公共管理和公共服务用地(A)、商业服务业设施用地(B)、工业用地(M)等]的单位用地年均径流污染负荷输出中等,公园绿地(G)的单位用地年均径流污染负荷输出最小(表 4.3)。由于各个小流域的土壤条件、水文地质条件、地理形态、植被条件、河流形态结构等存在差异,不同区域城市用地的非点源污染负荷输出系数有一定差异。城市点源污染负荷主要来源于居住用地(R)、公共管理和公共服务用地(A)、商业服务业设施用地(B)、工业用地(M)等建设用地,城市产业结构和生活方式决定了点源年均污染负荷输出系数。通过采用各类用地的年均污染负荷输出参数,初步估算土地利用方案的污染负荷输出总量,可以帮助规划师确定规划发展后的潜在水环境影响区域,为调整优化规划方案和确定空间环境管制提供基本依据。

表 4.3　各类用地的污染负荷输出系数　　　　　　[单位：t/(km² · a)]

用地类型	点源年均污染负荷输出系数			非点源年均污染负荷输出系数		
	BOD5[①]	TN	TP	BOD5	TN	TP
居住用地(R)	180.0~465.4	35.8~93.1	6.0~15.5	39.23	3.40	0.26
公共管理和公共服务用地(A)	107.4~250.6	21.5~50.1	3.6~6.0	40.54	3.52	0.28
商业服务业设施用地(B)	180.0~716.0	35.8~143.2	6.0~23.9	54.13	5.02	0.32
工业用地(M)	—	—	—	45.48	3.81	0.31
城市道路用地(S1)	—	—	—	107.47	6.06	0.88
广场用地(G3)	—	—	—	64.07	7.08	0.45
公园绿地(G)	—	—	—	—	1.00*	0.02*
农业用地(E2)	—	—	—	—	2.90*	0.09*

注：表中各类用地点源污染负荷系数根据《城市排水工程规划规范》(GB 50318—2017)和《室外排水设计规范》(GB 50014—2006)(2014 年版)建议的污水量和污水水质计算得到。表中各类用地非点源污染负荷输出系数是重庆都市区相关研究结论，引自"十二五"国家科技重大专项课题"重庆两江新区城市水系统构建技术研究与示范"研究报告的有关成果，课题负责人：颜文涛、何强。*标注数据引自廖义善等(2014)。

三、土地利用形态对河流水环境的影响效应

假如土地利用规模和类型相同，土地利用类型的空间组合方式不同，将产生不同的水环境效应。小流域的用地多样性、斑块密度、边界密度，以及集聚度、斑块尺寸、连通度等，是影响水环境质量的土地利用形态指数(Lee et al., 2009)。小流域各类用地越分散(斑块密度和边界密度大，景观破碎化程度大)，河流水体有机污染和营养物质浓度可能越高。建设用地和非建设用地布局形态都将不同程度地影响河流的水环境，主要表现如下。

(1)小流域内城市建设用地的破碎化，可能导致更高的水环境污染，COD、BOD 水质指标对建设用地破碎化程度较敏感。建设用地与水域邻接边界密度越大，越可能导致 TP 浓度升高。由于各类不透水表面与河流水域邻接面增加，主要以颗粒态形式存在的 TP 可以快速进入水体，无法在水域外沉积下来。但是，TN 对城市建设用地形态结构基本不敏感，原因

---

① BOD5 指五日生化需氧量，即进行生物氧化的时间为五天。

可能是主要以溶解形态存在的 TN，难以通过地表自然物理过程得到降解。增加建设用地与水体的绿色缓冲空间，有利于保持良好的水环境。

(2)非建设用地的破碎化和形态简单化，将导致更高的 COD 浓度、BOD 浓度和 TP 浓度。相对而言，适宜的大集中、小分散的土地利用形态模式，可能会使水环境质量更好。因此，具有相对聚集和形态复杂的非建设用地，有利于维持良好的小流域水环境质量。总体而言，城市小流域内建设用地和非建设用地适度紧凑集中的布局形态，具有良好的环境学意义。

若建设活动发生在上游支流区、小流域的陡坡区、库塘蓄水区、地下水补给区等环境敏感区，则容易对河流水环境产生较大的影响；若建设活动发生在滨水区缓冲带，则容易导致水质恶化和水生生物栖息地减少。小流域上游支流区的自然林地为河流的水源涵养地，在这些区域的开发建设，将对整条河流产生严重的影响，会降低河流基流并影响水生生态系统健康，而水环境治理成本也将远远超过可得到的经济利益。小流域陡坡区的开发将破坏稳定的植被覆盖，建设施工过程以及建成后地表径流增大都会加大下游的侵蚀作用，城市小流域水体大多数悬浮物主要来源于这些高侵蚀区的开发活动。如果在库塘蓄水区上游进行土地开发，将在河流开阔地或库塘蓄水区产生沉积，从而影响水体的正常功能，并可能导致溪流逐渐退化消失。库塘湿地区、地形凹陷的高渗透土壤区和暴露于地表的地下蓄水层区，构成了地下水补给区。如果在这些区域布置建设用地，可能会减少地下蓄水层的补给水量以及导致污染物进入地下蓄水层，引起大面积的地下水位下降，产生河流基流减少和地面沉降等综合的负向水环境效应。

第二节　河流水环境对土地利用的约束与引导

水环境质量具有内在的经济价值、社会价值、生态价值和美学价值，这些因素将影响小流域的土地使用模式。但是，通常情况下城市土地利用规划更关注社会和经济因素，较少关注水环境管理与土地利用的内在关联，容易忽视小流域水环境质量对土地利用的约束和引导。优良的水环境质量包含良好的水质、稳定的水量、健康的水生生态系统及其具有的水域愉悦感。其中，良好的水质和稳定的水量是饮用水源、渔业用水、景观用水、工业用水、农业灌溉用水、水运航行等水域环境功能的基础，也是体现城市特色和环境品质的特质要素。河流水质恶化或黑臭将影响环境净化、水源供应、文化娱乐、生物保护等所有水环境功能的有效发挥，并以多种方式影响邻近水域的土地利用类型和价值。退化水环境的修复成本巨大，因此水环境现状条件是确定水环境主导功能的重要依据。

一、河流水环境对城市建设用地的控制约束

城市河流水量、水质及视觉特征，将影响人们的采水活动，对城市产业布局和社区生活方式产生潜在的影响。良好的河流水环境可以吸引人们进行滨水居住区、滨水商业和滨水娱乐等开发活动，并且会提升邻近水域的土地经济价值。相反，由于退化的河流水环境存在不良的视觉和嗅觉感知，人们将排斥在邻水区域开展各项活动，并且会降低滨水区的土地经济价值。不同的水环境质量对城市建设用地的影响和约束，主要表现在以下几个方面(表 4.4)：①水量充足稳定并达到Ⅱ类水质的水环境条件，适合自然保护区或饮用水源保护区等水环境功能，这类流域具有最强的土地利用约束，天然水质保持是所有活动的基础，禁止水体娱乐的开发活动，在建设用地总量控制的基础上可以布置小规模且布局紧凑的居住用地(R)；②达到Ⅲ类水质的水环境条件，适合饮用水源或景观娱乐等水环境功能，这类流域具有较强的土地利用约束，可以布置适度规模的居住用地(R)、公共管理和公共服务用地(A)以及商业服务业设施用地(B)，但要注意对降雨径流污染负荷的控制，该类流域不适宜布置二、三类工业用地；③水量充足稳定和达到Ⅳ类或Ⅴ类水质的水环境条件，适合景观娱乐或工业用水等水环境功能，这类小流域的土地利用约束强度属中等偏弱，可以布置规模较大的各类建设用地(R、A、B、S、M)。另外，污水处理厂周边和下游受影响区域以及截流干管溢流口附近宜布置工业、物流等建设用地。

表 4.4　城市河流水环境功能对小流域建设用地的类型约束

水环境现状条件	水环境规划主导功能	建设用地类型约束强度	城市小流域建设用地的类型约束					
			工业用地(M)	居住用地(R)	公共管理和公共服务用地(A)	商业服务业设施用地(B)	公园绿地(G)	城市道路用地(S1)
水量充足稳定，达到Ⅱ类水质	自然保护饮用水源	强	×	○	○	×	●	○
水量充足稳定，达到Ⅲ类水质	饮用水源景观娱乐	中	×	●	○	○	●	○
水量不足，达到Ⅲ类水质	景观娱乐	中	×	●	●	●	●	○
水量充足稳定，达到Ⅳ类水质	景观娱乐工业用水	弱	●	●	●	●	●	●
水量充足稳定，达到Ⅴ类水质	农业用水	弱	○	●	●	●	●	●
水量不稳定，易发洪涝	泄洪功能	弱	○	○		○	○	○

注：●为适宜的土地利用类型；○为限制(条件许可时适宜)的土地利用类型；×为不适宜的土地利用类型。

二、河流水环境对城市非建设用地的功能引导

　　良好的水质和稳定的水量是保持健康的河流水生生态系统的前提和基础。水域、林草地、湿地等城市非建设用地，可以提供水源涵养、水质净化、洪涝调节、侵蚀控制等生态系统服务功能(傅伯杰和张立伟，2014；邹锦 等，2014)。河流水环境主导功能对非建设用地生态系统服务的引导作用，表现在以下几个方面(表 4.5)：①以自然保护和饮用水源为水环境主导功能的城市河流，具有内在适宜的综合价值(如饮用水源供给、游憩美学和生物多样性保护等)，对非建设用地布局的引导作用最强。应该引导该类小流域维持完整的生态系统结构，维护或修复良好的自然覆被，可以布置具有一定游憩功能的公园绿地，避免布置产生非点源污染的农业用地；②以景观娱乐为主导功能的城市河流，对非建设用地布局的引导作用中等，需要适度限制上游水源涵养区的开发活动，强调对自然过程的干预降到

最低程度，生态空间结构需要考虑能够支撑自然水文过程的问题；③以工业用地和农业用水为主导功能的城市河流，对非建设用地布局的引导作用较弱，该类流域需要维持水体的净化功能和保持水域的水环境容量，基于修复关键的生态系统结构控制土壤侵蚀；④洪涝易发区、水质保持区等水环境敏感区对土地利用有很大影响，该类河流所在的小流域应该保存蓄滞洪区的自然特性，通过自然过程降低洪涝强度。另外，地下水补给区、河流廊道及库塘湿地等河流水质保持区，需要维持或修复该区域的环境净化功能，适宜布置自然林草地等用地类型。

表 4.5　城市河流水环境对小流域非建设用地的功能引导

水环境现状条件	水环境规划主导功能	非建设用地功能引导强度	城市小流域非建设用地的功能引导						
			水源涵养	游憩休闲	生物多样性保护	蓄滞洪区	水质保持和净化	侵蚀控制	农业生产
水量充足稳定，达到Ⅱ类水质	自然保护饮用水源	强	√		√		√		×
水量充足稳定，达到Ⅲ类水质	饮用水源景观娱乐	中	√	√			√		
水量不足，达到Ⅲ类水质	景观娱乐	中		√			√	√	
水量充足稳定，达到Ⅳ类水质	景观娱乐工业用水	弱		√			√	√	
水量充足稳定，达到Ⅴ类水质	农业用水	弱	√				√	√	√
水量不稳定，易发洪涝	泄洪功能	弱	√			√		√	√

注：√为规划引导的生态服务功能；×为规划限制的生态服务功能。

第三节　水环境功能区的土地利用控制

城市各个片区发展功能须与流域的主导功能相一致。水源涵养区、水源保护区、水质保持区、水土保持区等水环境功能区是保障水环境质量的重要空间，也是维持水环境健康的重要场所。水环境功能将会对土地利用产生较大的空间约束，因此需要建立与水环境功能相匹配的土地利用管理方式。

一、河流水系空间形态与土地利用的关系

河流形态结构主要包含弯曲度、河流纵向坡降、河网发育系数、河网密度四个参数指标，参数指标越大，河流的形态自然度就越高。一般情况下，河流的形态自然度越高，河流及其周边的地形特征越复杂，对土地利用的约束性就越强。

具体而言，河流自然程度越高，河流两侧水质保持或安全的洪泛区就越多，对建设用地的规模和布局有较强的限制。灵活性较强的居住类用地、中小型公共类用地约束相对较弱，但对工业类用地约束较强。河流自然程度越高，越注重建设用地的大分散小集中布局模式，以及非建设用地的网络化布局模式。

一般而言，河流纵向坡度越小，越利于建设用地集中布局，且对建设用地约束较弱。反之，河流纵向坡度越大，建设用地越分散，对地形适应难度较大的工业类及交通类用地的影响也较大。纵向坡度相对较大的河流，可以通过增加多级透水坝，维持相对稳定的生态基流，应该限制此类小流域的整体用地规模，尽量考虑居住类用地与中小型规模的公共类用地。一般约束、较弱约束的河流纵坡相对适中，河流两侧地形相对平缓，可以适度增加流域建设用地规模，工业用地、公共管理和公共服务用地、交通用地等可以适度集中布局。

二、洪泛区的土地利用控制

洪泛区为洪水提供泄洪道，为地下水提供补给，为植物提供水分，为野生动物提供栖息地，为下游调节洪峰，还为人类提供美丽的风景和游憩环境。

洪泛区对土地利用最直接的影响就是防洪标高对不同规模的城市提出了不同的防洪管控要求，进而影响建设用地与非建设用地的布局与功能。例如，特别重要的城市（人口大于等于 150 万人），防洪标准为重现期大于等于 200 年；重要的城市（人口为 50 万～150 万人），防洪标准为重现期 100～200 年；中等城市（人口为 20 万～50 万人），防洪标准为重现期 50～100 年；一般城镇（人口小于等于 20 万人），防洪标准为重现期 20～50 年。另外，不同规模的工矿用地类型也有不同的防洪标

准。例如，特大型工矿用地，防洪标准为重现期 100～200 年；大型工矿用地，防洪标准为重现期 50～100 年；中型工矿用地，防洪标准为重现期 20～50 年；小型工矿用地，防洪标准为重现期 10～20 年。此外，不同规模的农业用地、交通用地、市政设施、港口码头等均有不同的防洪标准。

不同城市规模与各类用地类型均受防洪标准约束，进而形成符合洪水安全标准的城市空间布局形态结构。不同等级的防洪标准，均有对应的洪水水位，城市或独立工矿用地应选择该洪水水位以上的地区进行开发建设。

由于洪泛区涉及城市发展的安全底线，不仅需要严格遵守防洪标准，还应考虑土地利用的洪水适应性。水环境约束分区应将城市发展目标与宏观地理格局相结合，洪泛区土地开发尽可能以生态维护及景观游憩功能为主。对洪泛区的生态修复，强调将游憩活动和自然过程紧密联系。因此，洪泛区的生态修复可视为一种连续而动态的再生过程。

三、水源涵养区及水源保护区的土地利用控制

水源涵养区的生态保育是保障河流水量与水质的基础，基于水环境健康目标，水源涵养区的土地利用与开发需要坚持对原始自然特征的干预程度最小的基本原则：首先，限定较小的总体开发容量，即控制开发总量；其次，对土地利用类型进行有效控制，如限制二类或者三类工业用地，可以引入少量的公共设施用地；最后，注重场地重要特征的保护，如水文径流通道、河源型水库、重要的水源涵养林等。

极重要的水源涵养区以保护为主，原则上禁止布局建设用地及农业用地，以郊野森林公园或自然保护区等功能用地为主，可规划少许旅游性、科普性等配套功能用地。较重要的水源涵养区采取限制开发模式，原则上准入低密度居住用地，结合水源区的陡坡及水文径流通道布局林草地。一般重要的水源涵养区，建设用地形成结构模式，其他区域以林草用地紧凑集约的组团式为主，形成整体的生态空间网络结构模式。

水源保护区以分类、分级划定的方式限定建设用地与非建设用地边界。例如，河流型饮用水源保护区，一级保护区水域长度为取水口上游不小于 1000m、下游不小于 100m 范围内的河道水域，二级保护区长度从一级保护区的上游边界向上游

（包括汇入的上游支流）延伸不得小于 2000m，下游侧外边界距一级保护区边界不得小于 200m；水库型饮用水源，一级保护区小型湖泊、中型水库水域范围为取水口半径 300m 范围内的区域，大型水库为取水口半径 500m 范围内的区域，二级保护区大型水库为一级保护区向外距离不小于 2000m 的区域。

　　另外，还需要针对陆域准保护区的社会经济活动及土地利用类型进行严格控制与管理，强化林地、湿地等生态服务功能较强的非建设用地布局结构。陆域准保护区受多种因素影响：第一类因素为水系河岸物理特性因素，如横向坡度、纵向坡度、河床基质、堤岸渗透性及稳定性等。横向坡度、纵向坡度等越大，满足同等功能目标的保护区宽度越宽。一般情况下，河岸自然形态复杂度越低，准保护区宽度要求越宽。第二类因素为上下游水文因素，如单（多）峰、峰值、洪峰持续时间、水质状态、水生物多样性、水环境容量等。城市蓝绿线范围与上下游水文因素关系密切。对持久性洪峰、水质较差、水生生物多样性较低的区域，应增加陆域保护区范围。一些关键性的地区，如间歇性的支流、地下水补给和排放区、沟谷、沼泽以及潜在的或实际的侵蚀区（如陡坡、不稳定土壤区）也应增加保护区范围。第三类因素为社会经济因素，如土地价值、公众参与度等。对于土地价值与生态价值矛盾比较突出的区域，应该综合平衡考虑。对社会影响较大的水源保护区，需适度增加保护区范围。

　　陆域准保护区的范围内以生态涵养、水质净化、生物迁徙等功能为主，而对保护区周边的土地利用，如农林用地、居住用地、公共管理和公共服务用地、其他用地（如能源设施、市政设施等）提出严格管控措施，这对准保护区的管理与划定也会产生巨大影响。例如，森林砍伐区、高强度农业活动区以及高密度的房地产开发或商业区，需要优化用地布局，有效控制点源污染和降雨径流污染，其准保护区应该划定更宽的廊道。对径流、沉积物和营养物产生有贡献的地区，应该扩大保护区范围。此外，还应该将河漫滩、滨河林地、湿地以及河流的地下水补给区划入保护区范围。

四、水质保持区及水土保持区的土地利用控制

　　水质保持区是河流两侧污染物的拦截与净化空间，是保证河流水系水质的重要生态屏障，同时也是滨水生物多样性与生

物迁移的重要廊道。水质保持区的类型、宽度、净化能力对周边用地影响较大。一般认为，水质保持区自然特征越复杂，宽度越大，净化能力越强，则周边用地适当增加开发强度。水质保持区两侧的河床形态、河床构成同样对周边用地影响较大，如横坡较大，两侧径流速度快，净化能力弱，对两侧用地开发限制较大。而横坡较小，径流速度慢，生物多样性丰富，净化能力强，对两侧用地开发限制可适度。由于水质保持区范围受多种因素影响，依据水环境容量的约束强度，可在其原有水质保持区的基础上，提高不同比例的宽度，以实现流域水环境功能的目标。

水土保持区是保证河道水质清澈、减少河流悬浮物的重要控制区，同时也是减弱泥石流、滑坡等地质灾害的生态敏感区。水土保持区通常分布在土质松散、坡度较大、汇水较大而易被冲刷的区域。针对水土保持区本身，应该增强其水土保持能力与生态绩效，而水土保持区易成为致灾空间，因此需建立安全防护区，并对其周边的土地利用进行类型与容量的引导。由于水土保持区不仅涉及水环境健康，还与城市泥石流、滑坡等地质灾害有关，因此必须实施强制性规划控制。

第四节　城市水工程对土地利用的影响

取水工程、输水工程、污水处理设施、污水以及雨水排水工程，均对土地利用产生影响。污水收集或拦截干管、污水处理厂的选线和选址，直接影响水工程系统的土地供给，并可能会对下游及其周边土地的用途产生影响。上述水工程基础设施还可能推动城市扩张。雨水收集与利用对于城市生态系统维护、补充地下水源、缓解热岛效应具有明显优势，传统的市政雨水排放模式容易导致洪涝灾害，浪费大量生态资源。

雨水作为城市物质循环与自然过程的重要载体，是城市地下水补给的重要源头，对调节城市小气候具有重要意义。传统的城市开发建设方式为"逢山开路，遇水架桥"，采用市政管线收集直接进入河道湖泊等自然水体的直排方式。难以实现对雨水的分级利用和多功能利用，导致雨水资源的浪费。我国长期面临着水资源短缺、水质污染、洪涝灾害、水生物栖息地丧失等多种水问题。

雨水的收集与管理需要设立雨水综合走廊、生态斑块、下凹绿地等，具体的生态化策略对土地利用规划都具有重要影响，如土地利用类型、土地边界划定等。雨水管理作为影响城市综合土地利用规划的系统，对建设生态城市具有积极的意义，同时对周边的土地利用及雨水管理空间也具有重要的影响及严格的要求。

城市开发建设的空间结构模式、建设强度、开发时序与污水干管、污水厂的布局密切相关，尽管水资源和土地资源对城市扩张有关键作用，但市政排水管道在城市发展过程中也起到重要作用。根据水环境容量要求而进行规划布局的城市市政污水干管和污水厂，对土地利用的影响有两个方面：增长与诱导自然环境退化；改变排放口中下游及其周边土地的利用方式。

由于城市污水干管建设的必要性和对未来城市发展规模的不可预测性，污水干管需要一定程度的弹性用地来满足未来的发展需求。城市污水干管往往是在规划后再进行设计与施工。在一定时间范围内，其固定的排放能力难以满足增长的发展需求。例如，由于快速城市化导致某区域开发强度及密度超常规增加，依据 20 年规划期限而设计的排放能力，往往不到 10 年时间就已经达到承载极限。随着区域污水处理系统的逐步完善，这种增长的诱因可能会变得更加严重。另外，大量截流干管的建设，也会影响设施用地附近的环境品质，排水设施建设会产生土壤侵蚀，可能导致河岸剥蚀情况发生，降低河岸带过滤杂质和减少径流的能力。如果排水设施建设在社区附近，则可能会引起水质恶化、物业价值下降等。因此，需要对截流干管进行弹性空间规划，预留复线干管走廊并维持自然特征的生态空间。

虽然污水处理厂提供的处理服务普遍能提高城市土地的整体价值，但污水处理厂附近的负面环境影响可能会降低周边的土地利用价值。污水处理厂选址、设计、建造和运营对周边土地利用产生直接影响，无论是在城市还是在农村，新建污水处理厂或扩大其处理能力，往往对现状环境干扰较大。施工开挖和实施运营过程，会阻断固有的自然生态过程，造成其整体生态结构和景观的连续性中断，干扰原有自然特征。由于污水处理厂对周边环境影响较大，其应尽量选址在中下游，周边尽量保证足够的隔离净化绿地，绿地周边可布局其他水电、停车等设施性用地。对需要布局两个及以上污水处理厂的城市，采

用中游及下游设置，但两个污水处理厂需要满足排放水体的水
环境容量约束目标，依据水体净化能力，确定两个污水处理厂
的间隔距离。

城市污水处理厂还将影响排放口下游的土地利用。选址在
郊野公园内或河流上游的污水处理厂，河流水质退化会在公园
内产生刺激性气体。污水处理厂尾水排放口下游的土地利用价
值和滨水区活力难以提升，因此，污水处理厂下游应更多地考
虑湿地群落、工业物流等用地。另外，城市供水系统及工业生
产也将受到污水处理厂位置的影响。污水处理厂将对周边环境
的景致、气味产生影响。虽然美学设计与工艺技术可以兼容，
但由于经济成本等原因，污水处理厂在规划与设计过程中，往
往以工艺流程为主导，缺乏美学功能的设计，严重影响周边视
域范围内的景观效果。正常处理厂的气味是轻微的，可以在处
理厂的范围内进行控制。然而，由于污水处理厂经营或管理不
善，或者排放源突发性改变，如超过阈值水量或有毒工业废物
直接排放到处理系统中，都会引发恶臭，导致气味失控。审美
价值、嗅觉气味等不良因素，都会影响周边土地利用价值与土
地开发模式。

参 考 文 献

陈雯, 2012. 流域土地利用分区空间管制研究与初步实践——
　　以太湖流域为例[J]. 湖泊科学, 24(1): 1-8.

傅伯杰, 张立伟, 2014. 土地利用变化与生态系统服务: 概念、方
　　法与进展[J]. 地理科学进展, 33(4): 441-446.

廖义善, 卓慕宁, 李定强, 等, 2014. 基于"径流-地类"参数的
　　非点源氮磷负荷估算方法[J]. 环境科学学报, 34(8):
　　2126-2132.

刘丽娟, 李小玉, 何兴元, 2011. 流域尺度上的景观格局与河流
　　水质关系研究进展[J]. 生态学报, 31(19): 5460-5465.

刘珍环, 曾祥坤, 2013. 深圳市不透水表面扩展对径流量的影
　　响[J]. 水资源保护, 29(3): 44-50.

徐光来, 许有鹏, 徐宏亮, 2010. 城市化水文效应研究进展[J]. 自
　　然资源学报, 25(12): 2171-2178.

颜文涛, 萧敬豪, 2015. 城乡规划法规与环境绩效——环境绩效
　　视角下城乡规划法规体系的若干思考[J]. 城市规划,

39(11): 39-47.

颜文涛, 韩易, 何强, 2011. 山地城市径流污染特征分析[J]. 土木建筑与环境工程, 33(3):136-142.

颜文涛, 周勤, 叶林, 2014. 城市土地使用规划与水环境效应: 研究综述[J]. 重庆师范大学学报(自然科学版), 31(3): 35-41.

颜文涛, 萧敬豪, 胡海,等, 2012. 城市空间结构的环境绩效:进展与思考[J]. 城市规划学刊(5): 50-59.

杨莎莎, 汤萃文, 刘丽娟, 等, 2013. 流域尺度上河流水质与土地利用的关系[J]. 应用生态学报, 24(7): 1953-1961.

岳隽, 王仰麟, 李正国, 等, 2006. 河流水质时空变化及其受土地利用影响的研究——以深圳市主要河流为例[J]. 水科学进展, 17(3): 359-364.

岳隽, 王仰麟, 李贵才, 等, 2007. 基于水环境保护的流域景观格局优化理念初探[J]. 地理科学进展, 26(3), 38-46.

张殷俊, 陈爽, 相景昌, 2011. 河流近域土地利用格局与水质相关性分析——以巢湖流域为例[J]. 长江流域资源与环境, 20(9): 1054-1061.

邹锦, 颜文涛, 曹静娜, 等, 2014. 绿色基础设施实施的规划学途径——基于与传统规划技术体系融合的方法[J]. 中国园林, 30(9): 92-95.

Alberti M, Booth D, Hill K, et al., 2007. The impact of urban patterns on aquatic ecosystems: An empirical analysis in Puget lowland sub-basins[J]. Landscape and Urban Planning, 80(4):345-361.

Ali M, Khan S J, 2011. Simulation of the impacts of land-use change on surface runoff of Lai Nullah Basin in Islamabad, Pakistan[J]. Landscape and Urban Planning, 102(4): 271-279.

Arnold C L, Gibbons C J, 1996. Impervious surface coverage: The emergence of a key environmental indicator[J]. Journal of the American Planning Association, 62(2): 243-258.

Bhaduri B, Harbor J, Engel B, et al., 2000. Assessing watershed-scale, long-term hydrologic impacts of land-use change using a GIS-NPS Model[J]. Environmental Management, 26(6): 643-658.

Booth D, 1991. Urbanization and the Natural Drainage System:
    Impacts, solutions and prognoses[J]. Northwest Environmental
    Journal, 7(1):93-118.

Brun S E, Band L E, 2000. Simulating runoff behavior in an
    urbanizing watershed[J]. Computers, Environmentand Urban
    Systems, 24(1): 5-22

Hollis G E, 1975. The effect of urbanization on floods of different
    recurrence interval[J]. Water Resources Research, 11(3):
    431-435.

Klein R D, 1979. Urbanization and stream quality impairment[J].
    Water Resources Bulletin, 15(4): 948-963.

Lee S W, Hwang S J, Lee S B, et al., 2009. Landscape ecological
    approach to the relationships of land use patterns in
    watersheds to water quality characteristics[J]. Landscape and
    Urban Planning, 92(2): 80-89.

Leopold L B, 1968. Hydrology for urban land planning: A
    guidebook on the hydrologic effects of urban land use[C]. U.
    S. Geological Survey Circular.

Todd D A, Benient P B, Haasbeek J F, et al., 1989. Impact of land
    use and NPS loads on lake quality[J]. Journal of Environmental
    Engineering, 115(3): 633-649.

第五章 流域景观格局与城市河流水质：关于小流域的实证知识

大量的研究认为城市河流水质与流域景观格局之间存在密切的联系。本章调查研究了城市化地区山地流域景观格局指数和河流水质参数，运用冗余分析（redundancy analysis，RDA）法，分析了山地流域在景观水平和类型水平上格局对水质的影响。结果表明，景观水平上地形起伏度和斑块密度与水质密切相关，地形起伏度较大的山地流域，河流水质更好。景观破碎化程度越高的山地流域，河流水质越差。在类型水平上，山地流域非建设用地的比例越大并有较好的连接度和适度的集聚度，河流水质越好。山地流域建设用地中，居住用地和公共设施用地的布局形状越复杂，河流水质越容易恶化。研究结论为通过规划管理调节山地流域景观格局以保护河流水环境提供了重要的规划启示和科学依据。

第一节 研 究 回 顾

河流水质受自然因素和人为因素的综合影响，如受降雨情况、土壤类型、地形特征、植被覆盖等自然因素影响，以及受城市化、农业、工业等人类开发活动影响（Baker，2003）。高强度的城市化和人口增长，改变了流域景观的类型和格局（Alberti et al.，2007；Lee et al.，2009；Shen et al.，2014），扰乱了水文循环过程和营养物质的传输过程（Arnold and Gibbons，1996；Booth and Jackson，2010），导致非点源污染增大（Barbosa et al.，2012），引发地表水水质退化问题（Yang，2012；Shen et al.，2014）。20世纪70年代开始，欧洲和北美各国针对土地利用规模及类型对水质的影响进行了许多研究（Rhodes et al.，2001；Uuemaa et al.，2007；Hwang，2007；Bahar et al.，2008），2000年后流域管理已成为一个重要的议题（Gautam et al.，2003），越来越多的学者从景观生态学角度研究景观格局与水质的相关性。

        针对景观格局与水质关系的研究主要包括以下方面。

        (1)不同空间尺度下景观格局对水质的影响。研究景观格局在景观水平和类型水平上对水质的影响，在景观水平测量整个景观的空间格局，在类型水平量化城市用地、农地、林地、草地等单个景观类型的空间分布和格局(Xiao and Ji，2007；Lee et al.，2009；Yang，2012；Shen et al.，2014)。针对全流域、河岸带缓冲区的研究提出了更具解释能力的尺度范围和景观变量(Osborne and Wiley，1988；Sliva and Williams，2001；Huang and Klemas，2012；Shen et al，2014；Sun et al.，2014)。

        (2)不同时间的景观格局对水质的影响。景观格局与水质的相关性随四季的交替有所变化，雨季、旱季其相关性不同(Buck et al.，2004；Lee et al.，2009；Pratt and Chang，2012；Shen et al.，2014)，而年际之间也存在变化，降水量较大的年份，景观变量对水质变化会起到较大的作用(Huang et al.，2013)。

        (3)研究方法的创新。相关分析法和回归分析法被用于景观格局与水质的关系研究(Lee et al.，2009；Tu，2011；Pratt and Chang，2012；Sun et al.，2014；)。其中，RDA法逐渐被运用于分析环境变量对水质的综合影响，以及影响因子的重要性排序(Sliva and Williams，2001)。景观-水质机理模型也被用于分析和预测不同景观特征情境下的水质(Chang et al.，2008；Glavan et al.，2013；Wang et al.，2014；Fan and Shibata，2016)。

        由于流域具有不同的气候、地形、土壤、植被和人类活动等特征，因此景观特征与水质之间的关系也是复杂的(Sliva and Williams，2001；Shen et al.，2014；Shi et al.，2017)。目前较多的研究聚焦于平原地区的城市化流域和农业流域(Osborne and Wiley，1988；Lee et al.，2009；Shen et al.，2014；Sun et al.，2014)，沿海与河口地区景观-水质的关系也受到了重视(Yang，2012；Huang and Klemas，2012；Huang et al.，2013)。但是对山地流域景观格局与河流水质的关系研究相对较少。山地流域的城市化初期呈点状集中发展，后期由于受地理形态的限制，通常沿河谷阶地呈树枝状扩展。山地流域城市化过程中森林、溪流、库塘等自然景观转化成居住、工业、商业等人工景观，这将影响山地流域的自然水文过程及营养物质的产生、传输和累积过程。山地流域地形特征体现为较大的坡度和起伏度，受到人类开发活动影响的山地流域景观格局，将对自然水文过程产生更加强烈的影响，进而可能导致不同于平原地区城市化流域的水环境效应。

目前较多景观格局指数用于表征景观水平，较少在类型水平进一步讨论景观格局对河流水质的影响（Huang et al.，2013）。只有少数研究发现其适用于土地利用规划和管理实践（Lee et al.，2009）。本章研究试图回答以下问题：①山地城市景观地貌特征、景观水平的形态特征对河流水质有什么影响；②城市建设用地和非城市建设用地的景观格局如何影响山地流域的水质；③哪类城市建设用地和非城市建设用地的景观格局对山地流域水质的影响较大。我们选择具典型山地流域特征的中国重庆市两江新区为例，从景观地貌、景观类型组分和景观空间构型 3 个方面，选择了 5 个指标来表征景观格局，研究城市化地区山地流域景观格局在景观水平和类型水平上对水质的影响。

第二节　研究方法与数据来源

一、研究区域及其现状水质

重庆市位于我国西南部，地处长江上游，处于长江三峡库区的腹部地带。城市地貌以低山丘陵为主，具有独特的山水格局和城市形态。受快速城市化的影响，重庆主城所有河流都受到不同程度的污染。而三峡库区重庆段占三峡库区总面积的 85.6%，因此，保持重庆主城河流水质，对维持三峡库区生态功能具有重要意义。重庆市两江新区位于重庆主城长江以北、嘉陵江以东，规划面积约为 1200 km^2，可开发建设用地面积为 550 km^2。区域内山岭、丘陵与平坝相间分布，低山丘陵占辖区总面积的 80%以上，地形起伏较大（吴健生等，2015）。两江新区正处于快速城市化阶段，城市土地利用格局变化巨大，河流污染严重。

两江新区内的 20 条河流分别为长江和嘉陵江的次级河流，通过 ArcGIS 的水文工具，以河流流入嘉陵江、长江的出口断面及分水岭为界划分 20 个自然集水单元，并在每条河流河口处各选取 1 个交通便利且受点源污染影响较小的水质采样点。以这 20 个小流域为研究对象，探究山地城市景观格局对小流域水质的影响。流域名称、流域概况、采样点编号及位置见表 5.1。

表 5.1　重庆市两江新区采样点与流域概况

流域名称	河流名称	采样点编号	主河道长度/km	流域面积/km²
嘉陵江	施家梁河	S1	4.43	9.17
	柯家沟	S2	3.40	7.54
	九龙溪	S3	4.79	5.07
	洪花溪	S4	4.29	6.88
	黑水河	S5	22.47	75.16
	后河	S6	29.53	238.83
	张家溪	S7	3.75	11.25
	香溪河	S8	2.41	8.63
	中嘴河	S9	4.68	21.77
	张家沟	S10	2.94	5.49
	九曲河	S11	4.05	6.38
	跳墩河	S12	8.46	11.86
	盘溪	S13	7.02	28.64
长江	溉澜溪	S14	4.53	14.26
	茅溪	S15	3.32	10.43
	肖家河	S16	11.41	53.69
	栋梁河	S17	33.15	135.22
	旱河	S18	7.21	13.15
	朝阳河	S19	14.61	57.98
	御临河	S20	41.20	298.37

资料来源：作者自制。

综合考虑两江新区水质的污染特点和已有相关研究(Sliva and Williams，2001；Uuemaa et al.，2005；Lee et al.，2009；Ai et al.，2015)，选取并测定了总固体颗粒悬浮物(TSS)、高锰酸盐指数(COD_{MN})、总氮(TN)、氨氮(NH_3-N)和总磷(TP) 5 个河流水质指标。为获得更具确定性的研究结果，本章采用 2014年 4 月非汛期采集的河流水样，根据中国《地表水环境质量标准》(GB 3838—2002)检测各水质指标。

二、土地利用

为了测算 20 个小流域内的土地利用类型结构，采用了以 15m×15m 栅格生成的地理信息系统(Geographic Information System，GIS)的土地利用图。将土地利用划分为 8 类：居住用地、工业用地、公共设施与商业用地、交通用地、农地、林地、草地及水域。城市建设用地是指"具有较高比例不透水建筑表面的区域"，包括居住用地、工业用地、公共服务设施与商业用地、交通用地。非城市建设用地包括农地、林地、草地和水域。在 GIS 中重新分类的土地利用图上叠加了小流域边界，然后使用 ArcGIS 计算了流域的土地利用面积和土地利用类型的比例。

三、景观格局

根据山地流域特征，参考景观格局和水质关系的相关研究，从景观地貌、景观类型组合和景观空间构型 3 个方面，选择了 5 个指标来表征山地流域景观格局指数（表 5.2）。景观地貌的指标采用地形起伏度（relief degree of the land surface，RDLS）。地形起伏度在这里指特定区域内的相对高度差（封志明 等，2007），反映了地形的复杂程度（Dai et al.，2017），是山地城市影响土地利用方式和空间安排的关键因素（Liu et al.，2015）。RDLS 值越大表示地形起伏程度越大，而城市建设用地多分布在地表起伏较小的地区，如相对平坦的山脊顶部。

表 5.2　城市化地区山地流域景观格局指标

维度	指标	水平	公式	描述
景观地貌	地形起伏度（RDLS）	景观	$\text{RDLS}=\{[\max(h)-\min(h)]\times[1-\dfrac{P(A)}{A}]\}\div 500$	式中，RDLS 是地形起伏度；$\max(h)$ 和 $\min(h)$ 分别为某一区域的最大高程和最小高程，m；$P(A)$ 为坡度小于 $10°$ 的地面面积，km²；A 为某流域总面积，km²
景观类型组分	景观百分比（PLAND）	类型	$\text{PLAND}=\dfrac{\sum\limits_{j=1}^{n}a_{ij}}{A}\times 100\%$	式中，PLAND 是所研究的土地覆盖类型所占景观的比例，%；a_{ij} 是景观斑块 ij 的面积，km²；A 是景观总面积，km²
景观空间构型	斑块密度（PD）	景观/类型	$\text{PD}=\dfrac{n}{A}$	式中，PD 是斑块密度，个/km²；n 是某类景观的斑块数，个；A 是某流域或某类景观总面积，km²
	景观形状指数（LSI）	景观/类型	$\text{LSI}=\dfrac{E}{A}$	式中，LSI 是景观形态指数，km/km²；E 为景观中所有斑块边界的总长度，km；A 为某流域或某类景观总面积，km²
	分离度指数（SPLIT）	类型	$\text{SPLIT}=\dfrac{A_i}{A}\times\sqrt{\dfrac{S}{N_i}}$	式中，SPLIT 为景观类型 i 的分离度指数；N_i 表示第 i 类景观斑块的个数，个；A_i 为第 i 类景观的总面积，km²；A 为某流域总面积，km²；S 为研究区域总面积，km²

资料来源：作者自制。

景观规模的指标采用景观百分比（percentage of landscape，PLAND）来衡量。景观百分比表征了每种景观斑块类型占总景观的百分比。当该值越接近 100%时，相应斑块类型的面积比例越大。城市建设用地面积扩大，可透水下垫面减少，已被证明是导致水质恶化的主要因素之一。

景观形态采用 3 个指标来衡量：①斑块密度（patch density，PD），表征单位面积内的景观斑块数（Uuemaa et al.，2005），反映了景观破碎化程度，在景观面积不变的情况下，PD 值高的景观比 PD 值低的景观更为破碎（Xiao and Ji，2007）；②景观形状指数（landscape shape index，LSI），度量了景观斑块边界形状的复杂程度，LSI 值越大，表示斑块越复杂、越不规则（Xia et al.，2012）；③分离度指数（splitting index，SPLIT），表示某种类型景观斑块个体空间分布的空间离散程度，SPLIT 值越大，表示斑块分离程度越小、布局越集聚。

在景观水平上，从景观地貌和景观空间构型两个方面，测度了地形起伏度、斑块密度、景观形状指数 3 个指数；在类型水平上，从景观组分和景观构型两个方面，测度了城市建设用地、非城市建设用地以及 6 种土地利用类型的景观百分比、斑块密度、景观形状指数、分离度指数 4 个指数。由于本章研究的是景观格局对河流水质的影响，对于河流和道路交通两类线型形态的用地，不计算其景观格局指数。

四、统计分析

首先，在景观格局研究中，利用小流域的土地利用数据分别计算景观水平和类型水平的景观格局指数。其次，在小流域水质分析中，为提高结果的显著性，对测定的小流域水质参数进行自然对数转换。运用 Canoco5.0 软件进行 RDA，分为三步进行：第一步，在景观水平分析景观格局指数与水质的相关性；第二步，在类型水平利用 RDA 得出影响显著的城市建设用地和非城市建设用地景观格局指数；第三步，对河流水质影响显著的城市建设用地或非城市建设用地，分析各类土地利用景观格局与河流水质的相关性。最后，讨论山地景观格局对流域水质的影响及规律，并提出小流域土地利用规划与管理的优化策略。

RDA 是一种多变量直接梯度排序分析方法，能从统计学角度评价一个或一组变量与另一组多变量数据之间的关系，同时得到影响因子的重要性排序结果(Braak et al.，1988；Sliva and Williams，2001；Leps and Smilauer，2003)。RDA 的优势是能够有效地对多解释变量进行统计检验，独立保持各个解释变量对响应变量的方差贡献率，并可通过排序图直观地展现解释变量之间、解释变量与响应变量之间和响应变量之间的关系(Makarenkov and Legendre，2002；Yin et al.，2009)。根据 RDA 排序图中景观格局指数箭头与水质参数箭头之间的夹角，可直观地判断景观格局指数与水质参数之间的关系：若夹角小于 90°，则景观格局指数与水质参数呈正向相关；若夹角大于 90°，则景观格局指数与水质参数呈负向相关；若夹角等于 90°，则景观格局指数与水质参数不相关。通过响应变量(水质参数)箭头垂直投影到解释变量(景观格局指数)箭头的长度可以近似解释变量和响应变量之间的相关程度。

第三节 景观格局对河流水质的影响

一、测量描述性统计

如表 5.3 所示，两江新区小流域的平均流域面积为 50.95 km²，范围为 5.07~298.37 km²。流域的平均水面面积为 0.63 km²，平均水面率为 1.38%。两江新区各条河流的水质整体较差，其中 N、P 元素营养污染尤其突出。

表 5.3 重庆市两江新区小流域特征描述性统计

类型	度量	均值	最小值	最大值	方差	五类标准[a]	四类标准[b]
流域	面积/km²	50.95	5.07	298.37	79.58	—	—
	水面面积/km²	0.63	0.005	3.99	1.09	—	—
水质	TSS/(mg/L)	27.49	6.33	114.07	32.45	≤60	≤150
	COD_{MN}/(mg/L)	4.46	0.57	22.26	4.59	≤10	≤15
	TN/(mg/L)	6.73	1.08	15.63	3.95	≤1.5	≤2
	NH_3-N/(mg/L)	3.87	0.86	17.62	5.37	≤1.5	≤2
	TP/(mg/L)	0.50	0.04	2.07	0.50	≤0.3	≤0.4
土地利用	城市建设用地/%	29.43	1.48	81.02	24.85	—	—
	居住用地/%	8.52	0.00	47.56	12.19	—	—

续表

类型	度量	均值	最小值	最大值	方差	五类标准[a]	四类标准[b]
土地利用	公共设施与商业用地/%	3.65	0.00	26.45	5.92	—	—
	工业用地/%	5.43	0.13	14.68	3.72	—	—
	交通用地/%	6.09	0.34	27.78	6.65	—	—
	非城市建设用地/%	70.57	18.98	98.52	24.85	—	—
	农地/%	45.98	8.52	88.26	24.70	—	—
	林地/%	18.10	0.00	54.34	15.51	—	—
	草地/%	5.13	0.00	16.54	4.22	—	—
	水域/%	1.36	0.06	4.48	1.28	—	—

注：a 和 b 数据来自《地表水环境质量标准》(GB 3838—2002)。
资料来源：作者自制。

城市建设用地比例均值为 29.43%，其中，居住用地比例均值最高，为 8.52%，公共设施与商业用地、工业用地、交通用地比例均值分别为 3.65%、5.43%、6.09%。非城市建设用地比例均值为 70.57%，其中农地比例均值最高，达 45.98%，林地、草地和水域比例均值分别为 18.10%、5.13%和 1.36%。特别地，流域面积、城市建设用地比例、非城市建设用地比例和农地比例的标准差与其他指标相比差异较大。城市建设用地和非城市建设用地比例的变化范围分别为 1.48%～81.02%和 18.98%～98.52%，农地比例为 8.52%～88.26%，也有很大变化。

二、流域景观特征描述

景观水平上计算了 3 个景观格局指数：地形起伏度(RDLS)、斑块密度(PD)和景观形状指数(LSI)(图 5.1)。除流域 S1 以外，RDLS 较大的流域，如 S17、S20、S6、S2 和 S5，其 PD 值和 LSI 值均较小。说明地形起伏度大的流域，景观斑块较集聚、形状较规则简单。相比之下，RDLS 小的流域，如 S7、S13、S14、S3、S4、S15 和 S10，其 PD 值和 LSI 值均较高，反映出地形起伏度小的流域有更高的景观破碎度和形状复杂度。

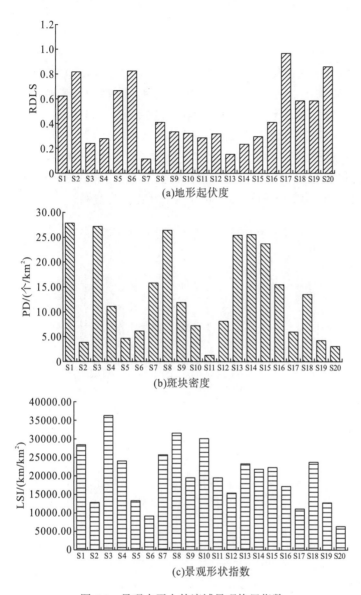

图 5.1　景观水平上的流域景观格局指数

资料来源：作者自绘。

　　在类型水平上，分别对城市建设用地、非城市建设用地以及 8 类土地利用类型计算了 4 个景观格局指数：景观百分比（PLAND）、斑块密度（PD）、景观形状指数（LSI）和分离度指数（SPLIT）。图 5.2 反映了 20 个流域的城市化程度，以及城市建设用地和非城市建设用地的景观特征。城市建设用地 PLAND 较高的流域，如 S16、S14、S8、S15 和 S13，其 PD 值和 LSI

值均较高，SPLIT 值均较低。而城市建设用地 PLAND 较低的流域，如 S11、S6、S4、S20、S17、S5 和 S19，其情况则相反。说明高度城市化的流域，整体景观均高度破碎化和分散化，斑块形状趋于复杂。图 5.3 显示了土地利用类型的景观格局指数。城市建设用地比例较高的流域以居住用地和工业用地为主，而非城市建设用地比例较高的流域以农地和林地为主。林地和居住用地的 PD 值高于其他土地利用类型。农地、林地、居住用地和草地的 LSI 值和 SPLIT 值都较高。这一结果表明流域内的林地和居住用地景观高度破碎，形状也较为复杂。

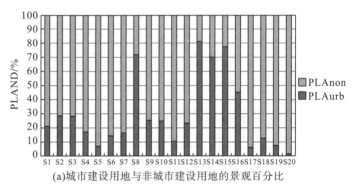

(a)城市建设用地与非城市建设用地的景观百分比

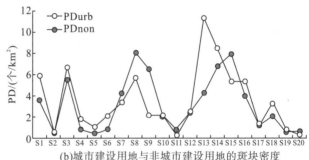

(b)城市建设用地与非城市建设用地的斑块密度

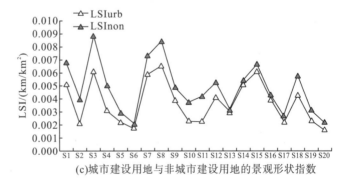

(c)城市建设用地与非城市建设用地的景观形状指数

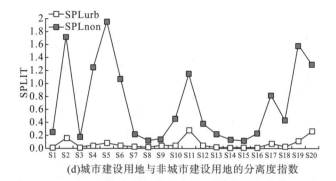

(d)城市建设用地与非城市建设用地的分离度指数

图 5.2　类型水平上流域城市建设用地和非城市建设用地的景观特征

注：城市建设用地与非城市建设用地类别水平的景观格局指数缩写为景观格局指数-类型名称。PLAurb 代表城市建设用地 PLAND，PLAnon 代表非城市建设用地 PLAND；PD、LSI 和 SPL 同理。

资料来源：作者自绘。

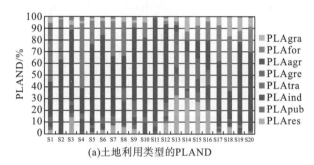

(a)土地利用类型的PLAND

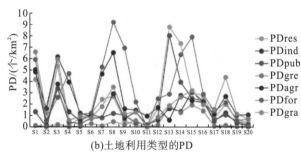

(b)土地利用类型的PD

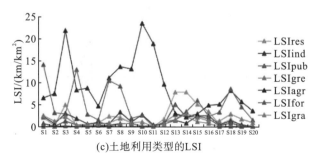

(c)土地利用类型的LSI

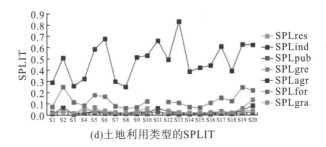

(d)土地利用类型的SPLIT

图5.3　类型水平上流域土地利用的景观格局指数(见本书彩图版)

注：类别水平的景观格局指数缩写为景观格局指数-类型名称。例如，PLAagr 代表农地景观百分比；PLAtra 代表交通用地景观百分比；PDfor 代表林地斑块密度 PD；SPLgra 代表草地分离度指数 SPLIT；LSIres、LSIpub、LSIind、LSIgre 分别代表居住用地、公共设施与商业用地、工业用地、公园绿地的景观形状指数 LSI。

资料来源：作者自绘。

三、景观格局与河流水质的关系

在景观水平方面，表征地貌的地形起伏度(RDLS)与 5 个水质指标存在显著的负相关关系($P<0.05$)，与 TN 存在最密切的负相关关系，与 TP 和 NH_3-N 的负相关关系较强(表 5.4、图 5.4)。图 5.5 反映出 RDLS 与单个水质参数间的相关关系也与 RDA 结果一致，河流水体污染物浓度随地形起伏度的增大而降低，NH_3-N、TN 和 TP 的下降趋势明显。

表 5.4　景观水平景观格局指数对水质的解释量、显著性与相关性结果

类型	度量	RDLS	PD	LSI
解释量与重要性	解释量/%	20.4	33.4	2.4
	贡献量/%	100.0	93.4	6.6
	P	0.028	0.002	0.604
与水质参数的自然对数的相关性	ln TSS	−0.146	0.226	0.370
	ln COD$_{MN}$	−0.300	0.598	0.357
	ln TN	−0.668	0.671	0.532
	ln NH$_3$-N	−0.471	0.543	0.391
	ln TP	−0.522	0.737	0.412

资料来源：作者自制。

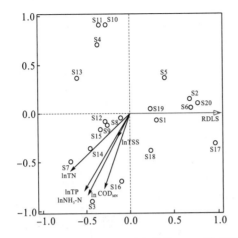

图 5.4 地形起伏度和水质参数的 RDA 排序图

资料来源：作者自绘

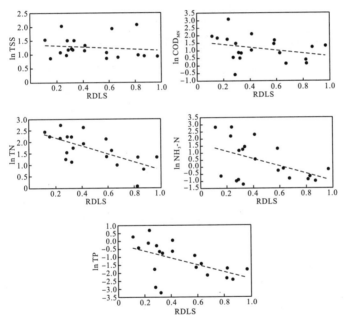

图 5.5 景观水平 RDLS 与水质参数散点图

资料来源：作者自制

在形态维度方面，景观斑块密度(PD)与所有水质指标具有极显著的正相关关系($P<0.01$)，解释了 93.4% 的景观水平水质变化(表 5.4)。景观斑块密度与 TP 和 TN 存在强正相关关系，与 COD 存在中度正相关关系(表 5.4、图 5.6)。与 PD 相似，景观形状指数(LSI)也对水质具有负向效应，与 TN 和 TP 的正相

关性较强，但 LSI 对水质的影响不显著。图 5.7 反映出不同水质指标分别随 PD 和 LSI 的增大而升高的情况，河流 TP 和 TN 的增长对 PD 增长较敏感。

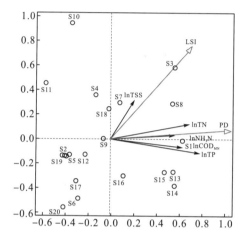

图 5.6　斑块密度、景观形状指数和水质参数的 RDA 排序图

资料来源：作者自绘。

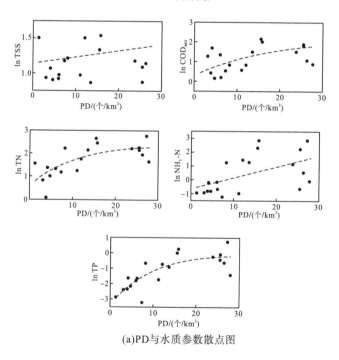

(a)PD 与水质参数散点图

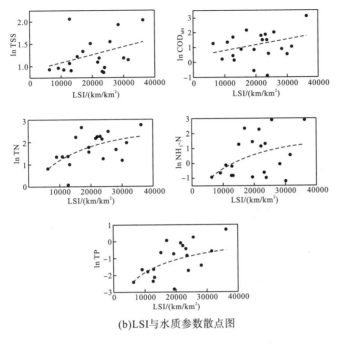

(b)LSI与水质参数散点图

图 5.7　景观水平 PD 和 LSI 与水质参数散点图

资料来源：作者自绘。

四、土地利用格局对河流水质的影响

　　非城市建设用地景观百分比（PLAnon）对水质存在较显著的影响，景观百分比对水质的贡献量为 83.4%（表 5.5）。除河流水体的 TSS 参数外，PLAnon 与其他 4 个水质参数呈负相关关系（表5.5、图 5.8）。从图 5.9 可以看出，非城市建设用地 PLAND 与 TSS 存在不确定性关系。其他水质指标则随着非城市建设用地 PLAND 的增长而降低，当非城市建设用地 PLAND 超过 75%～85%时，即城市建设用地比例低于 15%～25%时，水质指标开始明显降低（图 5.8、图 5.9）。非城市建设用地的斑块密度（PD）与水质参数存在极显著的正相关关系（$P<0.01$），斑块密度对水质的贡献量为 89.2%。而非城市建设用地的分离度指数（SPLIT）与水质参数存在极显著的负相关关系（$p<0.01$），对水质的贡献量为 91.8%（表 5.5），并都与 TP、TN 和 NH_3-N 存在强相关关系（表5.5、图 5.10）。图 5.11、图 5.12 反映了非城市建设用地 PD、SPLIT 与单个水质参数间的两两相关，随着 PD 和 SPLIT 增大，水质指标分别增长和降低。

表 5.5 建设用地与非建设用地景观格局指数对水质
参数的解释量、贡献量显著性和相关性

类型	度量	PLAurb	PLAnon	PDurb	PDnon	LSIurb	LSInon	SPLurb	SPLnon
解释量与重要性	解释量/%	2.8	13.9	4.3	35.8	47.3	9.5	3.4	38.4
	贡献量/%	16.6	83.4	10.8	89.2	83.8	16.7	8.2	91.8
	P	0.566	0.058	0.304	0.002	0.002	0.022	0.358	0.002
与水质参数的自然对数的相关性	ln TSS	0.029	0.025	0.032	0.186	0.289	0.436	0.048	-0.156
	ln COD_{MN}	0.297	-0.342	0.590	0.485	0.618	0.491	-0.487	-0.532
	ln TN	0.395	-0.465	0.670	0.660	0.695	0.571	-0.613	-0.805
	ln NH_3-N	0.282	-0.307	0.435	0.651	0.730	0.614	-0.524	-0.675
	ln TP	0.491	-0.543	0.687	0.729	0.757	0.617	-0.662	-0.700

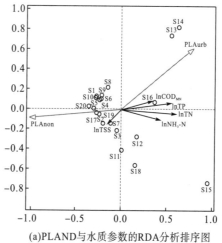

(a)PLAND与水质参数的RDA分析排序图

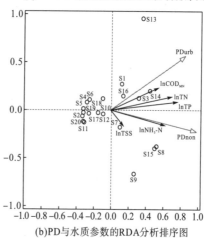

(b)PD与水质参数的RDA分析排序图

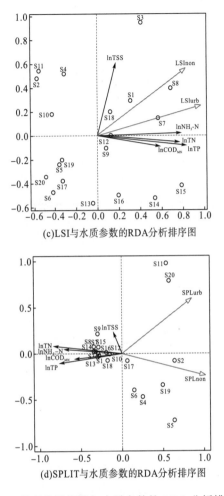

(c)LSI与水质参数的RDA分析排序图

(d)SPLIT与水质参数的RDA分析排序图

图 5.8 景观格局指数与水质参数的 RDA 分析排序图

资料来源：作者自绘。

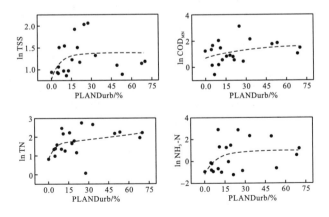

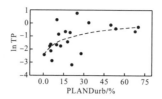

(a)城市建设用地PLAND与水质参数散点图

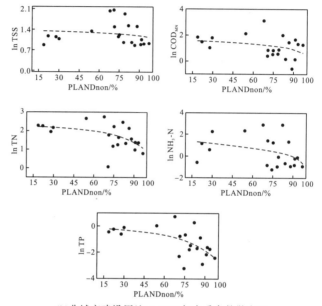

(b)非城市建设用地PLAND与水质参数散点图

图 5.9　类型水平 PLAND 与水质参数散点图

资料来源：作者自绘。

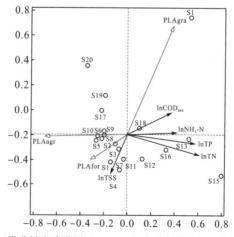

(a)三类非城市建设用地PLAND与水质参数的RDA分析排序图

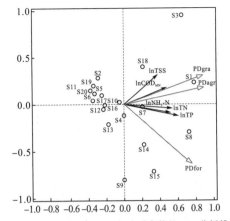

(b)三类非城市建设用地PD与水质参数的RDA分析排序图

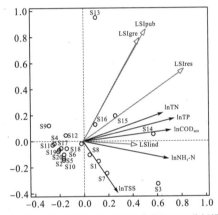

(c)三类城市建设用地LSI和水质参数的RDA分析排序数

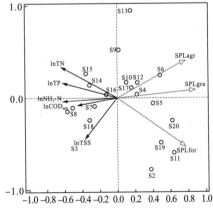

(d)三类非城市建设用地SPLIT和水质参数的RDA分析排序图

图5.10　各土地利用类型景观格局指数和水质参数的RDA分析排序图

资料来源：作者自绘。

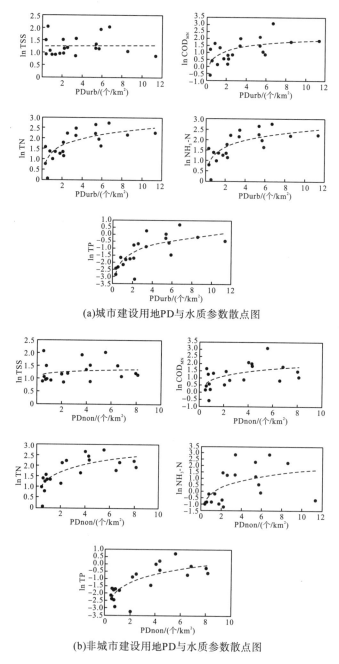

(a)城市建设用地PD与水质参数散点图

(b)非城市建设用地PD与水质参数散点图

图 5.11　类型水平 PD 与水质参数散点图

资料来源：作者自绘。

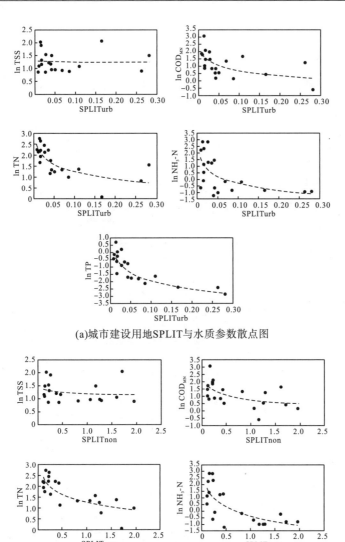

(a)城市建设用地SPLIT与水质参数散点图

(b)非城市建设用地SPLIT与水质参数散点图

图 5.12　类型水平 SPLIT 与水质参数散点图

资料来源：作者自绘。

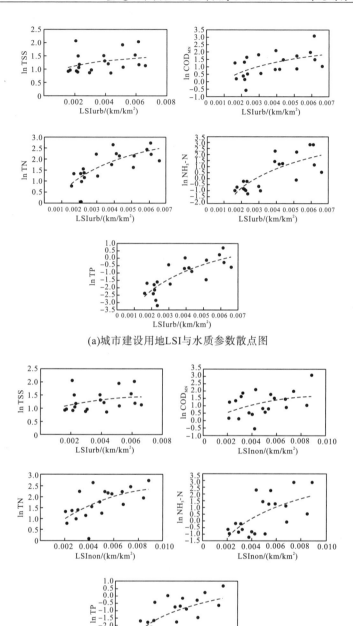

(a)城市建设用地LSI与水质参数散点图

(b)非城市建设用地LSI与水质参数散点图

图 5.13　类型水平 LSI 与水质参数散点图

资料来源：作者自绘。

　　城市建设用地 LSI 与水质参数存在非常密切的正相关关系
($P<0.01$)，对水质的贡献量为 83.8%(表 5.5)，与 TP、NH_3-N、
TN 和 COD 之间存在强正相关关系(表 5.5、图 5.10)。TN、NH_3-N
和 TP 增长受城市建设用地 LSI 增大的影响较明显(图 5.13)。

　　总体而言，山地流域内非城市建设用地所占的比例越大，
斑块适度集聚分布，河流水体中的 TN、TP 和 NH_3-N 等污染物
浓度越低。形状复杂的城市建设用地可能引起水环境更严重的
退化，如 TP 和 NH_3-N 污染物浓度可能会显著升高。

五、土地利用类型对河流水质的影响

　　类型水平景观格局指数对水质参数的解释量、贡献量与显
著性结果见表 5.6。

表 5.6　类型水平景观格局指数对水质参数的
解释量、贡献量与显著性结果

土地利用类型	指数	重要性排序	解释量/%	贡献量/%	P
非城市建设用地	PLAagr	1	10.7	50.4	0.102
	PLAfor	2	5.4	25.6	0.296
	PLAgra	3	5.1	24.0	0.332
	PDagr	1	25.1	57.2	0.008
	PDfor	2	13.2	30.1	0.028
	PDagr	3	5.6	12.7	0.194
非城市建设用地	SPLgra	1	28.6	66.0	0.008
	SPLfor	2	8.9	20.7	0.136
	SPLagr	3	5.8	13.3	0.250
城市建设用地	LSIres	1	31.5	67.1	0.006
	LSIpub	2	12.9	27.5	0.018
	LSIind	3	2.5	5.4	0.458

　　资料来源：作者自制。

　　各类非城市建设用地中，农地和林地的景观百分比
(PLAND)与河流水质参数存在一定的负相关关系(表 5.7)，而
草地 PLAND 则与除 TSS 外的水质参数均呈较弱的正相关关系
(表 5.7、图 5.11、图 5.14)。农地和林地的斑块密度(PD)与水
质参数分别存在极显著($P<0.01$)和显著($P<0.05$)的正相关关
系(表 5.6)。草地 PD 的解释重要性虽然较弱，但这三种景观的

PD 都与水质参数呈中度正相关关系（表 5.7、图 5.10）。农地和林地 PD 的增长容易分别导致 NH$_3$-N 和 TP 的浓度较快增长（图 5.15）。草地分离度指数（SPLIT）与水质参数存在极密切的负相关关系（$P<0.01$），林地 SPLIT 与水质参数也存在一定的负相关关系。林地和草地的分离度指数对水质的贡献量为86.7%（表 5.6、表 5.7、图 5.10），NH$_3$-N、TP 和 TN 浓度升高受草地和林地 SPLIT 增长的影响较明显（图 5.16）。

表 5.7   类型水平景观格局指数与水质参数的 RDA 相关性结果

土地利用类型	指数	lnTSS	lnCOD$_{MN}$	lnTN	lnNH$_3$-N	lnTP
非城市建设用地	PLAfor	−0.157	−0.451	−0.496	−0.343	−0.555
	PLAgra	−0.098	−0.216	−0.402	−0.247	−0.482
	PLAagr	−0.437	0.419	0.186	0.180	0.153
	PDagr	0.442	0.514	0.499	0.526	0.577
	PDfor	0.086	0.251	0.461	0.451	0.548
	PDagr	0.467	0.519	0.470	0.503	0.543
	SPLgra	−0.397	−0.498	−0.643	−0.656	−0.631
	SPLfor	−0.063	−0.359	−0.751	−0.518	−0.635
	SPLagr	−0.565	−0.471	−0.435	−0.596	−0.494
城市建设用地	LSIres	0.015	0.632	0.674	0.521	0.725
	LSIpub	−0.186	0.459	0.538	0.244	0.539
	LSIind	0.259	0.653	0.642	0.704	0.733

资料来源：作者自制。

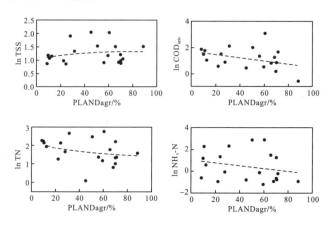

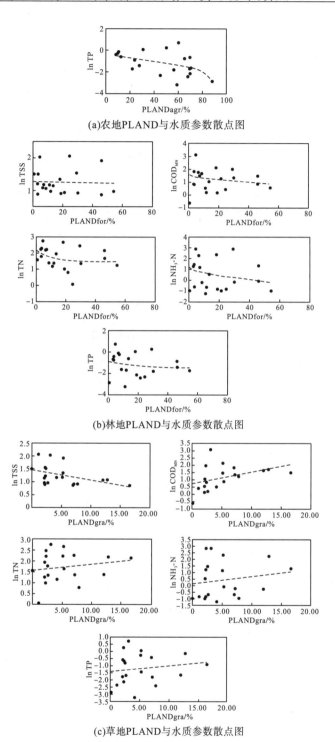

(a)农地PLAND与水质参数散点图

(b)林地PLAND与水质参数散点图

(c)草地PLAND与水质参数散点图

图5.14 类型水平PLAND与水质参数散点图

资料来源：作者自绘

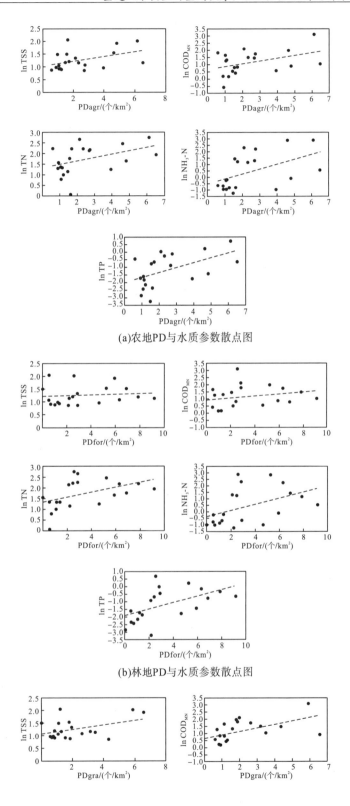

(a)农地PD与水质参数散点图

(b)林地PD与水质参数散点图

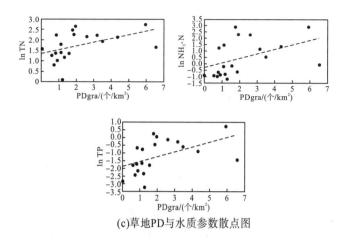

(c)草地PD与水质参数散点图

图 5.15　类型水平 PD 与水质参数散点图

资料来源：作者自绘。

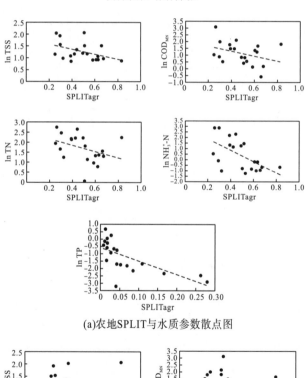

(a)农地SPLIT与水质参数散点图

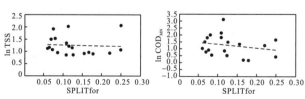

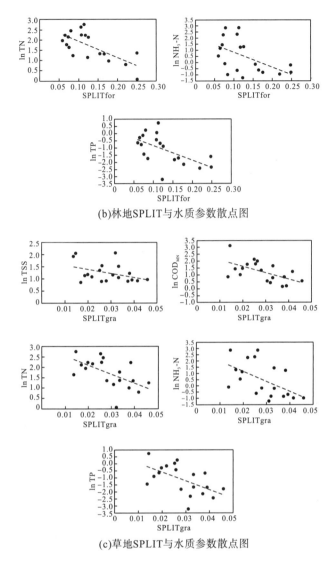

(b)林地SPLIT与水质参数散点图

(c)草地SPLIT与水质参数散点图

图 5.16　类型水平 SPLIT 与水质参数散点图

资料来源：作者自绘

　　居住用地和公共设施用地 LSI 是影响水质最重要的两个因素，居住用地 LSI 与河流 COD、TN、NH$_3$-N、TP 4 个水质参数具有极显著($P<0.01$)的正相关关系，公共设施用地 LST 与这 4 个水质参数具有显著($P<0.05$)的正相关关系，两类建设用地 LST 对水质的贡献量为 94.6%(表 5.6、表 5.7、图 5.10)。虽然工业用地 LSI 也与水质参数呈正相关关系，但显著性较弱。三类城市建设用地 LSI 的增加将导致河流水质下降，尤以 TN

与 TP 的变化最明显(图 5.17)。由此可见，与空间构型相关的指标与流域水质具有密切的相关性，农地和林地越破碎、草地越分散可能引起河流中越高的 TP、NH_3-N、TN 浓度。居住用地和公共设施用地的形状复杂也是河流中 TP、TN 和 COD 浓度较高的重要因素。而景观组分也在一定程度上影响河流水质，其中农地、林地等各类非城市建设用地的比例对水环境具有一定的正向效应。

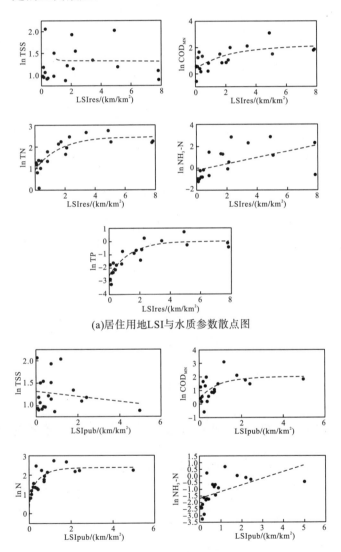

(a)居住用地LSI与水质参数散点图

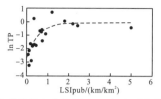

(b)公共设施与商业用地LSI与水质参数散点图

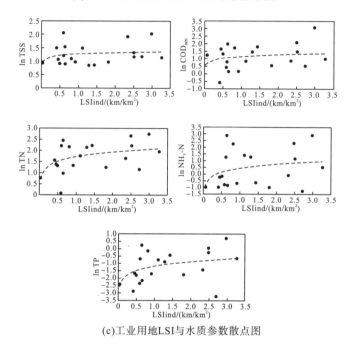

(c)工业用地LSI与水质参数散点图

图 5.17　类型水平 LSI 与水质参数散点图

资料来源：作者自绘。

第四节　延伸思考与规划启示

一、城市化地区山地流域景观地貌及其对水质的影响

地形起伏度对流域水质具有高度的正向效应，说明景观地貌特征对河流水质有较大的调节作用（Ye et al.，2009；Kang et al.，2010）。地形起伏度大意味着增加了地表径流长度，有利于径流污染的截留和水质的净化（Chang，2008）。Sun 等（2014）研究发现地形变量是 50m 河岸带缓冲区尺度内水质变化的主导因素，流域起伏度与水质污染物浓度呈负相关关系，也表明起伏变化的地貌可能更有助于截留净化地表径流中的污染物。

地形起伏度还会通过影响景观组分和景观构型，进而作用于山地流域的河流水质。流域的地形起伏度越小，城市建设用地比例往往越大，景观斑块整体上趋于破碎分散及形状较复杂状态，河流水质恶化也越严重（Pratt and Chang，2012）。山地流域地形起伏度越大，非城市建设用地景观斑块破碎度相对较低且聚集度较高，水环境质量会越好。

二、城市化地区山地流域景观构型对水质的影响

山地流域景观格局决定了水文和营养物质的流动过程（Turner，1989；Forman，1995），将极大地影响河流水质（Xiang，1996；Lee et al.，2009）。研究发现景观破碎化程度越高，对水质产生的负面影响越显著。河流水体 TP 和 TN 对 PD 更为敏感，景观破碎化更容易导致河流水质退化。景观水平较大的 PD 会导致水质退化，如 PD 与 TP 呈正相关关系（Uuemaa et al.，2005；Lee et al.，2009）。分散的城市建设用地可能需要更多的道路系统来相互连接，会产生非点源污染（Stone and Bullen，2006；Stone，2008；Lee et al.，2009）。破碎的林地可能无法有效地过滤来自城市化地区的污染物、沉积物和营养物质，这将导致河流水质下降（Lee et al.，2009）。本章的研究结果与以往的研究结果也有不一致的地方，关于 PD 与水质参数之间的关系，跟以往的研究结果不一致。有部分研究发现 PD 与夏季的 COD、NH_3-N、TN 成负相关关系（Uuemaa et al.，2007；Huang et al.，2013），可能跟该季节降雨导致的径流模式有关。

研究发现 LSI 对河流水质的影响远低于 PD 对河流水质的影响，与有些研究结果是一致的（Uuemaa et al.，2005；Lee et al.，2009）。但是，也有研究发现 ED（边缘密度）、SHMN（平均形状指数）和 LSI 与 COD、NH_3-N 和 TSS 等指标呈负相关关系（Uuemaa et al.，2005；Lee et al.，2009；Shi et al.，2017）。一般来说，物质和能量流动是由斑块边缘的形状决定的（Forman，1995）。在土地利用规划实践中，对景观形态复杂度的选择，还应取决于景观类型（Uuemaa et al.，2005；Shi et al.，2017）。景观形状复杂性高，会增加城市用地与水域空间的接触界面，使污染物质可以快速进入水体；也可能会增加非城市建设用地的形态复杂性，有利于增大径流路径从而净化水质。

三、城市化地区山地流域非城市建设用地格局对水质的影响

　　类型水平上景观格局与水质参数之间的相关性分析揭示了一些有趣的发现，对土地利用规划和环境管理有一定的启示作用。研究发现非城市建设用地 PLAND 与河流水质的负相关关系比城市建设用地 PLAND 与河流水质之间的负相关关系更显著，为采用优先基于绿色基础设施网络，约束限定建设用地的布局结构，提供了理论基础。当非城市建设用地比例超过75%时，河流水体污染物浓度相对较低。本章研究结果与前人研究结果基本一致（Todd et al.，1989；Arnold and Gibbons，1996；颜文涛和邹锦，2019）。另外，研究发现 TSS 与非建设用地比例呈正相关关系的结果，可能与研究区荒草地土壤侵蚀、林下清除杂草的整治行动有关，降低了林地吸附固体悬浮物阻止其流入地表水的能力（Amiri and Nakane，2009）。

　　已有研究反映出农地比例对水质的影响存在双向效应，农地对水质的影响取决于农业实践、地理位置和降水量等因素（Huang and Klemas，2012）。通常而言，农业用地大量使用化肥、农药，致使农地单位面积的产氮量和产磷量大于森林和荒地，这是加速小流域河流水质恶化的主要原因（Tong and Chen，2002；Huang et al.，2016）。有研究认为当农地位于大于 15° 的坡地上时与 COD 和 NH_3-N 呈正相关关系（Huang and Klemas，2012）。但是，本章的研究发现城市农地比例与水质指标存在负相关关系，与有些研究结果一致（Huang and Klemas，2012）。可能由于重庆市自 2000 年起实施退耕还林工程，陡坡农地已逐渐向森林用地转变，农地产生的面源污染逐渐减轻（Dai et al.，2017），城市地区的生态农业不再是污染的"源"景观。另外，采用重庆非雨季的河流水质数据，也降低了农业面源污染对河流水质的影响程度。也有研究发现农地比例与 TN、TP、BOD、NH_3-N 等水质指标的相关性不显著（Lee et al.，2009）。上述相关研究体现了农业用地景观和水质之间关系的地方性特征（Lee et al.，2009）。

　　许多研究认为林地比例与水质参数呈负相关关系，森林比例大的流域往往具有更好的河流水质（Xiao and Ji，2007）。森林土地的侵蚀率较低时，会减少附着在土壤颗粒上的营养物质

流入河流(Kaste et al.，1997；Amiri and Nakane，2009)，从而起到控制污染和调节水质的作用。令人惊讶的是，草地 PLAND 与除 TSS 外的其他水质参数呈一定的正相关关系。通常情况下，草地被视为减少地表径流 TSS 等沉积物的滞留介质(Xiao and Ji，2007)。但是，当草地管理和人工养护不当时，会导致养分输出并引起水质变差(Amiri and Nakane，2009)，使草地变成非点源污染的"源"景观(Shen et al.，2014)。

本章的研究发现分散破碎的非城市建设用地与水质恶化密切相关。已有研究也认为非建设用地的破碎化和形态简单化，将导致河流水体更高的 COD、BOD 和 TP 浓度(Huang et al.，2016；颜文涛和邹锦，2019)。自然景观斑块间的更大间隔可能会降低水质(Uuemaa et al.，2005；Huang and Klemas，2012；Shen et al.，2014；Shi et al.，2017)。具有结构完整和形态复杂的非建设用地景观格局，有利于维持更好的小流域水环境质量(颜文涛和邹锦，2019)。农地和林地的破碎化与草地的离散分布是导致水质退化的重要因素，高度破碎的林地可能无法有效地拦截、沉积、过滤来自建设用地的污染物、沉积物和营养物质，导致水质恶化和许多其他负面的生态影响(Collinge，1996；Lee et al.，2009)。

四、城市化地区山地流域城市建设用地格局对水质的影响

研究发现，城市建设用地形状复杂度对河流水质的影响远高于非城市建设用地。水质参数 TP、TN、NH_3-N 和 COD 对其较敏感。城市建设用地的形状复杂，可能会增加不透水表面与河流水域的邻接面，导致污染物质快速进入水体，无法在水域外沉积下来，从而影响水质(颜文涛和邹锦，2019)。因此，采用简单规则的城市建设用地形状与相对复杂的非城市建设用地形状，并增加城市建设用地与水体的绿色缓冲空间，将有利于维持更好的河流水环境质量。

极少有研究探索过各类城市建设用地的形状复杂度对水质的影响，而本章的研究进一步发现居住用地和公共设施用地的形状复杂度是影响水质的两个重要因素，尤其与 TP、TN、COD 等水质参数存在较强的正相关关系。居住用地和公共设施用地往往是单位用地年均径流污染负荷输出较高的地区，其形

状越复杂越容易影响流域水质。

城市建设用地规模和比例不断增大，产生的点源和径流污染负荷排放会导致河流水质退化(Sliva and Williams，2001；Tong and Chen，2002；Uuemaa et al.，2007；Yin et al.，2009；Huang et al.，2013)。大量不透水表面还会使城市径流温度升高，破坏河岸植被，导致地下水位降低，进而造成水环境和水生生态系统退化(颜文涛和邹锦，2019)。分散的城市建设用地更容易导致自然景观的破碎，破坏对过滤污染物至关重要的自然结构，产生负面的水环境效应(Forman，1995；Collinge，1996；Lee et al.，2009)。城市建设用地采用适度集中紧凑的布局形态，水环境质量可能会更好。

分析城市建设用地和非城市建设用地的比例、破碎化程度和离散程度对流域水质的影响时，相较于非城市建设用地，城市建设用地并不是最显著的解释变量(Shen et al.，2014)。单独分析时，城市建设用地与水质具有强相关性。这个结果强调了高比例和集聚、连通的非城市建设用地对保护流域水环境的重要性。对规划师和政策制定者而言，趋向水环境保护的山地流域土地利用规划，应先确定非城市建设用地布局空间结构，构建生态空间网络格局，在此基础上再合理布局城市建设用地。

山地景观格局是影响小流域水质的重要因素。许多研究分析了景观格局与水质的相关性，显示出在类型水平上的探索更具应用意义，可为土地利用规划层面的水管理提供更为适用的知识(Lee et al.，2009；Shen et al.，2014；Huang et al.，2016)。在景观水平上，研究发现地形起伏度和斑块密度对河流水质影响显著。在类型水平上，研究表明非城市建设用地比例、斑块密度、分离度指数对河流水质影响非常显著。而城市建设用地景观形态对河流水质影响也非常显著，主要是居住用地和公共设施用地形态复杂度对河流水质影响较大。

以河流水质的改善作为小流域土地利用规划的重要目标之一，采用对河流水质影响显著的景观格局指数，预测土地利用规划后水质可能存在的状态，可为流域土地利用规划与管理决策提供参考依据(Gautam et al.，2003；Lee et al.，2009)。根据本章的研究结果，提出如下面向水环境保护的景观格局调控和引导策略：①调控显著因果关系的解释变量，总体层次方面，加强土地利用适度紧凑的布局形态，维持较大规模的非建设用地比例，保存以林地覆盖为主且起伏度较大的区域，强调非城市建设用地结构的整体性，同时，采用紧凑集聚的城市建设用地边界形态，并构建建设用地与非建设用地空间的有机耦合关系(颜文涛 等，2011)；②引导一般因果关系的解释变量，主要针对农地和林地的规模进行引导，继续贯彻退耕还林政策，促进传统农业向低污染、可持续的生态农业和观光农业发展，尽可能避免草地被散布或分割成小规模的碎片，引导林地紧凑有机布局，以维护径流传输和过程的自然空间。非城市建设用地还需要保持一定复杂程度的边界形态。

参 考 文 献

封志明, 唐焰, 杨艳昭, 等, 2007. 中国地形起伏度及其与人口分布的相关性[J]. 地理学报, 62(10): 1073-1082.

吴健生, 钟晓红, 彭建, 等, 2015. 基于生态系统服务簇的小尺度区域生态用地功能分类——以重庆两江新区为例[J]. 生态学报, 35(11):3808-3816.

颜文涛, 邹锦, 2019. 趋向水环境保护的城市小流域土地利用生态化——生态实践路径、空间规划策略与开发断面模式[J]. 国际城市规划, 34(3):45-55.

颜文涛, 王正, 韩贵锋, 等, 2011. 低碳生态城规划指标及实施途径[J]. 城市规划学刊(3):39-50.

Ai L, Shi Z H, Yin W, et al., 2015. Spatial and seasonal patterns in stream water contamination across mountainous watersheds: Linkage with landscape characteristics[J]. Journal of Hydrology(523):398-408.

Alberti M, Booth D, Hill K , et al., 2007. The impact of urban patterns on aquatic ecosystems: An empirical analysis in Puget lowland sub-basins[J]. Landscape and Urban Planning, 80(4):345-361.

Amiri B J, Nakane K, 2009. Modeling the linkage between river water quality and landscape metrics in the Chugoku district of Japan[J]. Water Resources Management, 23(5):931-956.

Arnold C L , Gibbons C J, 1996. Impervious surface coverage: The emergence of a key environmental indicator[J]. Journal of the American Planning Association, 62(2):243-258.

Bahar M M, Ohmori H, Yamamuro M, 2008. Relationship between

river water quality and land use in a small river basin running through the urbanizing area of central Japan[J]. Limnology, 9(1):19-26.

Baker A, 2003. Land use and water guality[J]. Hgdrol. Process., 17(12): 2499-2501.

Barbosa A E, Fernandes J N, David L M, 2012. Key issues for sustainable urban stormwater management[J]. Water Research, 46(20): 6787-6798.

Booth D B , Jackson C R, 2010. Urbanization of aquatic systems: degradation thresholds, stormwater detection, and the limits of mitigation1[J]. Jawra Journal of the American Water Resources Association, 33(5):1077-1090.

Braak C J F T , Prentice C , Ter Braak C J F, 1988. A theory of gradient analysis[J]. Advances in Ecological Research(18): 271-317.

Buck O, Niyogi D K, Townsend C R, 2004. Scale-dependence of land use effects on water quality of streams in agricultural catchments[J]. Environmental Pollution, 130(2):287-299.

Chang C L , Kuan W H , Lui P S , et al., 2008. Relationship between landscape characteristics and surface water quality[J]. Environmental Monitoring and Assessment, 147(1-3): 57-64.

Chang H, 2008. Spatial analysis of water quality trends in the Han River basin, South Korea[J]. Water Research, 42(13):3285-3304.

Collinge S K, 1996. Ecological consequences of habitat fragmentation: Implications for landscape architecture and planning[J]. Landscape & Urban Planning, 36(1):59-77.

Dai X , Zhou Y , Ma W , et al., 2017. Influence of spatial variation in land-use patterns and topography on water quality of the rivers inflowing to Fuxian Lake, a large deep lake in the plateau of southwestern China[J]. Ecological Engineering, 99:417-428.

Fan M , Shibata H, 2016. Water yield, nitrogen and sediment retentions in Northern Japan (Teshio river watershed): Land use change scenario analysis[J]. Mitigation & Adaptation Strategies for Global Change, 21(1):119-133.

Forman R T T, 1995. Land Mosaics: The Ecology of Landscape and

Regions[M]. New York: Cambridge University Press.

Gautam A P, Webb E L, Shivakoti G P, et al., 2003. Land use dynamics and landscape change pattern in a mountain watershed in Nepal[J]. Agriculture Ecosys tems & Environment, 99(1):83-96.

Glavan M, Miličić V, Pintar M, 2013. Finding options to improve catchment water quality—Lessons learned from historical land use situations in a Mediterranean catchment in Slovenia[J]. Ecological Modelling, 261-262(Complete):58-73.

Huang J, Klemas V, 2012. Using remote sensing of land cover change in coastal watersheds to predict downstream water quality[J]. Journal of Coastal Research, 283(4):930-944.

Huang J, Li Q, Jr R G P, et al., 2013. Detecting the dynamic linkage between landscape characteristics and water quality in a subtropical coastal watershed, Southeast China[J]. Environmental Management, 51(1):32-44.

Huang Z, Han L, Zeng L, et al., 2016. Effects of land use patterns on stream water quality: A case study of a small-scale watershed in the Three Gorges Reservoir Area, China[J]. Environmental Science and Pollution Research, 23(4):3943-3955.

Hwang S J, Lee S W, Son J Y, et al., 2007. Moderating effects of the geometry of reservoirs on the relation between urban land use and water quality[J]. Landscape and Urban Planning, 82(4):175-183.

Kang J H , Lee S W , Cho K H , et al., 2010. Linking land-use type and stream water quality using spatial data of fecal indicator bacteria and heavy metals in the Yeongsan river basin[J]. Water Research, 44(14): 4143-4157.

Kaste O, Henriksen A, Hindar A, 1997. Retention of atmospheri -cally-derived nitrogen in subcatchments of the Bjerkreim River in Southwestern Norway[J]. AMBIO, 26(5):296-303.

Lee S W , Hwang S J , Lee S B , et al., 2009. Landscape eco-logical approach to the relationships of land use patterns in watersheds to water quality characteristics[J]. Landscape and Urban Planning, 92 (2):80-89.

Leps J, Smilauer P, 2003. Multivariate Analysis of Ecological Data Using CANOCO[M]. Cambridge: Cambridge University Press.

Liu Y , Dai L , Xiong H, 2015. Simulation of urban expansion patterns by integrating auto-logistic regression, Markov chain and cellular automata models[J]. Journal of Environmental Planning and Management, 58 (6):1113-1136.

Makarenkov V, Legendre P, 2002. Nonlinear redundancy analysis and canonical correspondence analysis based on polynomial regression[J]. Ecology, 83 (4) : 1146-1161.

Osborne L L, Wiley M J, 1988. Empirical relationships between land use/cover and stream water quality in an agricultural watershed[J]. Journal of Environmental Management, 26 (1):9-27.

Pratt B , Chang H, 2012. Effects of land cover, topography, and built structure on seasonal water quality at multiple spatial scales[J]. Journal of Hazardous Materials, 209-210 (30):48-58.

Rhodes A L , Newton R M , Pufall A, 2001. Influences of Land Use on Water Quality of a Diverse New England Watershed[J]. Environmental Science & Technology, 35 (18):3640-3645.

Chefaoui R M, 2014. Landscape metrics as indicators of coastal morphology: A multi-scale approach[J]. Ecological Indicators, 45 (oct.):139-147.

Shen Z , Hou X , Li W , et al., 2014. Relating landscape characteristics to non-point source pollution in a typical urbanized watershed in the municipality of Beijing[J]. Landscape and Urban Planning (123): 96-107.

Shi P , Zhang Y , Li Z , et al., 2017. Influence of land use and land cover patterns on seasonal water quality at multi-spatial scales[J]. Catena (151): 182-190.

Sliva L, Williams D D, 2001. Buffer zone versus whole catchment approaches to studying land use impact on river water quality[J]. Water Research, 35 (14):3462-3472.

Stone B, 2008. Urban sprawl and air quality in large US cities[J]. Journal of Environmental Management, 86 (4):688-698.

Stone B , Bullen J L, 2006. Urban form and watershed management: How zoning influences residential stormwater volumes[J]. Environment & Planning B Planning & Design, 33(1):21-37.

Sun Y , Guo Q , Liu J , et al., 2014. Scale effects on spatially varying relationships between urban landscape patterns and water quality[J]. Environmental Management, 54(2): 272-287.

Todd D A, Bedient P B, Haasbeek J F, et al., 1989. Impact of land use and NPS loads on lake quality[J]. Journal of Environmental Engineering, 115(3):633-649.

Tong S T Y , Chen W, 2002. Modeling the relationship between land use and surface water quality[J]. Journal of Environmental Management, 66(4):377-393.

Tu J, 2011. Spatial and temporal relationships between water quality and land use in northern Georgia, USA[J]. Journal of Integrative Environmental ences, 8(3):151-170.

Turner M G, 1989. Landscape ecology: the effect of pattern on process[J]. Annual Review of Ecology & Systematics(20): 171-197.

Uuemaa E, Roosaare J, Mander, 2005. Scale dependence of landscape metrics and their indicatory value for nutrient and organic matter losses from catchments[J]. Ecological Indicators, 5(4):350-369.

Uuemaa E , Roosaare J, Mander U, 2007. Landscape metrics as indicators of river water quality at catchment scale[J]. Nordic Hydrology, 38(2):125-138.

Wang Y , Li Y , Liu X , et al., 2014. Relating land use patterns to stream nutrient levels in red soil agricultural catchments in subtropical central China[J]. Environmental Science and Pollution Research, 21(17):10481-10492.

Xia L L , Liu R Z , Zao Y W, 2012. Correlation analysis of landscape pattern and water quality in baiyangdian watershed[J]. Procedia Environmental Sciences(13): 2188-2196.

Xiang W N, 1996. GIS-based riparian buffer analysis: injecting geographic information into landscape planning[J].

Landscape Urban Plan,34 (1) : 1-10.

Xiao H, Ji W, 2007. Relating landscape characteristics to non-point source pollution in mine waste-located watersheds using geospatial techniques[J]. Journal of Environmental Management, 82 (1) :111-119.

Yang X, 2012. An assessment of landscape characteristics affecting estuarine nitrogen loading in an urban watershed[J]. Journal of Environmental Management, 94 (1) :50-60.

Ye L , Cai Q H , Liu R Q , et al., 2009. The influence of topography and land use on water quality of Xiangxi River in Three Gorges Reservoir region[J]. Environmental Geology (Berlin), 58 (5) :937-942.

Yin K, Cui S H, Zhao Q J，et al., 2009. Understory diversity prediction of urban forest based on the redundancy analysis (RDA) [J]. Acta Ecologica Sinica, 29 (11) : 6085-6094.

第六章 面向水环境绩效的规划控制：波特兰市的实践案例

　　单一层次的环境管理行动，难以支撑小流域健康水环境的目标。为自然资源划定叠加区，并按照叠加区的管理功能进行分类或者按照叠加区的管理级别进行分级的规划管制方法，可以更好地实现水环境保护的目标。通过对叠加区的管理，不仅可以附加保护现状自然资源特征的相关管理指标及措施，而且可以为对水环境产生潜在影响的地块提供管理标准。

　　本章以美国波特兰市为例，介绍波特兰市通过"叠加分区"建立的发展标准如何支持自然资源保护及河岸保护目标、"特定规划区"如何协调片区的发展及小流域生态保护功能。针对明确的环境管理目标划定明确的环境管理范围，使城市的开发行为能够协调城市的社会、经济及小流域健康的价值，使环境功能得到最有效的管理。

　　叠加区管理主要是要防止人工建设带来的土壤侵蚀、沉积物、污染、暴雨等不利因素，具体可以从使用功能、建筑密度、容积率、不透水面密度、干扰区面积、干扰区的后退距离、植被移除及恢复标准等控制要素进行控制。各个控制要素的控制指标应由各自的主管部门负责制定，跟各部门的管理职责相统一。每个控制要素的指标与叠加区的级别及类别、土地使用强度、需求等多种因素有关。

　　波特兰市的总体规划提出了广泛的目标及政策，为土地使用决策提供指引。区划法规就是针对每个具体的地块，将与该地块相关的总规政策进行综合，制定符合总规政策的发展标准。每类叠加区和特定规划区的划定都有明确的管理目标，如环境叠加区是为了保护自然资源而划定的，约翰逊溪流域规划区是针对约翰逊溪流域片区的健康发展而划定的。每类分区的管理级别和类型都有其独特的特点，有助于区划法规对不同的土地使用功能进行协调。那么，波特兰市的区划法规制定了哪些发展标准，这些发展标准如何指导城市开发建设，使城市的开发行为能够协调城市的社会、经济及小流域健康的价值呢？

第一节　规划分区及管理功能

　　波特兰市区划通过三种分区实现对城市用地的管理：基础分区、叠加分区、特定规划区。基础分区覆盖全市，包含土地使用功能、容积率等一般指标，这些指标与我国控制性详细规划对地块的控制指标相似。叠加分区类似基础分区上的一块块"补丁"，涵盖不同特质的区域，实现特定的管理功能，覆盖范围具有明确的指向性(沈娜和孙晖，2014)。叠加分区有许多类型，如机场噪声影响区(airport noise impact zones)、历史资源保护区(historic resource protection zones)、环境叠加区(environmental overlay zones)(图 6.1)、绿道叠加区(greenway overlay zones)等。与小流域健康保护有关的叠加区主要包括绿道叠加、环境叠加区两大类。为解决一个区域特有的问题，在其他区划法规无法实现预计目标时建立特定规划区。这个区域可能有独特的自然属性、经济属性或历史属性，或者需要进行快速的用途改变，或者需要特殊的土地用途管制条例。每一个特定规划区都有其不可复制的条例[①]。部分特定规划区会根据其独特的片区特色，建立更加严格的环境保护标准或者降低环境保护的标准，成为协调社会、经济、环境保护的政策工具。基础分区、叠加分区、特定规划区三种分区是叠加管理的关系并同时发挥作用。波特兰市规划分区管理中，特定规划区在这三种分区中具有最高的法律效力，可以修改基础分区、叠加分区的任意标准。当三种分区的发展标准存在冲突时，则以特定规划区的标准为准，其次是叠加分区。

第二节　环境叠加区的规划控制

　　环境叠加区是波特兰市为了保护具有重要价值的自然资源而建立的，响应了州规划目标。波特兰市小流域内具有重要价值的湿地、河流、高地森林等就是通过环境叠加区来实施管理的。环境叠加区由资源区(resource area)和缓冲区(transition

① Bureau of Planning Sustainability. City of Portland. Planning and Zoning，Plan Districts in General[EB/OL]. http://www.portlandoregon.gov/bps/article/53360.

areas）组成，可以分为保护区（protection zones，EP）和保存区（conservation zones，EC）两个级别（图 6.1）。其中，保护区为最重要的资源和功能价值区提供最高级别的保护，除建设小径和道路或铺设管线和电缆以外，保护区基本上禁止任何新开发。除重要的自然资源区之外，还包括其外围一定范围（7.5m 或 15m）的缓冲区，允许建设建筑物，但是对建设的用地规模、建设条件以及植被复原有着严格的要求。

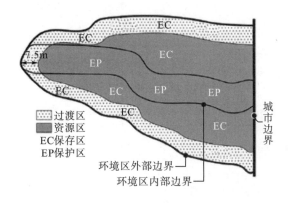

图 6.1　环境叠加区分区图

资料来源：改绘自文献 Bureau of Planning Sustainability. City of Portland. Planning and Zoning，Environmental Zones[EB/OL]. https://www.portland.gov/code/33/400s/430.

《俄勒冈州土地使用法》要求市、县制定自然资源详细目录，而这个详细目录也成为环境叠加区划定的直接依据。波特兰市规划组从 1986 年开始着手划定环境叠加区。首先，把城市分为 8 个地区，并以航拍、已有资料、公众意见为依据，划定初步的资源片区；其次，将每个资源片区分为若干个面积为几到几十公顷的编号地块（inventory site），并对每个编号地块进行评分以及制定资源的详细目录，包含面积、区位、栖息地分类、资源质量及评分（表 6.1）、资源数量、管理建议、经济-社会-环境-能源分析等数十项内容。在此基础上，8 个地区总结形成 8 个研究报告，规划组再根据技术资源委员会的建议制定环境区的区划图（图 6.2）[①]。随着波特兰市"自然资源详细目录更新项目"的开展，其采用最新的数据、最新的科学信息、最先进的技术及工具，为全市的河岸及高地资源区域制定了详细的目录，这些更新的信息又成为环境叠加区更新的依据。

---

① Bureau of Planning Sustainability. City of Portland. Johnson Creek Watershed Summaries Resource Site Inventory[EB/OL]. https://www.portlandoregon.gov/bps/article/89953.

表 6.1　特征地块的野生动物栖息地评估表

栖息地组成		分级			现状评分	规划评分	特殊评价
水体	数量及季节性	无	季节性	常年性			
		0	4	8			
	多样性(溪流、池塘等)	一	二	三			
		2	4	8			
	与栖息地的距离	无	接近	临近			
		0	4	8			
	质量(更新频率)	停滞	季节性	连续			
		0	3	6			
食物	数量及季节性	无	有限	全年			
		0	4	8			
	多样性	低	中	高			
		0	4	8			
	与栖息地的距离	无	接近	临近			
		0	4	8			
植物覆盖	构造多样性	低	中	高			
		0	4	8			
	多样性	低	中	高			
		0	4	8			
	季节性	无	有限	全年			
		0	4	8			
	筑巢	低	中	高			
		0	2	4			
	逃跑	低	中	高			
		0	2	4			
其他评价	物理干扰	永久	临时	无			
		0	2	4			
	人类干扰	高	中	低			
		0	2	4			
	其他栖息地干扰	低	中	高			
		0	3	6			
独立特征	栖息地类型	0	—	4			
	植物群	0	—	4			
	动物群	0	—	4			

资料来源：Bureau of Planning Sustainability. City of Portland. Johnson Creek Basin Protection Plan[EB/OL]. https://www.portlandoregon.gov/bps/article/103659.

🌊 环境保存区　🌊 河道水质量区　🌊 河道水质量区/河道自然区域
🌊 环境保护区　🌊 河道自然区域

图 6.2　波特兰市环境叠加区分布图（见本书彩图版）

资料来源：Bureau of Planning Sustainability. City of Portland. Natural Resource Overlay Zones[EB/OL]. https://www.portlandoregon.gov/bps/article/268087.

环境叠加区建立了土地利用的发展标准（development standards），当一个土地使用申请无法满足其适用的发展标准时，则可以进行环境审查（environmental review），尽可能同时满足土地发展的需求以及环境保护的目的。这保证了环境叠加区管理的刚性及弹性。

环境叠加区是按照发展类型来制定的发展标准。发展类型包括一般发展（general development）、公共设施线、资源保护、路权改善（rights-of-way）、暴雨排水口、公众娱乐小径等。每个类型的发展具有多项控制要素，包含干扰区面积、干扰区后退标准、干扰区宽度、植被移除及替换标准、车行交通的缓冲标准等（表 6.2）。每个控制要素的发展标准又与叠加区的级别、叠加区所位于的基础分区等许多因素有关。另外，一些控制要素的发展标准又具有一定的弹性，允许采用可替换选项来解决无法满足发展标准的问题。比如，一般发展提出了最大干扰面积的发展标准，但是如果现有的干扰区已经超过了最大面积限制，则要求申请者选择场地改善的选项，选择恢复植被、减少不渗水地表、更新停车场、缴纳再种植费作为替换，抵消发展过量对环境造成的影响[①]。

---

① Bureau of Planning Sustainability. City of Portland. Planning and Zoning, Environmental Zones[EB/OL]. http://www.portlandoregon.gov/bps/article/53343.

表 6.2   环境叠加区内不同发展类型的控制要素及其发展标准

类型	控制要素		发展标准的影响因素	标准（部分）
一般发展	最大干扰面积及场地改善标准		基础分区、是否为新建发展	基础分区要求的 50%
	干扰后退距离		环境叠加区类型、基础分区类型、水体或湿地等自然特征、是否为新建发展	向水体后退 9～15 m，向环境保护区的资源区后退 1.5 m
	建筑后退距离及临时干扰区种植要求		建筑与干扰区边界的间距	不小于 3 m
	植被移除及替换标准	树干直径大小	是否为本地植物或有害植物	直径为 15 cm 以上不能移除
		树干直径总量	—	不能超过 571 cm
		树木移除条件	与建筑、道路及花园等其他发展之间的关系、是否为本地植物或有害植物	当资源区在道路边界 3 m 范围内时才能移除植被
		非本地树木替换后的再种植标准	被替换的植物树干直径	直径为 15～30 cm 的树被移除，则需种植两棵本地植物
		替换植被的标准	—	针叶树的替换，必须为针叶树及灌木搭配
	有害植物移除及替换标准	是否位于干扰区	—	必须位于干扰区之外
		替换植物种类及种植标准	—	4.6 m² 种植 7 株地被植物及 2 株灌木，其他地方种草
		植被种植标准	—	必须种植波特兰市植被清单上的植物
	停车及车行区域缓冲	车行区的缓冲区范围及种植标准	车辆类型（轻型卡车或重型卡车）	离资源区 3 m
		车灯亮度	—	不超过 200 W
		储存区缓冲范围及种植标准	—	离资源区 3 m
公共娱乐小径	小径选址标准		—	位于公共土地上
	小径长度、宽度及植被清除标准		—	长度不超过 1500 m，宽度不超过 1.2 m
	跨河小径选址标准		—	必须高于河岸
	树木移除及替换标准	树干直径	是否为本地或有害植物	直径超过 30 cm 不能移除
		替换种植标准	—	针叶树的替换，必须为针叶树及灌木搭配
	公共视线点标准	干扰区选址	洪泛区、与河岸的距离	离河岸 9 m
		干扰区面积	—	不超过 46 m²

资料来源：Bureau of Planning Sustainability. City of Portland. Planning and Zoning, Environmental Zones[EB/OL]. http://www.portlandoregon.gov/bps/article/53343.

当一个土地使用申请无法满足其适用的发展标准时，可以进行环境审查。环境审查可以补偿由发展带来的无法避免的破坏，以及提供在非常规情景下的灵活管理。在部分情况下，还可以帮助城市制定更加准确的环境叠加区，如通过环境审查，对一个特定的场地进行更加详细的环境研究，判断出更加精确的环境叠加区边界。为了进行环境审查，申请者需要提供各类场地规划（表6.3），包括现存条件、建议的发展、构筑管理及减缓或弥补的规划，以方便审查者判断是否通过土地申请。

表6.3　环境叠加区的各类场地规划"环境审查要点"

存量发展的场地规划	1.特殊洪灾区域及洪水边界 2.资源区及缓冲区边界 3.地形：坡度小于10%的，等高线垂直距离为0.6 m；坡度大于或等于10%的，等高线垂直距离为1.5 m 4.排水方式，使用箭头表达主要排水方向 5.现有的改善，如结构、建筑、市政线、围墙
新发展的场地规划	1.已经成为或未来可能成为永久干扰区的范围，灌木和地被植物的轮廓，物种的清单 2.将得到保留的区域：树冠覆盖轮廓，一般的物种组成 3.计划的地形变化，坡度小于10%的，等高线垂直距离为0.6 m，坡度大于或等于10%的，等高线垂直距离为1.5 m 4.树木直径大于或等于1.8 m，根据种类分别识别将被移除或保留的植被 5.计划的发展，包括建筑、道路、夹板、保留的墙、桥梁、车库、市政管线、暴雨管理系统 6.计划的种植区域
设备管理的场地规划	1.可能临时或永久干扰的区域，包括设备操作区 2.现有的地形和植被将得到保留的区域 3.场地入口和出口的区位 4.设备和材料储存和运输区域 5.侵蚀控制措施 6.保护树木和植被的措施
减缓或弥补的场地规划	1.坝、堰或其他在水体内的水工结构 2.即将种植或播种的地被植物的轮廓、物种组成、数量及覆盖率 3.即将种植的灌木的轮廓、物种组成、大小、数量及地点 4.即将种植的每棵树的地点、物种、数量及大小 5.暴雨管理特征，包括滞留、渗透、排水口 6.即将建立的水体，包括深度 7.即将使用的水资源，包括量 8.区划法规缓或恢复种植的服从情况

资料来源：Bureau of Planning Sustainability. City of Portland. Planning and Zoning, Environmental Zones[EB/OL]. http://www.portlandoregon.gov/bps/article/53343.

第三节　绿道叠加区的规划控制

绿道叠加区响应了俄勒冈州规划目标15以及波特兰大都市区的《城市增长管理功能规划》主题3中的水质执行标准，这是为了管理城市的维拉米特河走廊而划定的叠加分区。绿道叠加区并不是完全针对自然资源保护而建立的，而是为协调重要城市滨河走廊的自然价值、经济价值、娱乐价值等多种价值而建立的。通过对绿道叠加区的解析，可以帮助我们更好地理解波特兰市协调各类城市利益的方法。

绿道叠加区包含了所有紧挨河流的地块、所有靠近河流的公共地块、所有从河边能看到的范围，并且包含了从河道的低水位线水平向后退 45 m 的范围[①]。绿道叠加区共有五小类(图 6.3)，每个小类分别聚焦不同的管理内容：河道自然区，保护、节约和提高片区的土地质量或重要的野生动物栖息地；河道休闲区，鼓励与河岸相关的娱乐活动，提供各种类型的走近河道或沿河的公共路径，并提高河流自然风景的品质；一般河道区，允许使用和发展符合基本分区的功能，允许公共使用和享受河岸，并提高自然资源和河流景观的品质；河道工业区，鼓励和促进与河岸相关的行业发展，加强波特兰市作为海洋运输和工业港口的经济可行性，同时保持和提高河岸栖息地生境资源以及为有需求的地方提供公共路径；河道水质量区，通过后退区限制或减轻影响来保护水质的功能价值[②]。

图 6.3　波特兰市部分河段的绿道叠加区(见本书彩图版)
资料来源：改绘自文献 Bureau of Planning Sustainability. City of Portland. Willamette River Greenway Inventory[EB/OL]. https://www.portlandoregon.gov/bps/article/508803.

绿道叠加区的划定同样是以资源详细目录为依据。波特兰市将市内的维拉米特河分为北、中、南三段，并为每个河段进行场地细分，形成编号地块。每个编号地块需要描述如下信息：河流长度、场地大小、先前的资源信息、区划、现有的土地使用、一般资源描述、资源功能、特殊栖息地区域、特殊物种、

① Bureau of Planning Sustainability. City of Portland. Willamette greenway plan1987 [EB/OL]. http://www.portlandoregon.gov/bps/article/59067.
② Bureau of Planning Sustainability. City of Portland. Planning and Zoning, Greenway Overlay Zones[EB/OL]. https://www.portlandoregon.gov/bps/article/53351.

灾害、污染源、流域、邻里(neighborhood)等[1]。

绿道自然资源同样也是不断更新的。绿道叠加区提出了绿道退距、容积率、景观、公众娱乐小径、公众视线点、视线通廊等详细的控制标准(表 6.4)。这些标准又与绿道叠加区的类型、叠加区所处的城市片区、开发类型等多种因素有关。比如河道退距标准要求河道水质量区的绿道退距为 15～60m(图 6.4，具体值根据河岸坡度而定)，而其他类型的绿道退距为 7.5m。容积率要求在离河岸常年最高水位线水平距离 61m 范围内，最大容积率为 2，但是如果该叠加区位于中心城区范围或者基础分区为工业区，则按照其他标准执行[2]。

表 6.4　绿道叠加区内不同控制要素及其发展标准影响因素

控制要素	发展标准的影响因素	标准
使用功能	河道自然资源特征及河道使用需求	工业、娱乐、一般
绿道退距	绿道叠加区类型、河岸坡度	7.5～60 m
发展类型	位于绿道退距向河侧、绿道退距内、绿道退距向陆侧	审查发展是否依赖河岸
常年最高水位线水平距离 61m 范围内的地块容积率	是否位于中心城区范围、基础分区是否为工业区、是否受到更严格的要求	最大容积率不高于 2，工业区及中心城区除外
景观，植物搭配、类型及种植标准	河岸是否具有依赖河岸或与河岸相关的使用、河岸周围是否有灾害危险	河岸沿岸每隔 6 m 至少种一棵树，每隔 0.6 m 至少种一棵灌木
不遵守标准的使用及发展	是否扩张、是否向绿道退距向河侧扩张、是否更改功能	不能向河内扩张

资料来源：Bureau of Planning Sustainability. City of Portland. Willamette River Greenway Inventory[EB/OL]. https://www.portlandoregon.gov/bps/article/508803.

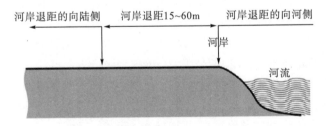

图 6.4　河道水质量区的河道退距标准

资料来源：改绘自文献 Bureau of Planning Sustainability. City of Portland. Planning and Zoning, Greenway Overlay Zones[EB/OL]. https://www.portlandoregon.gov/bps/article/53351.

① Bureau of Planning Sustainability. City of Portland. Natural resource inventory riparian corridors and wildlife habitat[EB/OL]. http://www.portlandoregon.gov/bps/article/158890.
② Bureau of Planning Sustainability. City of Portland. Planning and Zoning, Greenway Overlay Zones[EB/OL]. https://www.portlandoregon.gov/bps/article/53351.

绿道叠加区中除河道工业区之外，几乎所有的开发都需要进行绿道审查(greenway review)，其作用是减少开发对河流产生的负面影响，并尽可能减小开发可能带来的各种影响。为了进行绿道审查，申请者需要根据申请的发展类型提交额外的资料。其中，河道水质量区的申请资料最多，需要提交减缓或补救规划、发展影响评估、构筑物管理规划等内容。减缓或补救规划的作用是抵消在发展影响评估中得出的无法避免的环境损害，包括描述如何避免、最小化或减缓重大的不利影响，在减缓或补救场地上恢复、建立或加强的功能价值，建造时间表等内容。减缓或补救规划的申请者还必须提供 1 年的监测及维持的减缓效果，并明确减缓或补救规划所起到的实际作用。当减缓或补救规划的效果无法实现时，必须建立持续的规划并提出未来需要采取的措施。

第四节　特定规划区的规划控制

即便是在同一个城市环境背景下，不同的片区都有其独特的自然属性、经济属性或历史属性。规划区既可以为解决一个区域特有的问题而设立，也可以为基础分区、叠加区提供法规的补充，更好地协调片区发展与城市一般发展的关系。从小流域水环境健康的角度而言，部分规划区可能会建立额外的保护或发展标准，以及提高或降低原有的保护标准。比如约翰逊溪流域规划区(Johnson creek basin plan district)的南部分区中有许多小溪流，为了防止这些小溪流产生快速的暴雨径流，对约翰逊溪形成洪水威胁，区划法规要求南部分区的不透水面不能超过 50%[①]。哥伦比亚南部河岸规划区(Columbia south shore plan district)的主导功能是工业，该规划区一方面要满足河岸作为城市工业发展中心的需求，另一方面要降低工业对片区内环境叠加区的影响，因此在哥伦比亚南部河岸规划区范围内环境叠加区的缓冲区宽度需要达到 15 m，而其他区域环境叠加区的缓冲区宽度是 7.5 m[②]。

一些规划区还建立了用于环境保护的土地财政工具，比如

① Bureau of Planning Sustainability. City of Portland. Planning and Zoning, Johnson Creek Basin plan district[EB/OL]. http://www.portlandoregon.gov/bps/article/53373.
② Bureau of Planning Sustainability. City of Portland. Planning and Zoning, Columbia South Shore Plan District[EB/OL]. https://www.portlandoregon.gov/bps/article/53364.

开发权转移、密度奖励，这些财政工具在不同的片区也有不同
的标准。约翰逊溪流域规划区规定，独户住宅超过一半的面积
处于环境保护区或其有任何一部分处于特殊洪涝灾害区就可
以进行开发权转移，开发接收区必须位于约翰逊溪流域规划区
内，且建设密度不能超过原有规定密度的 2 倍。西北丘陵规划
区(northwest hills plan district)则规定，独户住宅只有全部处于
环境保护区，才能进行开发权转移，而开发接收区则只能位于
森林住宅区(residential forest)内，并且建设密度不能超过每英
亩 1 个建设单元(1 unit per acre)[①]。

参 考 文 献

沈娜,孙晖, 2014.控规层面环境保护内容的体系构成与技术要
　　点——基于新西兰和美国经验的比较研究[J]. 城市规划,
　　38(4): 34-39, 53.

---

① Bureau of Planning Sustainability. City of Portland. Planning and Zoning, Northwest Hills
　Plan District[EB/OL]. https://www.portlandoregon.gov/bps/article/53417.

第七章 城市小流域生态规划方法与策略

城市土地利用将产生显著的水环境效应，而水环境主导功能及水质目标将影响该流域的社会经济增长方式。探索将量化水环境目标转化为空间规划策略，可为改善城市河流水环境质量提供空间框架，有助于采用规划手段有效地应对城市水环境问题。通过深刻理解土地使用与水环境的内在关联性，将水环境保护整合进土地使用规划框架中，形成城市小流域土地使用生态规划方法，提出适宜的生态规划策略，可以降低城市化的负向水环境效应，有效提升土地使用规划的水环境绩效。城市小流域约束是指其城市开发建设活动受到水环境质量标准的影响程度。本章以树状水系空间为典型特征的城市小流域为例，针对强约束、中等约束、弱约束三种不同开发约束条件的城市小流域，采用断面梯度分析法，提出从河源到河口纵向梯度的城市小流域开发断面概念模式。

城市土地利用将产生显著的水环境效应，而水环境主导功能及水质目标将影响该流域的社会经济增长方式。深刻理解土地使用与水环境的内在关联性，将水环境保护整合进土地使用规划框架中，形成城市小流域土地使用生态规划方法，提出适宜的生态规划策略，可以降低城市化的负向水环境效应，有效提升土地使用规划的水环境绩效。

通常可以采用嵌套(nest)分层的方法，将流域分为不同等级尺度的汇水单元，流域由溪流或河流的点及排入该点的土地利用组成。通常可以将流域分为 6 个层级的水文单元：大流域(basin，流域面积为 1000～10000km²)、中等流域(subbasin，流域面积为 100～1000km²)、小流域(watershed，流域面积为 10～100km²)、次小流域(subwatershed，流域面积为 1～10km²)、集水区(catchment，集水面积为 0.1～1km²)、子集水区(subcatchment，集水面积为 0.01～0.1km²)。城市小流域水文单元与城市空间单元的关系如下：城市小流域与总体规划层次的城市规划区相关；次小流域单元与控制性详细规划管理单元相关，也是社区规划需要关注的环境单元；集水区是城市排水分区管理单元，与街区城市设计层次相关；子集水区与规划设计中的地块尺度相当(图7.1)。

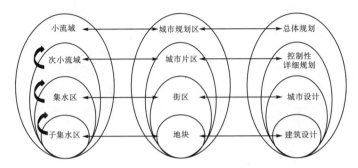

图 7.1　小流域水文单元与城市空间单元和规划层次的关系

资料来源：作者自绘。

第一节　城市小流域土地使用生态规划方法

依据社会经济发展目标确定城市增长率，将城市建设用地总量分解至小流域空间单元，形成小流域土地使用规划方案，采用单位用地或人均负荷指标(如各类用地污染负荷输出系数或人均污染负荷)来预测河流污染物浓度和总负荷，制定污水收集和处理方案，构建基于增长需求→排水服务的传统规划方法(图7.2)。这类需求→供应单向线性规划方法，依赖于工程

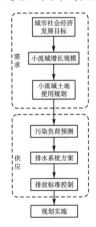

图 7.2　城市小流域传统规划方法

资料来源：作者自绘。

结构技术的污水末端处理方式，只是将土地使用作为需求参数，无法提供水环境问题的系统性解决路径(颜文涛和萧敬豪，2015)，没有主动响应水环境功能和水质目标，仅适用于水环境容量较大的低增长发展模式。

在传统规划方法的基础上，加上水环境影响评估后的两路反馈调节环，形成基于需求→供应→反馈调节的小流域生态规划方法一(图 7.3)。该方法基于小流域生态特征，确定小流域增长规模。当超过小流域水环境承载力，无法达到期望的水环境质量标准时，通过第一个反馈环来调整社会水系统方案(涉及取水系统、用水系统、污水排水系统、雨水排水系统等)，以减少社会水系统对自然水环境的影响(颜文涛 等，2011)。在第一个反馈环无法达到水环境质量标准时，通过第二个反馈环调节土地使用规划方案，在小流域增长规模不变的前提下，识别水环境的潜在影响区域，在小流域范围内重新分配增长空

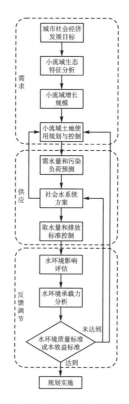

图 7.3　城市小流域生态规划方法一

资料来源：作者自绘。

间，调整土地使用规划方案，综合平衡影响水环境的各类用地安排和污染负荷的空间分布，重新调整社会水系统，如果不满足水环境条件将继续反馈并重复这一过程。通过比较多个反馈调整方案的水环境绩效，再结合成本经济效益准则，选择水环境目标可达、规划可实施的土地使用方案。该方法适用于存在水环境容量限制的高增长发展模式。

在小流域生态规划方法一的基础上，加入水环境质量标准和水环境主导功能的约束，另外加上水环境影响评估后的三路反馈调节环，形成基于增长需求→服务供应→反馈调节的小流域生态规划方法二(图 7.4)。该方法主动响应了水环境功能和水质目标，依据水环境与土地使用的内在关联性，将土地使用规划和控制作为水环境的管理工具。将水环境质量标准、可接受的污染负荷分布以及水环境的地方价值标准(颜文涛 等，2016，2017)，转换为小流域人口增长和土地开发容量，制定

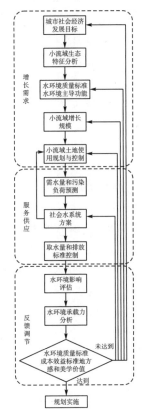

图 7.4　城市小流域生态规划方法二

资料来源：作者自绘。

与社会经济发展目标一致的水环境质量标准和主导功能，确定合理的土地使用模式。通过在方法一的基础上加上的第三路反馈调节环，水环境标准可以影响小流域的增长规模，甚至进一步影响城市社会经济发展目标。该方法可以将量化的环境管理目标引入土地使用规划中，从生态实践的整体视角提供水环境的规划解决路径。

第二节　城市小流域土地使用生态化策略

基于用地布局结构的水环境效应，探索水环境承载力及对小流域开发模式的影响，研究水环境容量约束和用地功能安排的相互关系，将城市水环境功能目标转化为流域土地开发的空间约束，从小流域土地利用规模、类型和形态等方面提出控制和引导要求，具体的生态化策略如下。

策略一：规模控制策略，确定"应该开发多少"。根据城市规划区社会经济发展目标，基于人口和经济增长率，考虑建设用地现状规模，初步确定城市规划区增长规模。依据规模效应、水环境敏感区和开放空间的开发限制、水环境功能约束原理，将城市增长规模分解到各个小流域空间单元上。小流域建设用地承载量可根据下式计算：$CA=\min\left[\gamma \cdot BA,(BA-ESA),UA\right]$，其中 CA 为小流域建设用地总规模；BA 为小流域总面积；ESA 为需要保留或保护的小流域水环境敏感区和开放空间面积；UA 为分解到小流域的城市建设用地总量（含建设用地的存量和增量）；γ 为小流域土地利用强度系数（γ 的取值范围为 0～1，小流域水环境质量标准越高，小流域约束强度越大，γ 取值越小；小流域土地利用强度系数表示可开发土地面积率，与小流域不透水表面比例有关）。γ 可根据小流域土地利用的水环境阈值效应来确定，与小流域的自然地理形态和水文多样性等密切相关，也与建设形式、建设用地类型及雨水管理措施有关。其中，建设用地增长量如何分解到各个流域，取决于城市规划区与小流域单元的 4 种空间拓扑关系（图 7.5）：小流域单元完全包含城市规划区［图 7.5(a)，这种空间拓扑关系在小城市用地规划中比较常见］，建设用地增长量产生的水环境效应，将完全作用于一个完整的小流域单元，城市规划区建设用地增长量等于小流域建设用地增长量；小流域包含部分规划区［图 7.5(b)］，需将部分建设用地分解到该小流域单元；整个规划区完全包含多个完整的流域或多个流域的局部［图 7.5(c)和图 7.5(d)，这种空间关系在大都市区中比较常见］，依据规模效应和功能约束原理，需将全部建设用地增长量分解到多个小流域单元。

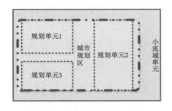

(a)一个小流域完全包含完整规划区

(b)一个小流域包含部分规划区

(c)整个规划区完全包含多个
完整的流域

(d)整个规划区包含多个
流域的局部

图 7.5 小流域单元与城市规划区的空间拓扑关系

资料来源：作者自绘。

策略二：类型引导策略，确定"开发什么"。依据土地利用的类型效应原理，引导建设用地类型和水环境敏感区的生态服务功能，提出与水环境功能和水质目标相容的土地利用原则。采用基于水环境容量的管理策略，才能有效改善城市河流的水环境状态。为了满足水环境功能和水体水质目标，基于小流域污染物总量控制目标和社区居民对水环境的心理需求，结合次小流域单元合理划定生态断面分区，针对各个分区确定基本用地类型及水环境绩效标准(如不透水表面率等控制标准)，引导布置与河流水环境主导功能相适应的土地利用类型。

策略三：形态布局策略，确定"在何处开发"。确定小流域水环境敏感区，如上游水源涵养区、侵蚀控制区、地下水补给区、洪泛区、库塘湿地区、水质保持区(易沉积或易受污染的上游或周边影响区)等，以及体现地方感和具有美学价值的水域空间，上述几类空间构成了水环境安全的保护用地。将次小流域划分为高地区、低地汇水区和水输导区三类水文区，水输导区和低地汇水区不宜设置永久性建设用地，低地汇水区适宜游憩开放空间而不宜集中开发，将建设用地导向小流域高地区域；通过水输导区和低地汇水区形成的线性空间连接水环境敏感区，保护及恢复现存自然特征。依据土地利用的形态效应原理，强调支持自然水文过程的非建设用地紧凑布局结构，形成相对聚集和形态复杂的非建设用地布局结构，构建建设用地与非建设用地空间的有机耦合关系(颜文涛 等，2011)。控制负向水环境效应较大的关键用地选址(如垃圾处理场等)，组织安排建设用地紧凑布局形态，降低建设用地的负向水环境效应。

第三节　城市小流域环境可持续管理工具

从大流域到小集水区，不透水面对不同层级流域健康的影响逐渐增加，管理措施变得更加集中，需要针对大流域规划、集水区场地设计及管理实践，采用土地使用规划及相关的管理工具：①土地使用规划——将发展重新定向至合适的场地，保护自然植被及敏感的区域，减少次流域的不透水面覆盖；②土地保存——维护保存至关重要的栖息地、水生廊道、水文保存区、洪泛区以及历史区域，可以使用购买土地所有权及地役权等管理工具；③水生缓冲区——必须通过土地保存及河岸树木和植被的种植来保护或恢复土地-水的界面；④更好的场地设计——减少开发项目带来的不透水面，增加保存的自然区域；⑤侵蚀及沉积物控制——建造中减少土壤流失及沉积荷载，在建设区域保存缓冲带及森林；⑥暴雨最佳管理实践——留住径流，减少污染负荷，加强渗透以维持地下水补充，保护溪流通道；⑦非暴雨排放控制——就地的废水、废弃物的利用，合流制的污水溢流、泄漏和溢出控制；⑧流域及土地管理工作——流域管理协会，开展溪流及流域监测，流域维持与恢复，以及污染预防等工作。

第四节　城市小流域生态断面分区模式

理解土地利用与水环境的内在关联性，有助于形成人类活动与自然环境之间的健康的空间秩序，重建人与自然的平衡。

明确用地布局的水环境效应及水环境的空间约束，构建城市小流域土地利用生态化模式，可为保障和改善城市河流水环境质量提供空间框架（陈雯，2012；颜文涛 等，2011，2012）。城市小流域约束是指城市开发建设活动受到水环境质量标准的影响程度。水环境质量标准取决于小流域生态特征、水环境现状条件和水质目标、水域环境主导功能、水域地方感和视觉美学特征等因素。约束强度越大的小流域，对其开发控制和排放标准越为严格。为了侧重讨论水环境导向下的空间规划与控制准则，本节暂不讨论影响规划的其他自然和社会经济因素。由于城市小流域水系空间结构非常多样，我们以树状水系空间为典型特征的城市小流域为例，针对强约束、中等约束、弱约束三种不同开发约束条件的城市小流域，基于前述的规模控制、类型引导和形态布局等规划策略，采用包含生态伦理价值和水环境目标的断面梯度分析法，提出从河源到河口纵向梯度的城市小流域开发断面概念模式，探索一种基于断面分区的、适应水环境功能的城市小流域开发形态控制准则（Duany and Talen，2002）。

一、城市小流域生态断面分区的确定方法

基于次小流域的（subwatershed）特征划分出五类典型生态分区（eco-zones）：环境敏感区、景观感知区、一般城市区、城市中心区、工业型社区。其中，环境敏感区有两类：保护人类免受自然灾害影响的区域和保护自然环境不受人类影响的区域，主要包括洪水灾害区、降水滑坡区、泥石流地区，以及上游水源涵养区、地下水补给区、库塘湿地区、水质保持区、侵蚀控制区、水生动植物栖息地等，这类空间为禁止开发或严格限制开发区。景观感知区是指体现地方感和具有视觉美学价值的水域空间，包括休闲游憩区和河口景观区，涉及观景点和景物，包括洁净的溪流、瀑布、湍流、独特的水岸林地景观、桥梁、水岸构筑物、河口湿地景观及其他集体记忆场所等自然和人工景观空间。这类空间要向公众开放，需要设置户外休闲地，如露营地、儿童游乐场、音乐广场等人类集中使用的空间，允许低密度且与娱乐相关的行为活动，需要良好的基础设施以加强可达性。一般城市区包括低密度居住型社区和中密度混合社区，城市中心区包括高密度商业型社区、中央商务型社区。由

于小流域水环境质量标准和城市社会与经济空间的分异特征，上述五类生态断面分区在城市小流域的分布存在显著差异。另外，上述几类典型生态断面分区的规划控制要素涉及人工环境要素和自然环境要素，其中人工环境要素包括开放空间、土地用途、街道肌理、建筑布局(含建筑密度、建筑形态、后退距离)、步行系统、滞蓄水系统(含人工湿地、生物滞留池、雨水花园等)、绿色屋面等，自然环境要素包括水源涵养林、库塘湿地、侵蚀控制区、河岸生态缓冲带、洪泛区、野生动物栖息地等。上述各类控制要素要以合适的方式与断面分区联系在一起(表7.1)。

表 7.1　城市小流域生态断面分区的规划控制要素

规划控制要素		环境敏感区	景观感知区		一般城市区		城市中心区		工业型社区
			休闲游憩区	河口景观区	低密度居住型社区	中密度混合社区	高密度商业型社区	中央商务型社区	
自然环境要素	水源涵养林	●	○	×	×	×	×	×	×
	库塘湿地	○	○	×	○	○	×	×	○
	侵蚀控制区	○	○	○	○	●	×	×	×
	河岸生态缓冲带	●	●	○	○	○	○	○	●
	洪泛区	○	○	●	×	×	×	×	×
	野生动物栖息地	●	○	●	○	○	○	○	×
人工环境要素	开放空间	×	●	●	○	○	○	○	○
	土地用途	●	○	○	●	●	●	●	●
	街道肌理	×	×	○	○	●	●	●	×
	建筑布局	×	×	●	●	●	●	●	○
	步行系统	×	●	●	○	○	○	○	○
	滞蓄水系统	×	○	○	●	●	○	○	●
	绿色屋面	×	○	○	●	●	●	●	●

注：●为基本控制要素；○为引导要素；×为非控制要素。

资料来源：作者自制。

二、强约束小流域生态断面分区概念模式

　　强约束城市小流域是指水量充足稳定，III类水质目标，以自然保存和生态保护为主导功能的小流域。这类小流域多分布在大都市边缘区，或分布在新城开发区，现状林地覆盖率较高，小流域生态系统结构完整。为了确保这类小流域的水域功能正常发挥，基于规模效应阈值原理，小流域的不透水面积率应控制在10%以内（建设用地比例控制在15%左右）。该类小流域强调以维护和保护现状为主的土地利用模式，应禁止布置工业用地，可以布置适量的居住用地以及少量配套的公共设施用地，严格限制城市交通设施用地。适度的小流域开发建设活动主要集中在中下游区域，从上游河源至下游河口，基于次小流域（subwatershed）可以将强约束小流域空间分为环境敏感区、休闲娱乐区、低密度居住型社区、中密度混合社区、河口景观区五类生态断面分区（图 7.6）。其中，河源的环境敏感区应严格限制城市主干道穿越，原则上禁止任何与生态保护无关的开发活动，强化水源涵养和自然保育功能。休闲娱乐区和河口景观区应设置连接滨水区的步行网络体系，以郊野森林公园或生态保护等功能为主，具有一定的自然净化功能，可融入少量游憩和科普类配套用地。小流域中下游可以适度布置中低密度社区，加强建设用地和非建设用地的紧凑集中布局形态，加强滨水空间廊道宽度控制，增加滨河生态廊道的连通度。建设用地布置在高地缓坡区域，尽量远离水域空间，采用低影响开发模式，增强水环境自净能力。

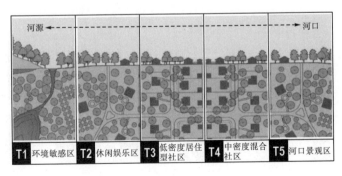

图 7.6　强约束小流域生态断面分区概念模式

资料来源：改绘自 Duany 和 Talen（2002）。

三、中等约束小流域生态断面分区概念模式

中等约束的城市小流域是指水量充足稳定，水质目标为Ⅲ类或Ⅳ类，以景观娱乐为主导功能的小流域。这类小流域多分布在大都市开发新区，现状林地覆盖率较高，存在较完整的流域生态系统结构，但需承载一定强度的开发建设活动。针对这类小流域的水域功能，基于规模效应阈值原理，小流域的不透水面积率应控制在 10%～20%（建设用地比例控制在 15%～35%）。中等约束小流域可以适度布置居住用地，应限制工业用地和商业用地的大规模布局，减少城市交通设施用地的水环境影响，强调采用生态化策略就地平衡开发的冲击。从上游河源至下游河口，基于次小流域（subwatershed）将中等约束小流域空间分为休闲娱乐区、低密度居住型社区、中密度混合社区、高密度混合社区、河口景观区五类生态断面分区（图 7.7）。其中，上游水源涵养是下游水量与水质的基础，河源的休闲娱乐区以郊野公园和生态游憩等功能为主，引导该分区的水源涵养功能，维护自然的径流通道和构建连续的步行体系，可布置少量的游憩类设施用地。小流域的中下游以中低密度居住型社区和混合社区为主，加强建设用地和非建设用地的紧凑布局形态，增强水环境自净能力，强化水系及重要径流的连通性；构建社区开放空间并加强上游游憩区和下游河口景观区的连接；河口景观区可以布局低密度居住型社区以及少量公共服务设施，维持或重建连接（下游）更高一级河流的河岸缓冲区，减小该类小流域开发对更高一级河流水环境的影响。

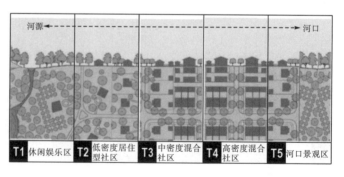

图 7.7   中等约束小流域生态断面分区概念模式

资料来源：改绘自 Duany 和 Talen（2002）。

四、弱约束小流域生态断面分区概念模式

弱约束小流域是指水质目标为Ⅳ类或Ⅴ类，以景观娱乐、泄洪功能为主导功能的小流域。这类小流域多分布在大都市中心区，现状林地覆盖率较低，小流域生态系统结构不完整。为了确保这类小流域的最低水域功能正常发挥(避免黑臭等水环境恶化现象)，基于规模效应阈值原理，小流域不透水面积率应控制在 20%～30%(建设用地比例控制在 40%～60%)。该类水域功能的小流域空间可以承载较高强度的开发建设活动。为了减少该类小流域对下级河流水环境的影响，应采用低影响开发模式减少工业用地、交通设施用地和农业用地的地表径流污染。

以景观娱乐为主导功能的小流域，可以承载城市中心区的高强度开发容量，允许居住用地、城市商业用地和交通设施用地的规模化集中布置，保留现状或布置适度规模的农业用地，但需要关注水量的维持。从上游河源至下游河口，基于次小流域(subwatershed)将弱约束小流域空间分为休闲娱乐区、低密度居住型社区、高密度混合社区、中央商务型社区、中密度混合社区五类生态断面分区(图 7.8)。以排水泄洪为主导功能的小流域，可以在中下游集中布置工业用地，在河口地带布置与邻近工业区相关的生产服务业用地。可以将该小流域空间分为低密度居住型社区、中密度混合社区、工业型社区、工业及生产服务综合型社区、生产服务区五类生态断面分区(图 7.9)，工业用地的集中紧凑布局，有利于工业废水的集中高效处理。另外，应采用低影响开发模式减小工业区和生产服务业设施的降雨径流对(下游)更高一级河流的影响。

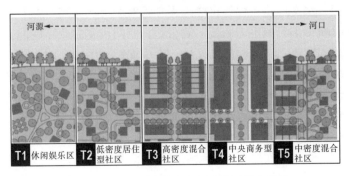

图 7.8　弱约束小流域生态断面分区概念模式

资料来源：改绘自 Duany 和 Talen(2002)。

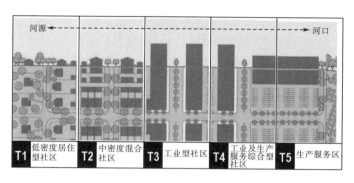

图 7.9　弱约束小流域生态断面分区概念模式

资料来源：改绘自 Duany 和 Talen（2002）。

本章通过解析土地利用与城市小流域水环境的相互作用机制，初步探讨了提升水环境绩效的关键规划变量，提出了增长需求→服务供应→反馈调节的小流域生态实践路径，是生态实践研究成果在城市小流域水环境管理层面的具体体现。从城市小流的土地利用规模控制、类型引导和形态布局三个方面提出了生态化策略。采用包含生态伦理价值和水环境目标的断面梯度分析法，提出了从河源到河口纵向梯度的城市小流域开发断面概念模式。主要观点和结论归纳如下。

缺乏提升水环境绩效的土地利用和空间规划框架，是造成城市水环境治理后出现反复恶化的主要原因。完全依赖于工程技术的水环境治理方式，无法从根本上解决城市水环境问题。将水环境保护目标整合进城市土地利用规划中，将土地利用规划视为水环境管理的有效工具，这样可为城市水环境管理提供重要的空间政策框架。城市小流域土地利用与水环境质量的相互关系具有一定的普遍性，但又存在较大的地方性特点。地形、地貌、水文地质条件等自然因素都将对城市水环境产生影响，同时城市小流域生态系统的复杂性、空间尺度的差异性、土地利用和河流水文过程的动态性，造成城市小流域土地利用和水环境质量的相互关系存在一定的区域性和不确定性。不同地方水环境的特征和社会需求都有差异，因此在理解普遍性的基础上还需要研究城市河流水环境的地方性特征。

城市小流域生态断面模式表现出人与自然的空间梯度关系，是一种空间要素沿河源至河口的分配方法，可以形成应对生态环境问题的一种规划工具。本章提出了理想化的城市小流域开发断面概念模式，具体应用时需要根据本地综合的环境特征进行校准。制定城市土地利用规划时还需整合城市各个小流域的土地利用布局结构，综合考虑地形、风向、地质、文化、产业、交通等影响土地利用模式的自然因素和社会经济因素，才能构建城市土地利用的生态化空间结构。应将土地利用与空间规划作为整合相关资源环境保护的政策平台，确立资源环境保护在空间规划体系中的核心作用。另外，理解土地利用空间结构与环境演变的相互关系，提出空间规划的创新技术和方法，将量化的资源环境目标转为空间策略和规划行动，可以从根本上提升区域环境的可持续能力。

参 考 文 献

陈雯, 2012. 流域土地利用分区空间管制研究与初步实践——以太湖流域为例[J]. 湖泊科学, 24(1): 1-8.

颜文涛, 萧敬豪, 2015.城乡规划法规与环境绩效——环境绩效视角下城乡规划法规体系的若干思考[J]. 城市规划(11): 39-47.

颜文涛, 王云才, 象伟宁, 2016.城市雨洪管理实践需要生态实践智慧的引导[J]. 生态学报, 36(16): 4926-4928.

颜文涛, 象伟宁, 袁琳, 2017.探索传统人类聚居的生态智慧——以世界文化遗产区都江堰灌区为例[J]. 国际城市规划(4):1-9.

颜文涛, 王正, 韩贵锋, 等, 2011. 低碳生态城规划指标及实施途径[J]. 城市规划学刊(3): 39-50.

颜文涛, 萧敬豪, 胡海,等, 2012. 城市空间结构的环境绩效:进展与思考[J]. 城市规划学刊(5): 50-59.

Duany A, Talen E, 2002. Transect planning[J]. Journal of the American Planning Association, 68(3):245-266.

第八章 城市小流域一体化管理的规划响应

　　城市规划影响土地利用与开发活动,从而对小流域健康产生影响。

　　本章旨在总结波特兰市支持小流域健康的规划经验,以期为我国面向小流域健康的城市规划带来启示。由于国内外的规划体制存在差异,要学习波特兰市支持小流域健康的规划经验,不能只关注其规划的具体内容,还应了解其规划背后的思维与逻辑,即在城市改善小流域健康的行动中,城市规划应该发挥怎样的作用;城市规划应该如何利用自身特色来发挥作用;城市规划发挥作用的结果可以体现在哪些规划内容上。

　　波特兰市的城市规划发挥了综合协调城市未来各类行动的功能,将小流域管理策略中有关空间发展的内容,纳入城市总体规划及区划法规中,保证城市未来的发展与小流域健康目标相统一。由于波特兰市的小流域管理是一个适应性管理的过程,需要根据实际情况不断优化管理策略,规划实施有效性对于小流域管理而言,十分重要。因此,波特兰市的城市规划也建立了定期更新城市数据的机制,并且优化规划法规执行的程序,尽可能保证规划采用最新的科学数据。

　　波特兰市的小流域综合管理方法是在强有力的法律体系背景下形成的,是为了使城市各个部门能够更有效率地满足各个法律的要求。波特兰市通过设定小流域健康目标及价值观、部门间的协作、采用共同认可的信息及方法、建立行动的优先顺序等方式,使其小流域管理行动能够事半功倍。详细记录和分析每年的行动及小流域健康指标的变化情况,可以更好地理解城市活动对小流域健康的影响。综合管理方法能够使城市以最及时、最符合成本效益的方式,协调预算、拨款的需求和项目,使不同部门间的行动互相补充,从而实现小流域健康和综合目标。

第一节　城市小流域规划的实践背景

公共政策的效用是建立在强有力的法律保障基础上的(赵民和雷诚，2007)。相关规划法规决定了规划过程的规则，对提升环境绩效发挥着重要的作用(颜文涛和萧敬豪，2015)。在美国，涉及保护流域及河流健康的法律法规有许多，如开发条例、环境政策、社区参与、河流生境以及河岸缓冲带的管理政策，都会影响城市小流域健康。每个独立的法律法规都有自己的要求及规定，这些要求和规定影响了波特兰市一系列的项目及行动。从小流域本身来讲，其生态过程具有动态性特征，并且小流域的科学研究结论常常是不确定的。传统的各个部门专注于各自的项目，专注于实现各自目标的方法，这将导致产生多个独立的结果及行动。一方面，这些结果很有可能会互相冲突；另一方面，各个部门也并不能很好地理解其行动对小流域健康产生的影响，导致最终无法实现城市小流域健康的目标。所以，小流域管理需要综合城市各个部门的职能，达成共识，通过协作的方式实现目标，才能避免小流域生态过程相互影响所带来的冲突。

《濒危物种法案》《洁净水法案》《安全饮用水法案》(*Safe Drinking Water Act*)《综合环境反应、赔偿和责任法案》(*Comprehensive Environmental Response, Compensation and Liability Act*)是美国联邦政府层面保护流域和河流健康的关键法律及条例。开发主体如果不遵守这些法律法规，不仅需要修复环境及其他问题，还会严格限制其相关的商业经营活动，清洁治理及处罚的成本也会提高[①]。

一个单独的环境法规能够直接或间接地应用于许多城市项目中，因此，不同的法律和法规之间存在重要的技术和政策关联性，城市项目或行动与相关联邦法的关系矩阵见表8.1。例如，在波特兰市河道中栖居的硬头鳟、大鳞大麻哈鱼在 1998 年和 1999 年分别被纳入联邦《濒危物种法案》的物种清单中(Ozawa et al.，2004)。《洁净水法案》明确提出了控制污水流入水体及关注非点源污染(陈统奎，2009)，而波特兰市维拉米特河常常无

---

① Environmental Services, City of Portland. Regulations Protecting Watershed and River Health[EB/OL]. http://www.portlandoregon.gov/bes/article/108297.

法满足水温、细菌及有毒物、汞等水质标准，地方政府被要求采取严格的水管理措施及规划行动，并提交至环保部审查。

表 8.1　城市项目或行动与相关联邦法的关系矩阵

项目或行动	联邦法			
	《濒危物种法案》	《洁净水法案》	《综合环境反应、赔偿和责任法案》	《安全饮用水法案》
发展标准及规范	●	●	○	●
发展审查及批准	●	●	○	●
土地使用规划	●	●	○	●
土地保存	●	●	○	○
流域规划	●	●	●	●
污水处理及传输	○	●	●	●
暴雨管理	●	●	●	●
生活污水管理	●	●	●	○
固体废物管理	○	○	●	○
道路/桥梁建造及维持	●	●	○	○
建筑建造及维持	●	●	○	○
环境加强行动	●	●	○	○
公园、自然区域及景观行动	●	●	○	○

注：●为项目直接需要满足管理要求；○为项目间接需要满足管理要求，根据项目或行动的细节而定。

资料来源：改编自文献 Environmental Services, City of Portland.Framework for Integrated Management of Watershed Health[EB/OL]. https://www.portlandoregon.gov/bes/?c=33528.

　　波特兰市港口是俄勒冈州最大的港口，主要工业有炼铝、毛织、造船、木材加工、罐头食品、造纸、运输机械、化学及电气设备等，也是重要的羊毛市场和木材加工中心[①]。港口的工业产生了许多污染物质进入河道形成沉积物。因此，美国环保部和俄勒冈州环境质量部(Oregon Department of Environmental Quality)在 2000 年将该港口列入联邦的超级基金场地(federal superfund site)，而波特兰港口必须遵守《综合环境反应、赔偿和责任法案》的相关规定及进行清洁工作。

　　土地利用与小流域健康存在十分密切的关系。州、区域及地方与土地利用相关的法律必须回应联邦层面的相关环境法，制定更加详细、更具操作性的法规。俄勒冈州的土地利用立法

① Bridgat. 波特兰港口介绍[EB/OL]. http://article.bridgat.com/guide/trans/port/portland.html.

体系在美国最为严格。一方面，俄勒冈州通过立法要求州内所有的县和市编制覆盖辖区全域的总体规划及落实该规划的法规条款。另一方面，要求这些规划落实州提出的 19 条规划目标。《俄勒冈州土地利用法》规定下级行政单位制定符合州 19条规划目标的总体规划及落实规划的相应法律法规，并提交至俄勒冈州土地保护与开发部（Oregon Department of Land Conservation and Development Commission）审查，否则，该行政区将丧失自主管理权且总体规划批复效率大大降低（杨一帆，2014）。

这 19 条规划目标中，涉及小流域保护的主要有目标 15、目标 2、目标 5、目标 6（表 8.2）（Ozawa et al.，2004）。其中，目标 5 要求各县、市制定自然资源详细目录，包括河岸走廊（水、河岸区域、鱼类栖息地）、湿地、野生物栖息地、地下水、联邦野生及风景河流等 12 类自然资源；目标 15 要求明确类似的其他资源详细目录，包括水文条件、生态易受损区域、重要的自然及风景区域及植被覆盖等①。

表 8.2　四川省和俄勒冈州规划法规的内容对比

关注的水环境保护议题	《四川省城乡规划条例》节选	《俄勒冈州土地利用法》节选
自然与城市发展协调议题	—	（目标2）土地发展需要明确对小溪、河流、湿地、洪泛区及其他自然资源区的影响
自然空间的落地议题	（第十五条）编制城市、镇总体规划应当包括：基本农田保护区、风景名胜区、湿地、水源保护区等生态敏感区；（第十九条）控制性详细规划应当包括蓝、绿线及控制要求；（第二十五条）编制城乡规划，应当具备国家规定的水文、环境等基础资料	（目标5）保护开放空间、风景和历史以及自然资源；要求各县、市制定资源详细目录，包括河岸走廊（水、河岸区域、鱼类栖息地）、湿地、野生物栖息地、地下水、联邦野生和风景河流等资源
生态环境提升议题	（第十五条）编制城市、镇总体规划应当包括：生态环境保护与建设目标，污染控制与治理措施	（目标6）保护和提升州的空气、水体和土地资源的质量
河流水系保护议题	（第二十二条）成都市总体规划、详细规划应当加强对水源、水系的保护	（目标15）提出保护、保育、提高维拉米特河沿线的自然、景观、历史、农业、经济和休闲的品质，构筑维拉米特河绿色走廊

资料来源：改编自 Ozawa 等（2004）。

美国的州从空间尺度上与我国的省相当，此处将《四川省城乡规划条例》与《俄勒冈州土地利用法》有关水环境保护的

---

① Bureau of Planning Sustainability. City of Portland. Natural resource invntory riparian corridors and wildlife habitat[EB/OL]. http://www.portlandoregon.gov/bps/article/158890.

内容进行一个对比。我们可以更加清晰地了解《俄勒冈州土地利用法》如何成为波特兰市支持小流域健康的坚实法律背景。由表 8.2 可以看出，从河流水系保护议题看，四川省只提出了加强对水源、水系的保护，而俄勒冈州提出的是对水系自然、景观、历史、农业、经济和休闲品质的提升。相对而言，俄勒冈州对水系保护的目的性更加清楚。正是如此，我们就可以理解本书第六章中提到的波特兰市为什么要给绿道叠加区划定河道自然区、河道休闲区、一般河道区、河道工业区、河道水质量区五小类叠加分区。从自然空间的落地议题看，四川省与俄勒冈州都要求明确湿地、风景名胜区等生态敏感区的基础资料。但是，四川省要求在总体规划层面划定这些生态敏感区，而在控制性详细规划层面，这些生态敏感区则被划入蓝、绿线，进行统一管理。而俄勒冈州的资源详细目录是将各类自然资源的空间范围落实在了区划法规层面，资源详细目录也形成了区划法规中环境叠加区、绿道叠加区分类分级划定与管理的依据。规划法规对环境保护议题的关注、对环境保护目标的表述，直接影响了城市规划对环境保护的方式和方法，从而影响城市发展与自然环境的关系。可以说，《俄勒冈州土地利用法》对波特兰市支持小流域健康的规划控制起到了良好的指导作用。

波特兰市是俄勒冈州最大的城市，周边还存在低密度蔓延的多个市及城市化的县，共同组成了波特兰大都市区并建立了区域政府，通过投票修改州宪法，授予大都市区域自治宪章（孙群郎和孙金龙，2013）。波特兰大都市区虽然没有权力制定土地利用总体规划，但是有权制定区域功能规划，是各地方制定土地利用总体规划的依据，若地方的规划不符合区域功能规划，波特兰大都市区政府有权要求地方进行调整（Ozawa et al.，2004）。

波特兰大都市区政府制定了《城市增长管理功能规划》（*Urban Growth Management Functional Plan*），其中主题 3"水体质量、洪水管理以及鱼类和野生生物保护"，通过限制对水源涵养区的侵占及采取特殊的规定以预防侵蚀和洪水灾害带来的影响，以回应州规划目标 6 和目标 7。主题 3 还建立了相应的执行标准，如水质执行标准规定沿河岸及湿地周围建立最小宽度为 4.5～61m 的缓冲带（表 8.3）；预防洪灾的执行标准建立了填挖平衡的要求，即任何在洪泛区填充了永久性材料的建设（如架桥时安置的桥墩），必须在洪泛区的其他区域挖出同样体积的空间，使洪泛区的总蓄水能力不变。《城市增长管理功能规划》的主题

13 "邻里中的自然",旨在保护及恢复波特兰市市区的鱼类和野生生物栖息地,要求为区域重要的鱼类和野生生物栖息地建立详细目录,并进行经济、社会、环境、能源影响分析,强调资源保护及经济发展的平衡,回应了州规划目标 5[①]。图 8.1 所示为编号为北段 7 号的编码地块的植被分布图,图 8.2 所示为水体分布图。

表 8.3　"水质执行标准"对河岸植被走廊的宽度要求

保护的水体类型	水体两旁的坡度	植被走廊的最小宽度	备注
主要的被保护水体	<25%	15 m	
主要的被保护水体	>25%的坡度,坡长不小于 45 m	60 m	从满水时期的水流边缘,或者 2 年暴雨洪水边线开始计算
主要的被保护水体	>25%的坡度,坡长小于 45 m	沟渠顶部边缘,再往外扩 15 m	
次要的被保护水体	<25%	4.5 m	
次要的被保护水体	>25%	15 m	

注:主要的被保护水体包括所有常年生溪流及排水面积大于 40 hm^2 的溪流。次要的被保护水体包括排水面积为 20～40 hm^2 的间歇性溪流。

资料来源:Oregonmetro．Urban growth management functional plan[EB/OL].
http://www.oregonmetro.gov/urban-growth-management-functional-plan.

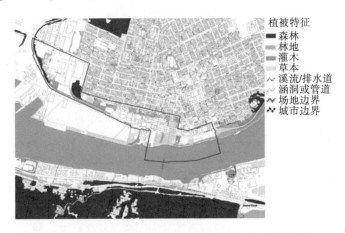

植被特征
■ 森林
▦ 林地
▨ 灌木
□ 草本
∿ 溪流/排水道
∿ 涵洞或管道
∿ 场地边界
∿ 城市边界

图 8.1　自然资源详细目录:植被分布图(见本书彩图版)
资料来源:改绘自文献 Bureau of Planning Sustainability. City of Portland. Site WR7 North Oak Palisades Site[EB/OL]. http://www.portlandoregon.gov/bps/article/158897.

---

① Oregon metro. Urban growth management functional plan[EB/OL]. https://www.oregonmetro.
gov/sites/default/files/2018/04/16/urban-growth-management-functional-plan-04162018.pdf.

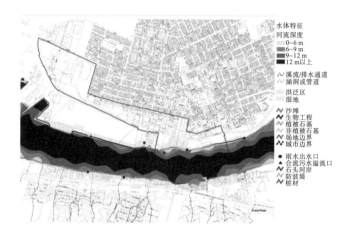

图 8.2　自然资源详细目录：水体分布图（见本书彩图版）

资料来源：改绘自文献 Bureau of Planning Sustainability. City of Portland. Site WR7 North Oak Palisades Site[EB/OL]. http://www.portlandoregon.gov/bps/article/158897.

  波特兰大都市区政府的规划政策框架下，地方政府必须建立详细的法规以落实州及区域的要求。波特兰市在其区划法规中通过环境叠加区（environmental overlay zone），建立严格的发展标准，保护城市内具有重要自然资源价值的区域，以满足州规划目标 5、目标 6 及目标 7。同样，环境叠加区也是波特兰市满足波特兰大都市区政府的《城市增长管理功能规划》主题3 及主题 13 要求的工具之一。另外，波特兰市区规划法规中的绿道叠加区（greenway overlay zone）针对维拉米特河绿道建立了具体的审查程序，避免、限制或减少开发行为对维拉米特河自然资源和水质的影响，以满足波特兰大都市区政府《城市增长管理功能规划》主题 3 中的水质目标要求。

第二节　城市小流域综合管理方法

  波特兰市的小流域健康具体分为四个目标：水文、物理栖息地、水质、生物群落（表 8.4）[1]。这四个目标的顺序反映了生态过程影响小流域健康的顺序，同时也是小流域管理的优先顺序。比如，小流域健康恢复应该先从恢复水文条件入手，因为水文过程是形成和影响河流及湿地生态系统最基本、最关键的力量，

---

① Environmental Services, City of Portland.Framework for Integrated Management of Watershed Health. [EB/OL]. https://www.portlandoregon.gov/bes/?c=33528.

几乎每个方面都影响生态系统的运作,包括栖息地的形成及维持、能量的流动、生物群落的组成(图8.3)。然后,依次为恢复物理栖息地、恢复水质,最后才是恢复生物群落。另外,水质改善还需要关注来自自然生态过程之外的其他影响因素,比如水污染。

表 8.4　影响小流域健康的部分景观要素及人类影响行为

景观要素	小流域健康属性	人类影响行为
气候 自然地理	水文: 水位改变;泛滥平原的出现和连通性;地下水	土地利用 不透水面
	物理栖息地: 泛滥平原特性和连通度;河岸条件:宽度、构成和破碎度;溪流连通度;河道条件和生境结构(栖息地类型、河岸侵蚀、河道基质、河槽外的栖息地、避难所、大型树木);陆生栖息地(如橡树林);沼泽栖息地	堤坝的影响 取水
岩石/土壤 流域形态 水文 植被	水质: 水温;溶氧量;营养物和叶绿素;总悬浮固体;有机污染物,沉积物和生物有毒污染物;地下水质量	排水网 河道改变 植物管理 湿地变更 排水口排放 外来物种 泄漏和非法排放
	生物群落: 生物完整性;底栖生物群落;鲑鱼种群结构;物种间的相互作用;河边的野生生物;陆生野生生物;植物群落	

资料来源:改编自文献 Environmental Services, City of Portland.Framework for Integrated Management of Watershed Health[EB/OL]. https://www.portlandoregon.gov/bes/?c=33528.

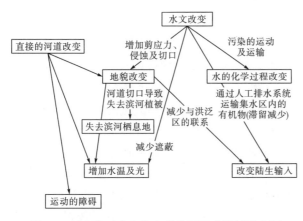

图 8.3　城市化对水生生态系统的影响机制示意图
资料来源:改绘自文献 Fletcher 等(2013)。

根据小流域综合管理方法,制定小流域管理规划可分 4 个阶段、10 个步骤(图 8.4)。这个过程是迭代并持续进行的,需要反复纠正某些步骤。比如步骤 4，要明确产生小流域问题的原因、来源、影响是十分困难的。对于一个特定的小流域健康问题，它既受到低层次累计效果的影响，又受到高层次因素的限制，问题的产生可能存在多个原因。另外，不同小流域的同一类健康问题可能是不同原因造成的。因此，在实践过程中，针对无法完成目标或基准的行动，也需要采取适应性管理的方式，重新审查问题的来源或原因，识别在判断问题原因时的不确定性和数据缺口，评估解决方法的有效性，采用新的研究和监测数据检验及校订分析模型等方式，调整所采取的小流域管理行动[1]。

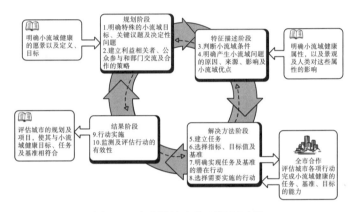

图 8.4　小流域综合管理规划过程

资料来源：改绘自文献 Environmental Services, City of Portland.Framework for Integrated Management of Watershed Health[EB/OL]. https://www.portlandoregon.gov/bes/?c=33528.

2005 年，波特兰市的环境服务局根据小流域综合管理方法，制定了《波特兰市小流域管理规划》（*Portland Watershed Management Plan*），简称"2005 小流域管理规划"，明确了小流域健康的各项任务，提出了小流域改善的 6 项策略和 20 项行动(表 8.5)。

其中，6 项策略包括：暴雨管理，这是改善小流域水文功能的基础；再种植，种植本地植物、移除非本地植物及有害物种；水陆生栖息地加强；保护及政策，防止对小流域的破坏比恢复受损的小流域功能更有效，也更节省成本；操作及维持，管理及维持的各类基础设施保护了公众健康及安全、水质及财产；教育、公众参与和管理。

为了将策略及行动落实在空间规划实践中，波特兰市的环

---

① Environmental Services, City of Portland.Framework for Integrated Management of Watershed Health. [EB/OL]. https://www.portlandoregon.gov/bes/?c=33528.

境服务局采用了由俄勒冈州州立大学(Oregon State University)建立的决策工具"恢复"(restore),根据行动、目标及地理信息(如不透水面、树冠覆盖)三类数据,分析出在不同的地理条件下,哪种行动更有可能完成目标及任务。"恢复"对全市进行了面积为 0.1~10hm² 的地块划分,并为每个地块的每个策略分配了-4~4 的分数,各地块的各个策略分数大于 2 的将在策略地图上表达[①]。最后波特兰市的环境服务局结合波特兰市目前正在规划或正在进行的项目,明确了小流域管理策略应用的优先区域(图 8.5)。

表 8.5　小流域管理策略、行动与小流域健康目标之间的关系

策略行动	任务	目标									
		水文			物理栖息地		水质			生物群落	
		流速及水文复杂性	河道及泛溢区的功能	暴雨运输	水生栖息地	陆生栖息地	溪流温度	人类病原体	城市污染	鱼类及生物物种	陆生野生生物及植被
暴雨管理	增加暴雨排水系统的渗透性	✓	✓	✓	✓	✓	✓	✓	✓	✓	✓
	增加暴雨排水系统的滞留作用	✓	✓	✓	✓	✓		✓	✓	✓	✓
	增加暴雨排水系统处理污染的能力						✓	✓	✓	✓	✓
	将暴雨排水系统与合流污水系统分开						✓	✓	✓	✓	✓
再种植	增加树冠覆盖	✓	✓	✓				✓	✓	✓	✓
	改善树冠覆盖的质量和组成	✓	✓	✓	✓	✓	✓		✓	✓	✓
水陆生栖息地加强	恢复河道及洪泛区的功能及稳定性	✓	✓	✓	✓		✓			✓	✓
	恢复或建立河岸、湿地、高地栖息地的结构和功能	✓	✓	✓	✓	✓	✓			✓	✓
	恢复栖息地的连接度和可进入度				✓	✓				✓	✓
	更好地管理本地物种		✓		✓					✓	✓

[①] Environmental Services, City of Portland. Portland Watershed Management Plan[EB/OL]. http://www.portlandoregon.gov/bes/article/107808.

续表

策略行动	任务	目标									
		水文		物理栖息地			水质			生物群落	
		流速及水文复杂性	河道及泛溢区的功能	暴雨运输	水生栖息地	流速及水文复杂性	河道及泛溢区的功能	暴雨运输	水生栖息地	流速及水文复杂性	河道及泛溢区的功能
保护及政策	管理施工场地的侵蚀、沉积、污染排放				√		√	√		√	√
	暴雨管理	√		√			√	√	√	√	√
	管理工业及商业场地的污染排放				√		√	√	√	√	√
	保护小流域价值高的场地及特征	√	√	√	√	√	√	√	√	√	√
操作及维持	管理及维持暴雨及污水系统、公共路权及其他基础设施，以减少及防止污染的排放						√	√	√	√	√
	减少违法及非雨水的排放			√			√	√		√	√
	维持及维修污水系统以满足当前及未来的污水运输需求			√				√	√		
教育、公众参与和管理	为城市职工及工业、商业设施提供有关防治污染的教育及技术援助						√	√		√	√
	为组织及一般的公众提供有关污染防治的教育、参与及管理工作						√	√	√	√	√
	为城市职工、商人及公众提供有关小流域功能的教育、参与及管理工作	√	√	√	√	√	√	√	√	√	√

备注：√代表现有的研究已经证明了行动与任务之间存在直接的联系。

资料来源：改编自文献 Environmental Services, City of Portland. Portland Watershed Management Plan. [EB/OL].http://www.portlandoregon.gov/bes/article/107808.

　　波特兰市环境服务局也建议其他部门的每个项目都尽可能与小流域健康目标相一致。比如，判断该项目如何促进实现小流域健康目标及任务；考虑与小流域管理规划协作、避免冲突的机会；项目设计时尽可能采用小流域管理规划中提到的相关策略及建议；必要情况下，对项目进行重新设计、调整或选择其他可替换的方法[①]。通过各个项目的自我检讨及优化，"2005 小流域管理规划"影响了城市的各类行动。

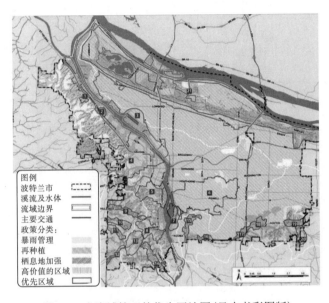

图 8.5　小流域管理的优先区地图（见本书彩图版）

资料来源：改绘自文献 Environmental Services, City of Portland. Portland Watershed.

　　"2005 小流域管理规划"规定，波特兰市需要每年发布小流域管理的绩效评估报告，总结城市各个部门与小流域相关的各项工程及行动，提出来年的实施优先事项、需要部门合作的工程或项目、短期需要修正的策略或行动，并每 5 年更新行动规划。由于小流域生态过程的不确定性，波特兰市小流域管理的绩效评估报告用来描述城市每年完成的具体工作，而不是评估特定的项目对小流域健康产生的影响（表 8.6）。波特兰市指出，绩效的评估和参数的跟踪需要随着每年的报告而逐渐实现精细化，只有当绩效数据和小流域健康条件的数据累积及精细化到一定程度的时候，才能够更加准确地分析管理行动对小流域健康带来的益处。

---

① Environmental Services，City of Portland.Framework for Integrated Management of Watershed Health[EB/OL]. https://www.portlandoregon.gov/bes/?c=33528.

表 8.6　波特兰市小流域管理 2007～2010 年绩效评估

	具体工作	2007～2008 年	2008～2009 年	2009～2010 年
策略一：暴雨管理	绿色街道设施安装/个	304	156	169
	沟渠更改为植物洼地/m	31	152	67
	私人的暴雨设施安装/个	394	216	244
	就地暴雨管理产生的清洁水/m³	2680071	2850415	2948835
	生态屋面建设/hm²	—	1.26	0.64
策略二：再种植	再种植的被入侵的土地面积/hm²	157.82	412.78	747.45
	种植本土植物的土地面积/hm²	42.09	78.91	421.68
	在自然区域内种植的树木/株	31050	12952	47024
	行道树的种植/株	—	1 800	2 898
策略三：水生和陆地改善	河岸恢复/m	2065	5001	11709
	洪泛平原恢复/hm²	5.6	1.4	0.6
	高地及临河栖息地加强或恢复/hm²	93.9	5.8	9.3
	涵洞替换或更新/个	2	1	1
策略四：保护及政策	约翰逊溪中的洪泛平原保护/hm²	0.5	2.3	3.2
	泄漏保护热线投诉电话/次	1785	1684	1667
	建筑工地的侵蚀控制检查/次	13042	6069	4138
	侵蚀控制工程/项	303	239	60
	自然区域土地购置/hm²	—	13.7	1.6
策略五：操作及维持	检查公共暴雨设施/次	177	359	386
	公共暴雨设施清洁/次	41	68	130
	公共暴雨设施维修/次	14	10	6
	私人暴雨设施检查/次	811	1111	1410
	街道清扫/km	3355	2420	21169
	沟渠清洁/m	27397	21408	13661
	涵洞清洁/m	1169	2730	1441
	涵洞修复构筑/m	1258	309	662
	水湾修复或构筑/项	219	216	125

续表

具体工作		2007~2008 年	2008~2009 年	2009~2010 年
策略六：教育、参与及管理工作	管理工作津贴/次数	13	17	16
	管理工作津贴/美元	60200	146903	99204
	课堂及野外环境项目的学生数量/人	26371	18999	15879
	参与自然景观工作，管理项目及社区延伸项目的参与者数量/人	40146	48777	35823
	社区流域管理工作项目网站的访问数量/人	10569	13144	26726
	可持续暴雨管理项目网站的访问数量/人	10200	135000	234000
	清洁河流奖励网站的访问数量/人	67000	81000	75000

资料来源：改编自文献 Environmental Services，City of Portland. 2008-2010 PWMP Report[EB/OL]. http://www.portlandoregon.gov/bes/article/338860.

第三节　整合小流域一体化管理的规划要求

城市规划影响了城市未来的空间发展及项目选择，从而对小流域环境健康产生潜在而深远的影响。波特兰市的城市规划可以分为总体规划(comprehensive plan)及区划(zoning)两个层级。在总体规划层面，波特兰市通过城市发展愿景、指导原则、目标及政策、总体规划图、重大项目清单等内容，对城市土地利用决策和城市开发投资建设进行指导。在区划层面，波特兰市通过区划法规和区划图，对城市用地提出开发控制标准。区划法规和区划图均是实施总体规划的关键工具[1]。

波特兰市城市规划的基础资料收集与更新、总体规划目标及政策、区划法规均响应了小流域健康目标，并提出了相关的优化行动。2005 年，为了满足"2005 小流域管理规划"的要求，为城市自然资源及小流域健康的保护提供更加可靠的信息，在规划和可持续发展管理局的主导下，波特兰市开始了"自然资源详细目录更新项目"(natural resource inventory update project)。该项目采用更新的数据、最新的科学信息、先进的技术及工具，为全市的河岸及高地区域制定自然资源详细目录。

[1] Bureau of Planning Sustainability. City of Portland. 2035 Comprehensive Plan Recommended Draft[EB/OL]. http://www.portlandoregon.gov/bps/article/541677.

更新的信息可以使城市的自然资源管理行动更加高效、合理。土地收购、再种植、保护自然资源等行动，可以根据新的目录地图及报告，更加科学地划定行动实施的优先顺序，使城市的投资效益最大化。这个项目将持续数年，并且还将建立自然资源详细目录的更新策略，定期更新城市内的自然资源信息[①]。

2005 年 8 月，由规划和可持续发展管理局主导的"环境法规改进项目"（environmental code improvement project）被波特兰市城市议会采纳。这个项目的目的是使现有的环境叠加区法规更加清晰、简单、公平，更具有成本效益。这次法规的修订，简化了暴雨排水口等项目的申请程序，提高了项目申请效率，降低了项目申请所消耗的时间和费用。法规的新要求能够使城市更快速地对受到环境损害的地点进行补救行动，也能够更好地阻止反复违反环境法规的行为[②]。

2012 年，波特兰市环境服务局发布了"波特兰市小流域管理规划的五年实施策略（2012～2017）"（Portland Watershed Management Plan 5-Year Implementation Strategy，2012～2017），提出了后续五年的行动应该优先关注的片区及关键的机会。这个新的实施策略规划也充分强调了城市规划在小流域健康保护中的作用及任务。在暴雨管理的策略下，提出在城市设计中应该采用创新的可持续暴雨管理方法，在邻里社区中建立新的绿道，一方面可以为人及野生生物提供连通路径，另一方面可以处理暴雨，将绿色基础设施的方法纳入"2035 总体规划"（2035 Comprehensive Plan）、"中心城区 2035 规划"（Central City 2035 Plan）等长期规划中。在再种植的策略下，提出应该在区划法规中加强对入侵植物的控制要求。在水生及陆生栖息地加强的策略下，提出在"2035 总体规划""中心城区 2035 规划"中，融入对鸟类及野生生物友好的设计政策及导则，使城市建成环境和城市设计能更好地保护野生生物栖息地。在保护及政策的策略下，提出应该在"2035 总体规划"中纳入小流域健康的任务及指引，并将更新后的自然资源详细目录作为总体规划更新的基础。规划和可持续发展管理局也通过其实际的行动，

① Bureau of Planning Sustainability. City of Portland. Natural Resource Inventory [EB/OL]. https://www.portlandoregon.gov/bps/59299.
② Environmental Services, City of Portland. Portland Watershed Management plan 2005 Annual report[EB/OL]. https://www.portlandoregon.gov/bes/article/328200.

响应了环境服务局的这些行动策略[①]。

第四节　整合小流域一体化管理的规划内容

波特兰市的总体规划是长期的土地利用及公共基础设施规划，其指导了城市未来的增长方式及空间形态的发展。波特兰市的城市规划发挥了协调、综合城市未来各类行动的功能，将小流域管理策略中有关空间发展的内容纳入城市总体规划及区划法规中，保证城市未来的发展与小流域健康目标相统一。首先，介绍波特兰市总体规划制定、审查、实施机制对小流域健康的支持作用。其次，分析波特兰市的总体规划结果从哪些方面支持了小流域健康。最后，分析波特兰市中心城区的总体规划，关注一个特定的片区如何在总体规划的要求下，建立更加详细、集中的规划政策支持小流域健康目标。

一、总体规划层次的规划内容

波特兰市总体规划的成果包含愿景及指导原则、目标及政策、总体规划图、重大项目清单、交通政策(以及街道分级、街道规划)五项内容(图 8.6)。除交通政策外，其他四项内容均对小流域健康目标有所支持。

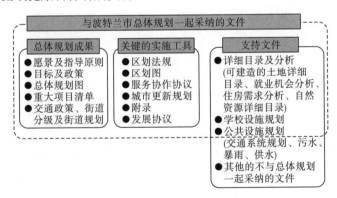

图 8.6　波特兰市总体规划包

资料来源: 改绘自文献 Bureau of Planning Sustainability. City of Portland. 2035 Comprehen-sive Plan Recommended Draft[EB/OL]. http://www.portlandoregon.gov/bps/article/541677.

---

① Environmental Services, City of Portland. Portland Watershed Management plan Five Year Implementation Strategy[EB/OL]. http://www.portlandoregon.gov/bes/article/394563.

　　波特兰市总体规划制定了城市发展的愿景——波特兰市是一个繁荣、健康、公平、具有韧性的城市，每一个人都拥有机会并都能够制定影响他们生活的决策。为了跟踪、测量城市的发展进程是否符合发展愿景，总体规划提出了作为城市 12 个核心绩效(core measures)之一的健康的小流域绩效目标。健康的小流域绩效目标可以细分为水质和树冠覆盖等详细绩效目标[①]。"2035 总体规划"提出了经济繁荣、人类健康、环境健康、公平、韧性五项城市发展的指导原则，其中环境健康提出将自然与城市相互编织，培育一个健康的环境，以支持居民、社区、鱼类和野生生物和谐共处。认识自然的内在价值，维持波特兰市空气、水体及土地的生态服务功能[②]。

　　根据城市的发展愿景和指导原则，"2035 总体规划"提出了一系列的目标及政策，其中有四个章节直接回应了波特兰市的小流域管理策略：第三章城市形态，通过绿色基础设施的投资及栖息地的连接，将自然融入城市；第四章设计与发展，关注栖息地和野生动物友好的设计和资源节约型的发展方式；第七章环境与小流域健康，强调自然系统在促进人类健康和安全方面的作用，并鼓励自然生态系统的保护和改善；第八章公共设施与服务，将雨水作为一种资源进行利用。这些政策涉及的范围很广，政策的实施也需要由城市不同部门来执行，实际上这些政策很多都是来自城市其他部门根据小流域管理策略而各自制订的行动计划，而总体规划则是发挥了其协调、综合的功能，将这些行动计划中与空间发展有关的政策进行筛选、梳理而形成的(表 8.7)。

表 8.7　波特兰市"2035 总体规划"参考文件及来源(节选)

参考的文件	发布时间	来源
河流复兴愿景(River Renaissance Vision)	2001 年	河流复兴/规划和可持续发展管理局
河流复兴策略(River Renaissance Strategy)	2004 年	河流复兴/规划和可持续发展管理局
城市森林管理规划(Urban Forestry Management Plan)	2004 年	公园和娱乐局
波特兰市小流域管理规划	2005 年	环境服务局
凡诺和泰伦溪小流域管理规划(Fanno and Tryon Creeks Watershed Management Plan)	2005 年	环境服务局

① City of Portland. The Portland Plan Summary[EB/OL].http://www.portlandonline.com/portlandplan/index.cfm?c=58776&a=405753.
② Bureau of Planning Sustainability. City of Portland. 2035 Comprehensive Plan Recommended Draft[EB/OL]. http://www.portlandoregon.gov/bps/article/541677.

续表

参考的文件	发布时间	来源
小流域健康统一管理框架	2005 年	环境服务局
自然区域收购策略(Natural Area Acquisition Strategy)	2006 年	公园和娱乐局
城市森林行动规划(Urban Forest Action Plan)	2007 年	公园和娱乐局
暴雨管理手册(Stormwater Management Manual)	2008 年	环境服务局
自然区域恢复规划(Natural Areas Restoration Plan)	2010 年	公园和娱乐局
波特兰自然灾害减缓规划(Portland Natural Hazard Mitigation Plan)	2010 年	突发事件管理局
波特兰规划小流域健康背景报告(Portland Plan Watershed Health Background Report)	2011 年	环境服务局/规划和可持续发展管理局
波特兰市小流域管理规划的 5 年实施策略(2012~2017)	2012 年	环境服务局

资料来源: 改编自文献 Bureau of Planning Sustainability. City of Portland.Comprehensive Plan Working Draft Part 1[EB/OL]. http://www.portlandoregon.gov/bps/article/429864.

1. 环境与小流域健康的目标与政策

在环境与小流域健康章节中，涉及改善环境质量及韧性的议题，直接提出了支持环境质量和小流域健康的改善，如支持水文、栖息地、水质、生物群落恢复的目标，防止环境退化等(表 8.8)。涉及保护自然资源的规划议题，强调保护自然资源及其功能，要求更新自然资源详细目录、规划、条例，并与土地收购项目协调，保护城市内部的自然资源及小流域健康。涉及发展条件下保护自然资源的议题，为在重要自然资源分布区的土地利用条例提供指导，要求发展尽可能降低或避免发展可能产生的负面影响。比如，减缓的有效性政策，要求减缓行为必须尽可能靠近影响产生的地点，并且必须位于同一个小流域，除非在其他区域进行减缓行为可以产生更大的生态价值。减缓行为必须遵循如下顺序：采用与受到影响的资源类型相同的资源，进行就地减缓；如果不能实现，则采用类型相同的资源，在其他场地进行减缓；如果再不能实现，则采用不同类型的资源，进行就地减缓；如果仍然不能实现，则采用不同类型的资源，在其他场地进行减缓。特殊小流域政策议题是针对波特兰市的每个小流域的特征而提出的，关注了每个小流域的特殊栖息地类型、水文、水质议题及来自暴雨管理的挑战。适用于全市的政策与适用于特殊小流域的政策是相互补充的关系①。

表8.8　支持小流域健康的"2035总体规划"城市韧性与健康环境政策

章节	环境与小流域健康			
详细目标	目标7A：气候；目标7B：健康小流域及环境；目标7C：韧性；目标7D：环境公平；目标7E：社区管理			
政策议题	改善环境质量及韧性	保护自然资源的规划	发展条件下保护自然资源	特殊小流域政策
政策题目	●水文 ●水质 ●生物多样性 ●栖息地及生物群落 ●栖息地连接度 ●城市森林 　a.树木保护 　b.城市森林多样性 　c.树冠覆盖 　d.树木种植 　e.自然区域内的植被 　f.城市森林的韧性 　g.土地利用规划中的树木 　h.管理野火灾害 ●入侵物种 ●土壤 ●自然灾害 ●棕地修复 ●适应性管理 ●恢复合作伙伴 ●社区管理工作	●自然资源保护 ●自然资源详细目录 ●环境规划及条例 ●土地收购优先权及合作	●影响评估 ●管理等级：避免、最小化、减轻 ●减缓的有效性 ●通过发展改善环境条件	哥伦比亚河流域 ●河流内的栖息地 ●敏感栖息地 ●依赖河流及与河流相关的使用 哥伦比亚沼泽流域 ●鱼类通道 ●滨河走廊 ●敏感栖息地 ●连接河流的栖息地 ●污染的场地 ●波特兰国际机场 凡诺及泰伦溪流域 ●溪流连接度 ●滨河及栖息地走廊 ●减少自然灾害 约翰逊溪流域 ●河流内及滨河栖息地 ●洪泛平原恢复 ●连接洪泛平原、溪流及湿地 ●减少自然灾害 ●绿色空间网络

资料来源：改编自文献 Bureau of Planning Sustainability. City of Portland. 2035 Comprehensive Plan Recommended Draft[EB/OL]. http://www.portlandoregon.gov/bps/article/541677.

2. 城市形态、设计与发展等目标及政策

在"城市形态"章节中，涉及城市栖息地走廊议题，指出城市栖息地是波特兰市最有价值及最特别的自然特征，除维拉米特河及哥伦比亚河、溪流、沼泽、湿地及大型森林区之外，其他的城市栖息地融入整个城市的建成环境，包括街道及院落

---

① Bureau of Planning Sustainability. City of Portland. 2035 Comprehensive Plan Recommended Draft[EB/OL]. http://www.portlandoregon.gov/bps/article/541677.

树木、后院植被、公园、为鸟类提供筑巢机会的桥梁等①。从
"2035 总体规划"土地利用规划图(图 8.7)及栖息地走廊规划
图(图 8.8)可以看出,栖息地走廊并非一定需要绿色空间。通
过在树冠及绿色空间之间建立植被通道,在建筑、景观、街道、
停车场及基础设施中加入自然元素,就能实现自然与城市的编
织以及栖息地的构建。

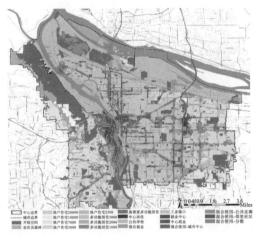

图 8.7　波特兰市"2035 总体规划"土地利用规划图(见本书彩图版)
资料来源:根据资料改绘,Bureau of Planning Sustainability. City of Portland. Recommended
Plan Map[EB/OL]. http://www.portlandoregon.gov/bps/article/541130.

图 8.8　波特兰市 2035 总体规划栖息地廊道规划图
资料来源:根据资料改绘,Bureau of Planning Sustainability. City of Portland. 2035
Comprehensive Plan Recommended Draft[EB/OL]. http://www.portlandoregon.gov/bps/
article/541677.

---

① Bureau of Planning Sustainability. City of Portland. 2035 Comprehensive Plan
Recommended Draft[EB/OL]. http://www.portlandoregon.gov/bps/article/541677.

在"设计与发展"章节中，涉及设计结合自然议题，规划要求将自然特征及功能融入发展中，以改善人类和生态健康，产生社会、环境及经济效益(表 8.9)。这些政策应用于土地利用及开发场地，鼓励和支持能够美化社区、商业区、工业区，同时能改善小流域健康并对气候变化具有韧性的设计。比如降低野生动物受到的危害政策，鼓励建筑、灯光、场地、基础设施的设计和实践，能够提供安全的鱼类和野生动物的通道，减少或减缓对鸟类、蝙蝠及其他野生动物的危害[①]。在"公共设施与服务"章节中，涉及污水及暴雨系统议题，指出污水及排水系统不仅需要满足波特兰市的需求，还需要保护公共健康、水质及环境，遵守小流域健康的目标；应该将暴雨作为一种资源进行管理，使其能保护及恢复自然水文、水质及栖息地。涉及洪灾管理议题，规划要求恢复自然洪泛区的功能来减少洪灾。

表 8.9　支持小流域健康的"2035 总体规划"城市设计政策

章节	城市形态	设计与发展	公共设施与服务
详细目标	目标 3G：城市中的自然	目标 4C：人类及环境健康	目标 8E：污水及暴雨系统
议题	城市栖息地走廊	设计结合自然	污水及暴雨系统
政策	●城市栖息地走廊 ●栖息地连接工具 ●连接栖息地走廊	●设计结合自然 ●灵活的发展选项 ●低影响开发及最佳实践 ●不透水面 ●降低野生动物受到的危害 ●进入自然	●合流污水溢流 ●生活污水溢流 ●污水排放防止污染 ●污水处理 ●雨水作为一种资源 ●自然系统 ●绿色基础设施 ●雨水排放 ●就地雨水管理 ●雨水排放防止污染 ●雨水合作伙伴

资料来源：改编自文献 Bureau of Planning Sustainability. City of Portland. 2035 Comprehensive Plan Recommended Draft[EB/OL]. http://www.portlandoregon.gov/bps/article/541677.

波特兰市工程系统规划主要对环境服务局、水务管理局、交通局、公园与娱乐局的投资策略进行了详细分析，并提供了具体的投资项目清单。其中涉及小流域健康的基础设施投资部门主要是环境服务局，其任务是保护公众健康、水质及环境，

① Bureau of Planning Sustainability. City of Portland. 2035 Comprehensive Plan Recommended Draft[EB/OL]. http://www.portlandoregon.gov/bps/article/541677.

投资内容包括污水处理、设施维持及维修、地表水管理(表
8.10)、洪灾管理等内容。投资项目清单中包含许多内容,如项
目名称、项目描述、地点、区位、目标、启动原因、投资估价
等,能够清晰地表达实施主体、资金安排、项目目标等众多信
息,更有效地指导了规划的实施。

表 8.10　波特兰市地表水管理的部分投资项目清单

	项目号	地图 SM-5,E07466,E06947	地图 SM-7,E10377,E07177,E10176
	项目名称	约翰逊溪恢复项目	哥伦比亚沼泽恢复项目
	项目描述	沿着约翰逊溪主干河流及支流的优先项目,目的是减缓洪灾、改善水质及栖息地、处理暴雨排水口、涵洞及下水道保护。包括恢复洪泛平原、湿地,溪流加强,及与其他机构的合作项目。项目需要满足 TMDL(污染物的最大日负荷量)的要求及其他法规要求	涵洞替换,水质、湿地、栖息地的恢复与加强。目的是改善水质、栖息地及水文。包括溪流恢复及暴雨系统改善。项目需要满足 TMDL(污染物的最大日负荷量)要求,及其他法规要求
	地点	约翰逊溪流域的多个地点	哥伦比亚沼泽流域的多个地点
	区位	东南部	北部/东北部
	目标	洪灾管理、水质、栖息地修复,工程维修	水质、水文、栖息地修复,工程维修
	启动原因	提高服务水平,满足法规要求	提高服务水平,满足法规要求
不同时间的投资估价	2013～2014 财政年	345 万美元	3552 万美元
	2014～2015 财政年	2069 万美元	786 万美元
	2015～2016 财政年	448 万美元	0 万美元
	2016～2017 财政年	603 万美元	344 万美元
	2017～2018 财政年	0 万美元	224 万美元
	2013～2018 财政年	3466 万美元	4912 万美元
	2018～2023 财政年	1379 万美元	1379 万美元
	2023～2033 财政年	1379 万美元	1379 万美元
	投资总计	6226 万美元	7671 万美元
	资金来源	债券	债券
	设施提供者	环境服务局	环境服务局

　　资料来源:改编自文献 Bureau of Planning Sustainability. City of Portland. Citywide Systems Plan Recommended Draft[EB/OL]. http://www.portlandoregon.gov/bps/article/541993.

二、详细规划层次的规划内容

中心城区（Central City）是波特兰市最古老的地区，在 19 世纪中期开始建设，是波特兰市的交通枢纽，也是经济、文化、教育中心，更是俄勒冈州人口、工作最集中的区域。中心城区总面积约为 12km^2。中心城区的第一版规划由刘易斯·芒福德主持，于 1988 年得到地方政府的采纳并实施。"中心城区 2035 规划"是中心城区的第二版规划，也是"2035 总体规划"的第一个修订案，是在"2035 总体规划"的指导下，提出更适合城区特色、更加集中的目标及政策。"中心城区 2035 规划"提出的政策中，"维拉米特河""城市设计""健康与环境"三个章节直接响应了小流域健康的目标。有关洪灾管理、绿色基础设施、暴雨管理等内容被纳入了这些章节中[①]。

"维拉米特河"章节的相关政策适用于中心城区临近维拉米特河的临河界面。从整个中心城区的角度提出了针对河流的主导功能、河流导向的发展政策等。"城市设计"章节提出了"绿环"的政策（表 8.11），要求开放空间与维拉米特河相连接，并提供步行环境、自行车车道及相关设施，同时起到连接野生生物栖息地等多种作用，提出了"维拉米特河的连接"政策，通过城市设计加强维拉米特河河岸娱乐、休闲、生态、交通等多种功能的组织与连接（图 8.9、图 8.10）。"健康与环境"章节从韧性、健康、建筑和基础设施、场地发展三个方面的议题，对响应气候变化、绿色基础设施、栖息地、树木等多方面提出了政策要求（表 8.12）。

表 8.11　支持小流域健康的"中心城区 2035 规划"
河流保护与城市设计政策

章节	维拉米特河		城市设计	
目标	目标 4A：支持环境健康、经济、娱乐、城市形态；目标 4B：支持鱼类、野生动物、公众的发展；目标 4C：可接近		目标 5A：利用维拉米特河的特征；目标 5C：公共空间的多种体验	
政策	河流的多种功能	河流导向的发展	片区背景	公共空间的连接

① Bureau of Planning Sustainability. City of Portland. Central City Goals and Policys Proposed Draft[EB/OL]. http://www.portlandoregon.gov/bps/article/581227.

续表

章节	维拉米特河		城市设计	
内容	小流域健康及本地 物种的恢复 a.小流域健康 b.濒危物种 c.洪泛区 d.暴雨管理 e.河岸加强	低影响开发	维拉米特河 的连接	"绿环"概念

资料来源：改编自文献 Bureau of Planning Sustainability. City of Portland. Central City Goals and Policys Proposed Draft[EB/QL]. http://www.portlandoregon.gov/bps/article/581227.

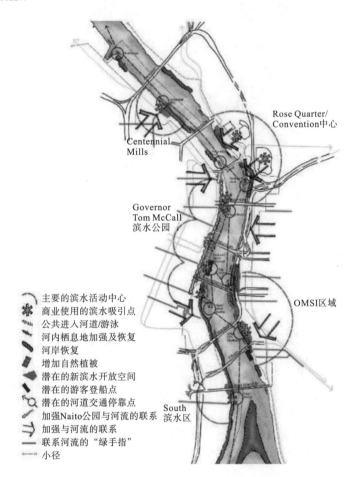

图 8.9　维拉米特河中段城市设计概念

资料来源：改绘自文献 Bureau of Planning Sustainability. City of Portland. Central City Goals and Policys Proposed Draft. [EB/OL]. http://www.portlandoregon.gov/bps/article/581227.

图 8.10 "绿环（green loop）"概念

资料来源: 改绘自文献 Bureau of Planning Sustainability. City of Portland. Central City Goals and Policys Proposed Draft[EB/OL]. http://www.portlandoregon.gov/bps/article/581227.

表 8.12 支持小流域健康的"中心城区 2035 规划"
城市韧性与健康环境政策

章节	健康与环境		
目标	目标 6A：人类及自然环境健康，城市韧性		
政策	韧性	健康	建筑、基础设施及场地发展
内容	●对气候变化的韧性 　a.洪水 　b.热岛效应 　c.鱼类及野生动物栖息地 ●多种功能 ●绿色基础设施 　a.独立的暴雨系统 　b.生态屋面 ●有洪水危险的开发 　a.不透水表面改进 　b.防洪能力 　c.建筑设计	●高地栖息地连接 ●树冠加强 　a.树木优先权 　b.树木多样性 　c.古树 　d.树冠覆盖 ●有效的树木种植 　a.树木尺寸 　b.土壤量 　c.树木的种植空间 　d.创新性设计	●行道树 　a.多种环境效益 　b.维持舒适性 ●保护鸟类及野生动植物的开发建设

资料来源：根据文献改编，Bureau of Planning Sustainability. City of Portland. Central City Goals and Policys Proposed Draft. [EB/OL]. http://www.portlandoregon.gov/bps/article/581227.

　　每个章节除提出适用于中心城区的规划政策之外,还分别对中心城区的各个片区进行了政策的细化,并提出更加详细的指导政策。比如在"维拉米特河"章节下,市中心针对汤姆·麦考尔滨水公园(Governor Tom McCall Waterfront Park)提出:在公园及公园附近的公共路权景观中,加入本地植物及大型乔木;在霍桑露天剧场(Hawthorne Bowl)改善水生生物栖息地,增加其应对洪水的能力;结合科学观察,探索创新技术,沿着防波堤增加栖息地特征,以改善小流域健康及自然物种的生存条件[①]。

　　"中心城区 2035 规划"除提出更加符合地区发展、更加明确的目标及政策之外,还制订了实施计划(implemental plan),提出了一些非约束性的绩效目标作为计划的一部分。与小流域健康相关的绩效目标包括改善河岸、生态屋面、树冠覆盖三个方面。这些目标可以帮助评估规划实施的进程,并在城市规划实施 5 年、10 年、15 年后,允许城市根据规划实施情况调整行动策略。实施绩效目标与建设的可能性、建设速度、造价等许多因素有关。改善河岸、生态屋面、树冠覆盖三个绩效目标分别有详细的生态建设目录清单。比如,改善河岸的绩效目标需要根据河岸条件及河岸的产权等因素确定(表 8.13)。中心城区生态屋面建设绩效目标要根据现状建筑的改进机会、发展及再发展的潜力、生态屋面的生态效益、生态屋面建设速度及经济投资条件等因素确定(表 8.14)。

表 8.13　改善河岸的绩效目标

河岸产权类别	有潜力改善的河岸	长度/m	改善目标/m	面积/hm²	初始造价/万美元	维持费用/万美元
波特兰市	有植被或沙滩,坡度小于30%	1082	759	1.3	965~9 650	689
	汤姆·麦考尔滨水公园防波堤	1584	61			
	百年磨坊	210	61			
其他公共产权	有植被或沙滩,坡度小于30%	1627	1140	1.7	1310~12417	758
私人再发展	有植被或沙滩,坡度小于30%	1411	1271	1.9	1448~13797	965
公私合作	有植被或沙滩,坡度小于30%	3493	548	4.9	689~6001	344
改善目标			3840			

　　资料来源:Bureau of Planning Sustainability. City of Portland. Central City 2035 volume5 implemental plan[EB/OL]. http://www.portlandoregon.gov/bps/article/581271.

---

① Bureau of Planning Sustainability. City of Portland. Central City 2035 volume5 implemental plan[EB/OL]. http://www.portlandoregon.gov/bps/article/581271.

表 8.14　生态屋面的绩效目标

优先目标	现有的建筑面积/万 m²	再发展的建筑面积/万 m²	总计/万 m²
最高优先权的 1%	9.6	1.6	11.2
最高优先权的 5%	48	8.2	56.2
最高优先权的 10%	96	16.5	112.5
最高优先权的 15%	144	24.7	168.7
最高优先权的 25%	240	41.2	281.2
改善目标，取最高优先权的 15%			

资料来源：Bureau of Planning Sustainability. City of Portland. Central City 2035 volume5 implemental plan[EB/OL]. http://www.portlandoregon.gov/bps/article/581271.

第五节　促进小流域健康的规划实施机制

　　波特兰市的总体规划能够对小流域健康起到支持作用。首先，其规划编制具有更加连续的动态特征，能够随着小流域管理措施的优化快速地作出调整。根据俄勒冈州土地保护与开发部提出的定期审查(periodic review)要求，完整地更新一个总体规划需要一个十分严格且耗时的过程，为了应对地方、区域、州发展条件的变化，地方政府可以只更新总体规划的一部分。波特兰市第一个版本的总体规划是 1980 年通过的，这个版本的总体规划使用了 30 多年。该版总体规划实施期间，波特兰市只对其进行了部分更新的工作。1980～2011 年，波特兰市对 1980 版总体规划小范围修订了 80 多次(表 8.15)，其中也不乏根据相关小流域研究成果而对总规划进行修订的情况。

表 8.15　波特兰市 1980 版的总体规划修订清单(节选)

法令编码	采纳时间	总规修订摘要	项目名称
160890	1988.6	●增加政策 8.8，地下水保护 ●重新编号政策 8.10，维拉米特河绿道改至政策 8.11 ●重新编号政策 8.11，国家洪水保险计划改至政策 8.12 ●重新编号政策 8.12，自然灾害改至政策 8.13 ●修订及重新编号政策 8.9，排水沟改至政策 8.10 ●删除政策 8.13，敏感自然区域 ●增加政策 8.14，自然资源 ●增加政策 8.15，湿地/河岸/水体保护 ●增加术语定义	环境叠加区法规
167293	1994.1	●修订政策 8.10，增加政策 B 以关注水质及水量，将城市的野生物目标指定为目标 C ●修订政策 8.11，增加目标 C，并纳入凡诺溪支流保护规划的相关内容	凡诺溪支流保护规划

续表

法令编码	采纳时间	总规修订摘要	项目名称
168698	1995.4	●修订政策 8.15，增加目标 D 以保护保奇溪 (Balch Creek) 的切喉鳟	环境叠加区法规
177082	2002.11	●采纳南部滨水规划，并将南部滨水规划的政策及目标纳入总规划之中 ●修订目标 2.25，将南部滨水规划提出的愿景作为中心城区规划愿景之一，并更改政策 21 ●修订目标 8.11，增加目标 H，维拉米特河绿道	南部滨水规划
184988	2011.11	●修改重大项目清单及公共设施规划，不修改目标、政策或任务	凡诺溪泵站

资料来源：改编自文献 Bureau of Planning Sustainability. City of Portland. 1980 Comprehensive Plan Goals and Policies[EB/OL]. http://www.portlandoregon.gov/bps/article/141397.

其次，波特兰市总体规划编制还充分发挥了利益协调作用，在编制过程的各个阶段，协调及采纳部门、公众意见。波特兰市的"2035 总体规划"编制包括许多阶段(图 8.11)，每个阶段都有明确的公众、部门及其他利益群体的参与机制，包括团队、志愿者、专家、社区代表的协商，在会议、活动及网上跟公众分享，公众评论的回馈及额外的分析。由于各个阶段的成果均是长期在网络上公开，能够确保部门、公众及其他利益群体的意见得到有效反馈与充分表达。相比而言，我国城市规划的制定、审查与修订的大致流程与波特兰市总体规划的编制流程类似(图 8.12)。

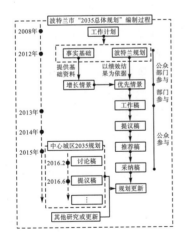

图 8.11　波特兰市 2035 总体规划编制过程

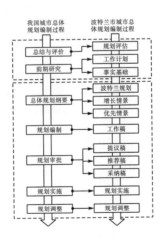

图 8.12　我国城市总体规划与波特兰市总体规划的编制过程对比

　　与1980版的总体规划一样，波特兰市对"2035总体规划"提出小范围的更新或建立地区规划，这些更新被采纳后，会作为 2035 版总体规划的"规划修订案"（Post-acknowledgment Plan Amendments）。如前所述，波特兰市制定的"中心城区2035规划"是中心城区的第二版规划，也是"2035总体规划"的第一个修订案。本章主要将这个修订案的提议稿作为讨论对象，分析波特兰市如何针对特定片区提出支持小流域健康的政策。

　　波特兰市总体规划的实施机制同样能对小流域健康起到重要的支持作用。波特兰市总体规划的目标及政策用于指导土地利用决策，实现自然、经济、社会的整体协调。土地利用决策通常是通过两种方法进行：立法和准司法。对于所有的立法及部分准司法决策，决策制定者都必须说明其提出的决策怎样符合了总体规划政策。如果一个申请完全符合或者超过了总体规划的要求，决策制定者就可以判断该申请符合总体规划的政策。但是总体规划包含的政策范围非常广泛，进行一个决策通常会涉及多个政策，这些政策并不是都具有同等的地位，并且由于每个决策都面临其特殊的问题，所以也并不是最为严格的政策必然会比其他相对不严格的政策更为重要。当一个决策涉及互相冲突的政策时，城市议会需要选择一个他们认为能够最好地体现总体规划目标的政策权重方式，并且提出法律结论，说明在制定该决策时，这些政策如何权衡及平衡。

　　有效的部门参与起到了良好的综合作用，规划实施与更新机制具有弹性及灵活性特征，总体规划内容与小流域管理内容进行了较完善的衔接，从而确保波特兰市总体规划能有效支持小流域健康的环境目标（图8.13）。主要体现在以下几个方面。

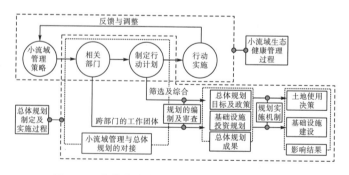

图 8.13　支持小流域健康的总体规划的制定过程

从总体规划编制的过程看，波特兰市总体规划对城市其他部门的小流域管理行动起到了良好的综合作用。波特兰市的各个部门都是小流域健康管理及城市总体规划制订与实施的重要参与主体。在小流域健康管理中，各部门所制订的行动计划成为总体规划政策的来源；各部门又在团队合作的情况下，制定了支持小流域健康的基础设施投资规划。

从总体规划实施与更新机制看，波特兰市总体规划具有弹性及灵活性特征，能够快速根据小流域的适应性管理过程进行调整和优化。弹性体现在总体规划政策对土地利用决策的指导具有弹性，即允许进行土地利用决策时，对相互冲突的政策进行利益协调，调节小流域健康与城市其他利益的矛盾关系。灵活性体现在波特兰市总体规划的快速更新机制，使城市发展能够跟上城市快速变化的步伐以及小流域适应性管理过程，提高了总体规划的有效性。

从总体规划的内容上看，波特兰市总体规划采取了高效的政策表达方式，并与小流域管理内容进行了较完善的衔接。通过高效的政策表达，将小流域健康目标自上而下地体现在规划愿景、指导原则、具体政策、基础设施投资计划、绩效目标等内容上，提高了总体规划实施的有效性。政策内容较完善地体现在环境改善、城市形态发展、城市设计及发展模式、市政基础设施建设四个方面，响应了小流域健康管理目标，为城市土地利用决策提供了完整的规划控制引导。

通过波特兰市规划法规及行动背景的解读，以及波特兰市总体规划和区划法规的特点及规划内容解读，可以得出如下结论。其一，小流域健康受到城市发展各个方面的影响，波特兰市的城市规划发挥了综合协调的作用，对城市未来的各项行动实行了有序的控制及引导；其二，为了发挥综合协调城市行动的作用，波特兰市的城市规划体现了动态性、利益协调性及弹性的规划特点；其三，对城市土地利用决策、城市投资计划的规划控制，波特兰市在总体规划层面响应了小流域健康目标，形成了土地利用的控制要素和控制指标，在区划层面响应了小流域健康目标。

参 考 文 献

陈统奎，2009．美国颁《洁净水法》集权治水全流域治理是关键

[EB/OL]. http://news.sohu.com/20090808/n265809713.shtml.

孙群郎,孙金龙, 2013.当代波特兰大都市区的增长管理及其启示[J].郑州大学学报(哲学社会科学版)(6)：153-158.

颜文涛,萧敬豪, 2015.城乡规划法规与环境绩效——环境绩效视角下城乡规划法规体系的若干思考[J]. 城市规划(11)：39-47.

杨一帆, 2014. 美国俄勒冈州"资源用地"保护简介：土地利用法与规划程序[J].国际城市规划, 29(4)：84-88.

赵民,雷诚, 2007.论城市规划的公共政策导向与依法行政[J].城市规划(6)：21-27.

Fletcher T D, Andrieu H, Hamel P, 2013. Understanding, management and modelling of urban hydrology and its consequences for receiving waters: A state of the art[J]. Advances in Water Resources(51):261-279.

Ozawa C, Dill J, Yeakley A, et al. (EDS.), 2004. The Portland Edge: Challenges and Sucesses in Growing Communities[M]. Washington, DC: Island Press.

第九章 提升雨洪承灾能力的
土地利用规划

城市雨洪管理需要生态实践智慧的引导，从而有效地管理城市雨洪以应对严峻的城市水生态安全问题。巧妙连接生态知识与整体实践行动的生态实践智慧自古以来就引导着人类的雨洪管理实践，成就了无数造福万代的雨洪管理工程。当下我国许多城市面临逢雨必涝的问题，城市开发建设逐渐强调提升城市雨洪承灾能力，从生态智慧的角度诠释应对自然灾害、保障生态安全的韧性城市建设并引导规划实践。

理解与认识城市土地利用与雨洪过程之间的关系，是适应气候变化、解决城市雨洪问题的关键。为理解这一关系，本章从两个方面梳理了关于提升城市雨洪承灾能力的土地利用规划研究进展，即土地利用规划提升城市雨洪承灾能力，以及雨洪管理目标下的土地利用规划行动。在已有研究中，土地利用与雨洪过程之间的双向影响机制以及土地利用规划对提升城市雨洪承灾能力的作用机制等还需深入研究，土地利用的雨洪承灾能力评价体系、提升城市雨洪承灾能力的土地利用空间结构优化模式及其关键控制要素体系等都亟待构建。针对现状研究存在的问题，提出了提升城市雨洪承灾能力的土地利用规划研究趋势和未来的研究议题，包括城市雨洪承灾能力评价、土地利用动态调适机制以及强调评估与反馈的土地利用规划框架。

近年我国洪涝灾害频发，特别是长江中下游地区发生的大面积城市内涝，使得人民生命财产受到巨大损失。为了有效地管理城市雨洪以应对严峻的城市水生态安全问题，需要生态实践智慧引导城市雨洪管理。生态实践智慧是人类(个人、人群乃至社会)在对人与自然互利共生关系深刻感悟的基础上，成功从事生态实践的能力，是一种选择"正确的"生态知识从而成功进行"为善的"生态实践的能力。生态知识只有通过成功的生态实践，才可能转化为生态实践智慧。生态实践智慧巧妙连接各类生态知识与整体实践行动，自古以来就引导着人类应对雨洪管理实践，成就了许多造福万代的雨洪管理工程，其对指导今天的城市雨洪管理实践仍具有极其重要的作用。理解与认识城市土地利用与雨洪过程之间的关系，是适应气候变化、解决城市雨洪问题的关键。

第一节　与雨洪协同共生的城市管理实践

城市雨洪管理实践，实质上是人们基于生态知识与经验在流域或集水区进行一系列工程实践的过程，其目的不仅是抵御洪涝灾害，还在于通过保持水质、调控水量来维持健康的城市社会-生态系统，维护人与自然之间的和谐共生关系。由于城市社会-生态系统的复杂性和系统之间的差异性，在将包括水（文）、土（壤）、气（候）、生（物）、社（会）的知识与经验应用于具体的城市雨洪管理实践时，适境性是实践者需要遵循的最基本的原则，其实现与否、实施的程度如何是雨洪管理实践成功与否的决定性因素。实践者应该以具体的地域场景特征为依据，发现和选择适宜的生态知识（陈述性知识和程序性知识），并把这些知识有机地融合到规划、设计、营造和管理的实践中（Xiang，2014）。这就要求实践者具备一种因地制宜、圆满从事具体生态实践的能力，即生态实践智慧。

生态实践智慧是人类（个人、人群乃至社会）在对人与自然互利共生关系深刻感悟的基础上，成功从事生态实践的能力（Xiang，2016），是对所有生命过程及其相互关系的深刻理解，是在实践过程中维持其生存尊严的能力。生态实践智慧具有以下内涵：①选择"正确的"生态知识成功进行"为善的"整体生态实践的能力；②基于生态伦理准则的知行合一的能力；③选择知识并作出价值判断（即以道驭术）的实践能力；④内含伦理和美学价值，通过判断选择知识有效提升整体生态效益的能力（Ackoff，1989）。与现代生态科学及相关学科对具有普适性的"真"的追求不同，生态实践智慧是在特定情景与境况下发现相关知识、发明和运用适用技术对"善"的追求。生态知识通过生态实践，才能形成生态实践智慧，而生态实践智慧反过来又可以引导一项新的生态实践行动，存在知识→实践→智慧→新的知识→新的实践→新的智慧的认知和行动的关系（Rowley，2007）。

巧妙连接生态知识与整体实践行动的生态实践智慧自古以来就引导着人类的雨洪管理实践，成就了无数造福万代的雨洪管理工程，其中许多工程在建成几百年甚至上千年后仍在发挥作用。在我国，这些工程包括江西赣州福寿沟、北京北海团城和紫禁城等城镇雨洪系统，以及浙江金华市诸葛八卦村、江西吉安市渼陂村、安徽黄山市宏村等古村落雨洪系统。

近现代，受现代科学技术发展背后同一性(实践对象)、统一性(实践方式和方法)、高效性(实践的投入产出效率)和普适性(实践原理和知识)原则的影响，片段化的、有时效性的、基于假设条件的一般性生态知识和经验被不加选择和调整地快速应用于具体场景的雨洪管理实践中。这一认知思路上的短板是现今实践中许多误区产生的直接原因。例如，只聚焦城市内部，而忽略城市与所在流域之间的影响；回避实践时间的短暂性和系统弹性调适的长期性之间的矛盾；注重工程建造，忽略社会-生态整体协同，特别是社区的参与。这种缺乏生态实践智慧引导的城市雨洪管理实践的思路和方式，不仅无法实现目标，更削弱了城市社会-生态系统原本具有的应对自然洪涝灾害的韧性。2016 年在长江中下游地区发生大面积城市内涝的同时，处于同一天气影响下的历史古城得益于历史营造的雨洪管理系统而安然无恙。这种鲜明对比，强有力地呼唤着生态实践智慧引导下的城市雨洪管理实践回归。

在城市地区，人类长期的大规模的土地利用与建设活动以及全球变暖不仅导致了建成区的雨岛效应(Onstad and Jamieson，1970)，也对集水区内的自然水文过程产生了深刻的影响(颜文涛 等，2014)。传统结构性减灾体系带给居民的是虚假的安全感与高昂的建设成本，以及将灾害风险均摊至无保护措施的区域，而土地利用规划是更适合洪涝灾害管理体系架构的非结构性减灾方法之一，它建立在更现实的多重平衡模式之上，关注动态变化背景下的社会和生态的可持续性(Adger et al.，2005)。对城市土地利用与雨洪过程之间关系的认知和理解促进了城市与雨洪的协同共生(Opperman et al.，2009)，这是适应气候变化、解决城市雨洪问题的关键。面对许多城市逢雨必涝的问题，土地利用规划理论逐渐强调提升城市雨洪灾害韧性，以为善、知行合一、以道驭术等思想，以及包含伦理与美学的生态智慧来引导规划实践(颜文涛 等，2016；王绍增 等，2016)，用自然的洪泛区功能增强城市承洪韧性，以提升城市对洪水的适应性从而替代传统的防洪工程(廖桂贤，2015)。同时，土地利用规划愈发重视水的社会功能，包括水的防御功能、航运功能、农业效益、生态功能以及美学性能(Borger，2004)，理想的状态是在城市用地空间中"拥抱"洪水，而不是将其迅速排走或堵在城外以转移洪水风险(Vis et al.，2003)，甚至在整个城市发展领域内，将水作为一种战略资产(包括自然水体和雨洪)，在解决水资源短缺问题的同时利用水体提升土地的价值，将水作为提升居住和工作环境吸引力的一种手段(Woltjer and Niels，2007)。

雨洪承灾能力是指在暴雨等极端气候的作用方式下，承灾体(包括人类本身和社会发展的各个方面)所表现出的反应力。基于城市用地空间在雨洪周期内的脆弱性分析，本章针对城市各空间和设施系统可能存在的风险，研究土地利用规划的应对能力和优化措施。从功能上划分，城市土地利用的雨洪承灾能力包括防灾能力、抗灾能力、救灾能力和适应能力四个方面的内容。防灾能力是指城市在雨洪引发灾害之前所做的准备与准备的充分性；抗灾能力是指雨洪引发灾害的瞬间，承灾体在灾害破坏情况下保持原状或接近原状的能力(Chen et al.，2008)；救灾能力主要表现在灾害的应急处理方面，主要取决于社会系统应对灾害的组织判断力和行动力(Geis，2000)，同时需要城市用地空间与设施系统对决策的支撑力；基于传统承灾能力概念中恢复能力的适应能力是将恢复原状的能力提升为承灾体关键要素的快速重组并能应对固有变化而达到另一种平衡状态的能力(Folke et al.，2002)。本章通过梳理近年来国内外采用土地利用规划调控提升城市雨洪承灾能力的研究进展，针对研究中存在的主要问题，提出研究发展趋势，旨在为制定雨洪灾害的土地利用规划带来启示。

第二节　土地利用与雨洪灾害的相互作用

对雨洪空间驱动因素的认知与对雨洪空间特性的识别，能帮助规划主体和决策主体理解土地利用规划应对灾害的作用机制。它是通过土地利用规划提升城市雨洪承灾能力的基础和依据。

一、土地利用的雨洪承灾能力分类

由于环境背景差异与土地利用的复杂性，已有的研究多从某一类用地设施的角度研究雨洪承灾能力，主要包括以下五类用地。

(1)基础设施用地。基础设施用地中的排水系统是雨洪承灾的关键环节，排水系统的承灾能力并非体现为排水管网的容量与年限，而是在雨洪到来时能否迅速削减雨洪峰值、减少雨水径流量、控制雨水径流污染以及合流制管网溢流污染等。例如，排水设施是否存在过多的大型溢流点及其积水深度和溢流时间等细节问题(Tsihrintzis and Hamid，1997)。对于其他基础设施用地而言，雨洪会增加工程系统的设备以及管网系统的物理性损毁风险，工程系统承灾能力体现为工程系统设施的选址与设计避免受到物理性损毁的能力(防灾能力)，以及灾害发生后可启动的备用系统的能力(救灾能力)，如区域能源设施网络布局与区域应急水源等。更重要的是灾后工程系统的调整与优化(适应能力)，如水资源回收与再利用、节能建筑、低碳交通等系统的构建与完善(Rosenzweig et al.，2011)。

(2)公共服务设施用地。公共服务设施用地的承灾能力主要强调服务设施在雨洪期间可正常运行且兼具防灾避险功能，甚至拥有雨洪调节功能，因此公共服务设施的承灾能力体现为安全的选址、可达性以及空间功能性等(Melgarejo and Lakes，2014)。

(3)城市交通系统用地。城市交通系统的承灾能力主要涉及道路竖向设计是否最大限度地避免过多的低洼路段，透水路面的应用、交通附属设施(信号设施、路标设施、照明设施等)的安排是否较为完善地考虑防水避洪，地下通道和轨道交通的设计是否避开易淹区域并采取了完善的防洪措施，以及防灾避险通道是否完善等。

(4)住宅用地。住宅用地的雨洪承灾能力主要包括人身财产安全、出行无阻以及最小化的生活影响，在土地利用方面表现为建筑空间布局、出入口位置及交通组织、社区内防洪排涝、防灾避险设施以及生活常用设施的安排等(Marfai et al.，2015)。

(5)城市绿地系统用地。城市绿地系统的承灾能力包括绿地空间的承水能力、绿地系统的耐水性能以及绿地减灾避险功能等(Gill et al.，2007)(表9.1)。

表 9.1 土地利用的雨洪承灾能力分类

承灾能力 土地利用	防灾能力	抗灾能力	救灾能力	适应能力
基础设施用地	设施的选址和容量评估	设施的防灾设计，如排水设施溢流点的溢流时间和积水深度等	备用设施系统、设施的快速疏通与恢复能力	控制雨水径流污染和合流制管网溢流污染、回收利用系统、节能减碳系统等
公共服务设施用地	安全的选址	用地内部的防洪排涝系统	公共服务设施的防灾避险空间	可达性、空间功能性
城市交通用地	道路竖向设计	附属设施的安排、地下通道和轨道交通设计	防灾避险通道	透水路面的应用
住宅用地	建筑布局	社区内防洪排涝系统	社区内防灾避险设施	出入口位置与交通组织、生活设施安排等
城市绿地系统用地	绿地结构优化	绿地蓄、渗、滞、净等水调节设施的安排	绿地的防灾避险空间	雨洪调节与休闲游憩功能的复合、绿地植物的耐水性能等

二、土地利用对雨洪形成过程的影响

城市地形地貌、用地空间形态和基础设施布局、景观与绿化环境等不仅促进了城市水环境变化而且影响了城市雨洪的形成过程，主要包括改变城市微气候循环、改变水体结构、增加暴雨径流等水环境演变过程（陈晓燕 等，2014），产生了雨岛效应、径流峰值效应、水系结构片段化效应等（史培军 等，2001；颜文涛 等，2012）。导致城市水环境演变过程的城市空间驱动主要因素包括城市资源环境条件、科技进步、要素集聚与扩散、产业结构升级、土地政策以及规划引导等（颜文涛 等，2014）。反映在城市用地性质上，住宅用地和绿地对雨洪的影响较为突出，住宅用地占比的增加会加重区域雨洪内涝的程度，而绿地占比的增加则起着重要的雨洪削减作用（吴健生和张朴华，2017）。地形地貌对雨洪过程有着不同程度的影响，如滑坡或土地侵蚀等自然现象可显著影响相邻水道，增加排水系统沉积物负荷，降低其输送能力，从而增加雨洪的可能性（WMO and GWP，2016）。用地空间形态与基础设施布局对雨洪的影响包括场地设计、建筑布局、排水系统与交通组织等，以上因素决定了径流总量与径流峰值，对场地的排水系统组织也有影响（Wheater and Evans，2009）。景观与环境绿化对雨洪通常起到调节与缓解作用，包括景观水体的蓄滞能力，绿化植被对径流的削减、渗透、吸收、净化以及传输作用等。以上作用方式与强度通常因尺度而异，因为土地利用对降雨的水文响应强烈依赖于下垫面的局部特性，如蓄水能力和渗透率，通常尺度越大滞后时间越长。形成了许多难以分辨的叠加因素，如某些用地变化对泥沙负荷与径流峰值的削减作用在社区尺度有效，但在城市尺度上，泥沙和径流负荷的大量增加，有效的雨洪调节设施网络（包括绿色基础设施与灰色基础设施）通常十分零散与破碎，加之社会经济等叠加因素，上述作用可能会明显减弱（FAO，2000）。

三、土地利用规划对提升雨洪承灾能力的作用

对于雨洪管理而言，土地利用规划在提升雨洪承灾能力中发挥着重要作用。其一，影响径流峰值效应与污染效应（颜文涛 等，2011）。土地利用规划作为一种非结构性措施，可以减少径流生成、改善径流污染，促进雨水渗透、过滤与储存（如渗透沟与渗透性路面），改善生态环境和景观质量（Wheater and Evans，2009）。其二，减少承灾体数量并降低承灾体的脆弱性。土地利用会导致不同重现期（10 年、20 年、50 年……）内雨洪风险（包括雨洪淹没范围与风险分布）的时空分布差异（Musungu et al.，2012）。地形地貌、用地性质、雨洪调节设施等物质环境要素，以及政府灾害管理、居民雨洪意识与防灾行动力等社会因素也会影响各类用地应对雨洪的能力。其三，改善生态功能。土地利用优化政策是减灾管理的有效工具之一，低密度开发都会减少生命和财产损失。土地利用规划能尽可能地保留河流系统的生态功能，在减轻灾害损失的同时，可改善自然系统生态功能、保护自然资源、营造低碳生态的城市空间环境（颜文涛 等，2011）。现有措施包括保护湿地与野生动物栖息地、增加休闲区和开放空间，或者在某些情况下发展低强度农业（Birkland et al.，2003）。其四，提高社会经济韧性。土地利用规划可通过空间组织模式增加易淹区的社会经济韧性，如利用区划引导居民、财产和重要设施远离高风险区域，使雨洪灾害过程中城市生活服务得到有效保障。由于易淹区也是自然资源集中区域，通常会吸引大量的开发项目，土地利用规划在平衡发展中发挥着关键的作用。

第三节　雨洪管理目标下的土地利用规划

一、雨洪管理与土地利用规划的整合框架

面对气候变化与极端天气的威胁，雨洪管理和土地利用规划之间的紧密融合与协调变得非常重要，因此土地利用规划与洪涝灾害管理之间的协调越来越受到重视(Cyranoski，2004)，许多国家正在制定促进二者有效整合的一体化框架，涉及决策体系、规划体系和行动体系。

决策体系包括信息收集与预测、流域管理目标、城市发展战略等，对于不同的区域和行政级别其具体内容有所差异，如信息收集与预测不仅要准确判断城市在雨洪灾害中的风向与脆弱性特征，还要时常关注脆弱性的变化分布及其在不同尺度(流域、集水区、易淹区、用地等)上的脆弱等级，以此为依据制定流域管理目标和城市发展战略(WMO，2007)。

规划体系涉及多个规划尺度(区域、城市、社区等)，应考虑较为全面的城市发展和社区目标，挖掘易淹区内社区适应与调整能力和易淹区外城市增长的潜力(Burby et al.，2000)，从战略层面到实施层面进行统一协调，构建水适应的多层次空间规划框架(彭仲仁和路庆昌，2012)。战略层面包括基于流域生态特征的水系统空间管制措施、区域水管理规划要求与指引、水生态空间的功能区划和控制单元划分。实施层面涉及三个规划层次：①区域规划层面，包括空间管制与生态安全格局、区域发展走廊、区域水系格局优化等；②城市规划层面，包括水空间与用地发展方向、土地利用规模与布局结构、基础设施与公共服务设施布局等；③社区规划层面，包括功能复合与动态调适的用地与设施布局，以及社区水体、湿地、绿地、雨水花园等布局，以及社区交通与慢行体系等。

行动体系包括土地管制体系和公众参与机制(Godschalk，2003)。土地管制体系依托于法律法规和体制框架，结合城市与区域发展的目标，提出区域内水面积率、用地透水率等水文指标的强制性要求，以及水系空间的规划设计指引和技术规范(杜宁睿和汤文专，2015)。土地管制体系的主要作用有三点：一是明确定义角色和责任，即相关机构必须认清其在洪水管理

中的作用和责任，公众必须意识到他们对洪水管理问题的权利问责机制和权力；二是作为体制协调机制，为了使土地利用规划充分发挥其在雨洪管理方面的潜力，需要在所有层级的不同规划机构之间建立充分的协调机制；三是规划管理者需要一系列的法律权力来强化土地利用规划与雨洪管理规定的遵守和执行（WMO，2006）。公众参与机制是韧性承灾体系的关键环节，只有当利益主体意识足够高，且雨洪风险信息公开可用时，公民才能作出正确的选择，主动适应雨洪过程。因此，韧性的城市系统需要强化社会教育与培训，以及城市建设与减灾机构和职业群体之间的合作（Mileti，1999），确保相关部门拥有共同的目标（Trim，2004）。

二、应对雨洪的土地利用优化方法

与传统的防洪规划相比，应对雨洪的土地利用规划更加侧重非结构性措施，利用技术、经济、社会和政策等工具，针对不同尺度的环境管理单元（流域、子流域、集水区等），促使空间结构、功能组织、开发强度等产生最佳的战略组合。大体上可概括为以下四类。

基于与洪水共生的理念，把雨洪作为城市水系规划的一个重要内容并将其纳入土地利用规划中，采用更具策略性的韧性洪水管理方法整合水管理与空间规划（Cuny，1991），将功能性的水管理政策（流域或海岸）与广泛的社会文化领域相结合（Woltjer and Niels，2007），确保水要素在土地利用规划或空间规划中被予以充分考虑，包括有足够的水空间与优良的水质等（Wolsink，2006）。韧性洪水管理策略可以实现洪水风险管理目标，同时有利于营造更丰富灵活的水景观（Vis et al.，2003）。

用地分级控制是目前许多国家雨洪管理中重要的土地利用规划策略，即根据洪泛平原灾害分布等级进行土地利用适宜性规划，根据灾害空间分布规律与特征，对用地规模、发展方向、功能布局、基础设施、街道布局、建筑形态、公共空间组织等作出适应性调整与规划（吴庆洲，2002），以减少易淹区中承灾体的暴露程度，保护易淹区内的自然资源。例如，澳大利亚洪水管理规划中，极端灾害区域适宜安排休闲娱乐区和开放空间（WMO and GWP，2016）。

用地功能调适包括功能复合与功能置换两种方法。用地功能复合是将两类或多类用地的局部功能整合，形成有吸引力和适应性的土地利用组合，以满足洪涝灾害背景下的各种需求，例如，鹿特丹水广场利用下沉式设计、不锈钢水槽、雨水井、水墙等元素，在无雨时可作为公共活动空间，降雨时作为雨水储存空间，降雨后的雨水消解过程也被合理安排和设计(赵宏宇和李耀文，2017)；美国某办公区的开放空间放置了结合雨水储存设施的喷泉景观，以及与径流通道结合的线性公园等(Mandarano，2010)；东京政府将雨洪储水设施与户外运动、游憩设施结合(Jha et al.，2012)。用地功能置换是根据灾害风险的分布，对已建区域实行功能评估与调整，对风险极高的居民密集区进行土地功能置换，将其调整为绿地广场、停车场等空间(王宝强 等，2009)。

　　通过在不同尺度上构建绿色基础设施相互联系的网络，以生态化的方式控制雨水径流和污染(Lennon et al.，2014)，从干预雨洪过程和适应雨洪两个层面降低雨洪风险。绿色基础设施的表面积可以影响强降雨时的径流量，且对下游雨洪有较强的减缓作用(Carter et al.，2017)。针对暴雨径流形成的三个阶段，暴雨水流产生段采用限制不透水铺装占地比例、绿色屋顶等方式从源头上减少区域产生的暴雨径流量和污染；汇集段通过修建雨水花园、雨水迁移系统等方式，使雨水径流在汇流过程中减速减量并增加下渗；传输段通过开放式排水系统、雨水调蓄湿地、自然水体等减少强降雨或持续性降雨所产生的威胁(杨冬冬和刘海龙，2014)。适应性策略是结合景观生态学方法使绿色基础设施在雨洪灾害形成后维持其生态服务功能，主要包括生态化的护堤、恢复河漫滩以及设计多层防洪堤，并在堤间形成内河湿地，降低防洪堤的相对高度和强度要求，以及恢复湿地系统等弹性策略(俞孔坚 等，2015；邓位和于一平，2016)。例如，美国纽约通过工程措施和非工程措施共同构建城市绿色基础设施网络，强调加强灰绿设施耦合关系，以强化水系统的调节功能(刘佳玉，2018)。目前，绿色基础设施在建筑和社区尺度的雨洪调节作用已初显成效，美国华盛顿州西雅图的一个社区通过在街道两侧植入植被洼地和本地植物，将湿季径流量减少了98%。

三、雨洪目标下的土地利用管制手段

　　土地利用管制涉及用地功能、结构、密度等形态结构要素，

以及重要基础设施的选址和建设标高、场地雨洪储存空间等管制要素(颜文涛，2013)，需要多种规划与管制工具，包括土地管制政策、洪泛区区划条例、规划许可、建筑标准与规范等，通过法律法规体系构建责任机制。第一，土地管制即政府采取限制性调控政策、激励政策、知识强化、公共投资等管制手段(Burby et al.，2000)，这些手段包括设置禁建区、划定生态红线、限定用地开发强度等限制性调控政策，开发强度转移或容积率红利、洪水保险等激励政策，技术援助、信息公开、公众参与规划等知识强化手段，以及公共雨洪调控设备、适应性承洪项目等公共投资手段。第二，区划条例是根据洪水水位线历史数据进行已经降雨环境下的洪涝灾害模拟，将洪泛区的洪灾进行分级，引入土地利用监管机制，对灾害区域内的用地类型和强度实行分级控制。例如，瑞士的灾害区划方法，建立了灾害强度指标与频率指标的矩阵模型，依据指标等级组合进行区划调控(禁止区域、条件具备区、指引区)，提出建筑与用地调控策略以及辅助措施。第三，许多西方国家在环境资源保护和雨洪管理相关法案的基础上，利用规划许可管理控制易淹区的土地利用与开发活动，类似行政法规，如新西兰奥克兰城的《空气、土地和水保护规划》(*Air, Land and Water Plan*)中规定，达到一定规模的建设开发活动需申请资源许可证(resource consent)，由环境专员(commissioner)根据开发项目是否影响雨洪调控目标决定是否颁发资源许可证，此后还需接受政府的环境监测与监督(车伍 等，2012)。第四，规划、建筑标准与规范提供了强制性施工建设指引，以提高建筑和基础设施的防洪能力，包括用地不透水率、建筑海拔、建筑组件保护(包括外露的电缆、水管以及特殊部件等)、建筑部件的快速替换与重组等。例如，2014 年 10 月我国住房和城乡建设部印发的《海绵城市建设技术指南——低影响开发雨水系统构建(试行)》，从总体规划、控制性详细规划到修建性详细规划分级落实雨洪管理目标和规划以及建筑相关规范和条例。第五，由于洪涝灾害管理是一个跨学科领域，涉及内容广泛，易淹区的土地利用规划还应以清晰的法律框架为基础，明确各个部门以及公众的权利和责任，如法国制定了具体的规划制度，以规范现有及未来灾害区域的土地利用(Pottier et al.，2005)。法律制度应该使有关部门在必要资源的支持下，编制洪灾风险地图等规划工具，同时保证其按时公开和更新。

　　然而，多学科交叉、政策机制以及公众对灾害的认知水平等，对土地利用规划的编制和实施过程造成了诸多障碍。其一，洪涝灾害管理与整个城市发展体系及土地利用规划体系之间有复杂的内在联系，为了方便政策制定，二者长期以来隶属于独立的决策部门，且行政单元边界与水文单元边界的非一致性增加了将两者整合的难度。其二，国家制定的应对洪涝灾害的土地利用管制政策，难以在小尺度规划上产生作用，它们可能会受到地方政府土地利用方式与偏好的影响。面对经济发展和土地稀缺的需求，政府选择适当开发洪泛平原（如百年一遇洪水风险区域），在高风险的建成区内提高防灾标准，而通过优化土地利用结构以应对洪涝灾害的意识还十分缺乏。其三，无论是需求主体、决策主体还是规划主体都认为洪涝是灾害，而忽略了洪涝灾害的主体是水（表 9.2）。

表 9.2　雨洪管理目标下的土地利用管制类型

管理类型	管制要素	管制主体	管制手段
土地管制政策	土地利用方式、强度	政府	限制性调控政策、激励政策、知识强化、公共投资等管制手段
区划条例	土地利用类型、强度	政府、规划部门	将洪泛区的风险进行分级，划定禁止区域、条件具备区、指引区等
规划许可	土地开发权限、类型、强度等	政府	利用规划许可管理和控制易淹区的土地利用与开发活动
规划、建筑标准与规范	建筑海拔、建筑组件保护、建筑部件的快速替换与重组	政府、规划部门	标准与规范性文件
法律法规体系	各个部门以及公众的权利和责任	司法机构	规划制度、法律文件

第四节　现状问题与发展趋势

　　现状研究存在三个方面的问题。首先，城市土地利用空间结构与雨洪灾害空间分布特征之间关系的研究有待深入。大部分工作只提出了控制暴雨内涝的雨水排水设计标准，缺乏针对城市雨洪灾害空间分布特征的研究。由于无法认知城市各类承灾体的风险分布，导致难以通过优化调控土地利用规划管理城市雨洪风险。其次，目前多从社会、经济、环境等要素综合评估城市雨洪承灾能力，未能清晰地梳理雨洪承灾体的类型特征和空间分布，针对城市雨洪承灾能力的评价研究还有待进一步深入。最后，当前研究多为强化雨水的排放能力和基于承灾体的防灾措施，没有将洪涝灾害管理目标转换成土地利用空间行动。缺乏通过土地利用规划减少雨洪灾害的频率与强度、减少损失和提升灾后恢复能力等内容的研究，也缺乏提升雨洪承灾能力的土地利用空间优化方法与政策方面的研究。

　　通过土地利用规划应对雨洪问题还存在许多需要探究的领域，综合学者们的研究成果和对未来研究方向的探讨，初步判断空间规划应对雨洪管理的研究趋势，有助于帮助城市应对雨洪灾害的挑战。首先，应探索雨洪过程和社会过程的功能复合机制。雨洪过程对维持健康的社会-生态系统具有重要意义，应将雨洪视为城市重要的自然资源，通过雨洪过程提升社会福祉。研究雨洪过程与土地利用性质的相容性，转变将雨洪视为灾害的传统认知，是建构人水协同共生关系的基础。其次，应深入研究城市土地利用空间结构与雨洪承灾体分布的关系。提升雨洪承灾能力的土地利用规划涉及尺度问题，应对城市雨洪承灾能力进行评估。城市土地利用可以影响雨洪风险的所有要素，将雨洪管理融入传统城乡土地利用规划框架，在源头上权衡发展与雨洪风险的竞争和协同关系，可以提升城市综合承洪水平和适灾能力，建立雨洪管理的生态规划技术途径。城市系统的脆弱性是一个动态的过程(Kashem et al.，2016)，即使规划者制定了完全适应当地脆弱性的土地利用政策，也需要随时间的推移对其进行调整，因此土地利用规划强调监测、评估与反馈的重要性。共享与兼容的土地利用则简化了冗长的反馈过程，应结合土地使用者的认知和管理方式，形成土地利用的自适应与快速反馈机制。精英主导的土地利用规划过程仍有可能加剧规划中的不公平现象，忽视社区中的脆弱群体将导致更严重的灾害或社会问题(Anguelovski et al.，2016)。土地利用规划趋于更包容的参与式规划。参与式规划可避免将土地利用和社区发展的决定权集中在部分人手中，尽管使公众关注和参与应对灾害的规划一直具有挑战性，但规划人员可扮演"动员者"角色，积极通知和动员公民团体参与规划过程，尤其是已知的脆弱性群体，以减少规划导致的不公平现象。

　　面对日趋严峻的气候变化背景下的雨洪灾害，深化对城市易淹区洪涝灾害成因及其变化的认知，探索导致洪涝灾害的空间特性及其空间驱动因素，在城市规划编制和管理过程中，提出在气候变化背景下，通过土地利用规划优化提升城市易淹区的承灾能力，是我国灾害管理的现实需求。

参 考 文 献

车伍, Tian F,李俊奇, 等, 2012. 奥克兰现代雨洪管理介绍（一）——相关法规及规划[J]. 给水排水, 48(3): 30-34.

陈晓燕, 张娜, 吴芳芳, 2014. 降雨和土地利用对地表径流的影响——以北京北护城河周边区域为例[J]. 自然资源学报, 29(8): 1391-1402.

邓位,于一平, 2016. 英国弹性城市：实现防洪长期战略规划[J]. 风景园林(1): 39-44.

杜宁睿, 汤文专, 2015. 基于水适应性理念的城市空间规划研究[J]. 现代城市研究(2): 27-32.

廖桂贤, 2015.城市韧性承洪理论——另一种规划实践的基础[J]. 国际城市规划, 30(2): 36-47.

刘佳玉, 2018. 城市复杂建成环境下绿色基础设施对雨水径流的水质水量影响及规划布局研究[J]. 国际城市规划, 33(3): 32-39.

彭仲仁, 路庆昌, 2012. 应对气候变化和极端天气事件的适应性规划[J]. 现代城市研究(1): 6-12.

史培军, 袁艺, 陈晋, 2001. 深圳市土地利用变化对流域径流的影响[J]. 生态学报, 21(7): 1041-1049.

王宝强, 徐建刚, 李勇, 2009.洪涝安全视角下的山地城市用地布局规划研究——以福建省连城县城为例[J]. 规划师, 25(10): 72-77.

王绍增, 象伟宁, 刘之欣, 2016.从生态智慧的视角探寻城市雨洪安全与利用的答案[J]. 生态学报, 36(16): 4921-4925.

吴健生, 张朴华, 2017. 城市景观格局对城市内涝的影响研究——以深圳市为例[J]. 地理学报, 72(3): 444-456.

吴庆洲, 2002. 论 21 世纪的城市防洪减灾[J]. 城市规划汇刊(1): 68-70.

颜文涛, 2013.减缓·适应——应对气候变化的若干规划议题思考[J].西部人居环境学刊, 31(3): 31-36.

颜文涛, 韩易, 何强, 2011. 山地城市径流污染特征分析[J]. 土木建筑与环境工程, 33(3): 136-142.

颜文涛, 周勤, 叶林, 2014.城市土地利用规划与水环境效应: 研究综述[J]. 重庆师范大学学报 (自然科学版), 31 (3): 35-41.

颜文涛,王云才,象伟宁, 2016.城市雨洪管理实践需要生态实践智慧的引导[J].生态学报, 36 (16): 4926-4928.

颜文涛, 萧敬豪, 胡海, 等, 2012. 城市空间结构的环境绩效: 进展与思考[J]. 城市规划学刊 (5): 50-59.

杨冬冬, 刘海龙, 2014. 福州城市防洪体系空间规划对策研究[J]. 城市规划, 38 (8): 85-90.

俞孔坚, 许涛, 李迪华, 等, 2015. 城市水系统弹性研究进展[J]. 城市规划学刊 (1): 75-83.

赵宏宇, 李耀文, 2017.通过空间复合利用弹性应对雨洪的典型案例——鹿特丹水广场[J]. 国际城市规划, 32 (4): 145-150.

Ackoff R L, 1989. From data to wisdom[J]. Journal of Applied Systems Analysis,16 (1): 3-9.

Adger W N, Hughes T P, Folke C, et al., 2005. Social-ecological resilience to coastal disasters[J]. Science, 309 (5737): 1036-1039.

Anguelovski A, Shi L, Chu E, et al., 2016. Towards critical studies of climate adaptation planning: Uncovering the equity impacts of urban land use planning[J]. Journal of Planning Education and Research (3):13-21.

Birkland T A, Burby R J, Conrad D, et al., 2003. River ecology and flood hazard mitigation[J]. Natural Hazards Review, 4 (1): 46-54.

Borger G J, 2004. The Netherlands and the North Sea, a close relationship in historical perspective[J]. Revista Latino americana De Microbiologia, 16 (4): 183-186.

Burby R J, Deyle R E, Godschalk D R, et al., 2000. Creating hazards resilient communities through land-use planning[J]. Natural Hazards Review, 1 (2): 99-106.

Carter J G, Handley J, Butlin T, et al., 2017. Adapting cities to climate change – exploring the flood risk management role of green infrastructure landscapes[J]. Journal of Environmental Planning & Management,61 (9/10):1535-1552.

Chen S C, Ferng J W, Wang Y T, et al., 2008. Assessment of

disaster resilience capacity of hillslope communities with high risk for geological hazards[J]. Engineering Geology, 98 (3-4): 86-101.

Cuny F C, 1991. Living with floods: Alternatives for riverine flood mitigation[J]. Land Use Policy, 8 (4): 331-342.

Cyranoski D, 2004. Reform of land use urged as floodwaters rise across Asia[J]. Nature, 430 (7000): 596.

FAO, 2000.Land–water linkages in rural watersheds[R]. Rome: FAO Land and Water Bulletin, 9. FAO.

Folke C, Carpenter S, Elmqvist T, et al., 2002. Resilience and sustainable development: Building adaptive capacity in a world of transformations[J]. Ambio, 31 (5): 437-440.

Geis D E, 2000. By design: The disaster resistant and quality-of-life community[J]. Natural Hazards Reviews, 1 (3): 106-120.

Gill S E, Handley J F, Ennos A R, et al., 2007. Adapting cities for climate change: The role of the green infrastructure[J]. Built Environment, 33 (1): 115-133.

Godschalk D R, 2003. Urban hazard mitigation: Creating resilient cities[J]. Natural Hazards Review, 4 (3): 136-143.

Jha A, Lamond J, Proverbs D, et al., 2012. Cities and Flooding: A guide to integrated urban flood risk management for the 21st Century[J]. World Bank Publications, 52 (5): 885-887.

Kashem S B, Wilson B, Zandt S V, 2016. Planning for climate adaptation: Evaluating the changing patterns of social vulnerability and adaptation challenges in Three Coastal Cities[J]. Journal of Planning Education & Research, 36 (3): 283-289.

Lennon M，Scott M，O'neill E, 2014. Urban design and adapting to flood risk: The role of green infrastructure[J]. Journal of Urban Design, 19 (5): 745-758.

Mandarano L, 2010. Sustainable land-use planning: Revitalising a flood prone office park[J]. Journal of Environmental Planning and Management, 53 (2): 183-196.

Marfai M A, Sekaranom A B, Ward P, 2015. Community responses and adaptation strategies toward flood hazard in

Jakarta, Indonesia[J]. Natural Hazards, 75 (2): 1127-1144.

Melgarejo L F, Lakes T, 2014. Urban adaptation planning and climate-related disasters: An integrated assessment of public infrastructure serving as temporary shelter during river floods in Colombia[J]. International Journal of Disaster Risk Reduction (9): 147-158.

Mileti D, 1999. Disasters by Design: A Reassessment of Natural Hazards in the United States[M]. Washington, D.C.: Joseph Henry Press.

Musungu K, Motala S, Smit J, 2012. Using multi-criteria evaluation and GIS for flood risk analysis in informal settlements of cape Town: The case of graveyard pond[J].Science, 173 (3996): 550.

Onstad C A, Jamieson D G, 1970. Modeling the effects of land use modifications on runoff[J]. Water Resource Research, 6 (5): 1287-1295.

Opperman J J, Galloway G E, Fargione J, et al., 2009. Sustainable floodplains through large-scale reconnection to rivers[J]. Science, 326 (59): 1487-1488.

Pottier N, Penning-Rowsell E, Tunstall S, et al., 2005. Land use and flood protection: Contrasting approaches and outcomes in France and in England and Wales[J]. Applied Geography (25): 1-27.

Rosenzweig C, Solecki W D, Blake R, et al., 2011. Developing coastal adaptation to climate change in the New York City infrastructure-shed: Process, approach, tools, and strategies[J]. Climatic Change, 106 (1): 93-127.

Rowley J, 2007. The wisdom hierarchy: Representations of the DIKW hierarchy[J]. Journal of Information Science, 33 (2): 163-180.

Trim P, 2004. An integrated approach to disaster management and planning[J]. Disaster Prevention and Management, 13 (3): 218-225.

Tsihrintzis V A, Hamid R, 1997. Modeling and management of urban stormwater runoff quality: A review[J]. Water Resources Management, 11 (2): 136-164.

Vis M, Klijn F, Bruijn K, et al., 2003. Resilience strategies for flood risk management in the Netherlands[J]. International Journal of River Basin Management（1）: 33-40.

Wheater H，Evans E, 2009. Land use，water management and future flood risk[J]. Land Use Policy（26S）: S251-S264.

WMO, GWP, 2016. The role of land-use in flood management[Z]. Integrated Flood Management Tools Series No.7 Version 2.0. June.

WMO, 2006. Legal and Institutional aspects of integrated flood management Policy[R]. Geneva: APFM Technical Document.

WMO, 2007. Formulating a basin flood management plan. A tool for integrated flood management. Integrated flood management tools series[R]. Geneva: APFM Technical Document No. 6. WMO.

Wolsink M, 2006. River basin approach and integrated water management: Governance pitfalls for the Dutch Space-Water-Adj-
ustment Management Principle[J]. Geoforum, 37（4）: 473-487.

Woltjer J, Niels A I, 2007. Integrating water management and spatial planning[J]. Journal of the American Planning Association, 73（2）: 211-222.

Xiang W N, 2014. Doing real and permanent good in land scape and urban planning: Ecological wisdom for urban sustainability[J]. Landscape and Urban Planning, 121（1）: 65-69.

Xiang W N, 2016. Ecophronesis: The ecological practical wisdom for and from ecological practice[J]. Landscape & Urban Planning, 155:53-60.

第十章　海绵城市：生态化雨洪管理的延伸思考

　　海绵城市建设希望解决的是城市在水安全、水生态、水环境等方面的问题。在现阶段，单纯为了满足一系列海绵城市规划设计指标，把海绵设施建设考虑在项目规划设计后期的"+海绵"情况比较突出，由此产生了很多弊端。笔者因此提出"海绵+"理念，强调让海绵城市建设回到以生态化为主，实现雨洪/雨水资源的自然积存、自然渗透、自然净化，促进城市持续健康发展。在综合解决城市雨洪与水资源问题的同时，还希望运用"海绵+"主动强化海绵城市建设附加的生态效益、社会效益等边际效益，并提出其在生态、社会、文化等方面的应用策略，希望在解决城市水问题的同时，实现社会-生态系统的整体协同进化和真正和谐的人水关系。

　　全球范围的气候变化造成的极端天气日益频繁，同时快速发展的城市化建设导致城市土地下垫面状况大幅度改变，对城市自然水循环系统造成巨大的冲击。频发的城市内涝、水环境污染严重、水资源短缺等生态灾害已成为中国城市的普遍问题，严重制约了城市的健康发展。2014年10月住建部发布的《海绵城市建设技术指南——低影响开发雨水系统构建(试行)》标志着国内海绵城市建设热潮正式展开。该指南中提出海绵城市的建设途径主要有保护城市原有生态系统、恢复和修复受损的生态环境、低影响开发。根据这一原则，海绵城市建设本应是从顶层设计到具体项目的层层落实，但在实际的设计与实施过程中，却出现规划衔接不合理、实际实施与目标脱节等问题。很多具体项目缺乏统筹协调与全盘规划，单个项目的海绵目标没有统筹在更大尺度的区域海绵目标之下，而是各行其是，"为了海绵而海绵"。此外，海绵城市建设伴随着大量人、财、物等资源的投入，而目标的指向却较为单一，通常关注的是年径流总量控制率、年径流污染控制率等纯技术性的指标，而建设对相关区域带来的生态效益、社会效益、环境改善和空间品质的提升等方面却基本没有考虑。在建设海绵城市时，如何在满足其城市排水防涝及径流污染防治目标的同时，带来更多的生态效益和社会效益，更好地利用有限的资金与资源，促进城市发展，是值得深入思考的课题。

第一节　雨洪管理与海绵城市

国内学术界首次提出海绵城市的概念，是在 2012 年 4 月举行的"2012 低碳城市与区域发展科技论坛"上（车生泉 等，2015）。这是针对城市雨洪灾害和水污染问题已成为制约我国城市发展的核心问题而提出的。海绵城市建设本质是通过降低雨水的产汇流，恢复城市原始的水文生态特征，使其地表径流尽可能达到开发前的自然状态（章林伟，2015）。

在国外并没有海绵城市的提法，相应的领域称为雨洪管理。现代雨洪管理体系的核心就是模拟自然，从峰值、径流总量、峰现时间、水质、生态系统等不同层面进行调控，改变以"排"为单一目标的传统模式，合理构建城市排水防涝及径流污染防治体系，同时实现地下水补充、生态景观营造、雨水资源化利用等目标，修复传统快排模式所破坏的降水—下渗—径流—滞蓄—蒸腾（发）自然水文循环链（车伍 等，2014）。这些成果可以为我国的海绵城市建设提供内容目标、技术方法、构建途径和实施策略等方面的借鉴，对我国海绵城市的构建具有积极的现实意义（车生泉 等，2015）。

一、国外雨洪管理理论与方法

西方发达国家在城市水资源利用管理方面的实践起步较早，先后提出了低影响开发技术、水敏性城市设计、水资源综合管理等理念，已在城市规划设计中得到了很好的应用（廖朝轩 等，2016）。目前比较成熟的相关理论基础与具体技术方法体系主要来源于美国、澳大利亚、英国、德国等（表 10.1）。

表 10.1　国外雨水管理理念与技术方法

国家和地区	时间	方法	尺度	目标及实施措施
美国	1987 年	最佳管理措施	宏观	涵盖雨洪控制、土壤冲蚀控制及非点源污染源的削减与控制等雨水综合管理决策体系，更强调与自然生态结合的生态设计和非工程性管理措施
美国	1990 年	低影响开发技术	微观	强调在降雨时尽可能通过储存、渗透、蒸发、过滤、净化及滞留等多种雨水控制技术，将城市开发后的雨水排出状态恢复至接近城市开发前的状态
日本	1980 年	雨水驻留渗透计划	微观	正式将透水地面、渗塘及雨水渗沟作为城市总体规划的组成部分，要求新建和改建的大型公共建筑群区必须设计雨水就地下渗设施
日本	1992 年	健全水循环体系	宏观	综观整个流域，描述在城市范围内如何储存雨水、渗透雨水和培养城市保水性功能，提高水资源利用效率
德国	1980 年	雨水的收集与利用研究和技术应用	微观	强调"排水量零增长"，对新建或者改建开发区，要求开发后的降雨径流必须经过处理达标后才允许排放。仅 20 世纪 90 年代，德国投入使用的小型分散型雨水收集利用装置就超过 10 万座，雨水积蓄使用量大于 60 万 m³
澳大利亚	20 世纪 90 年代末	水敏性城市设计	综合	从城市规划与设施设计的角度呈现雨水管理的重要性，并把城市水循环视为一个整体，将自来水、污水、雨水排放作为城市水循环的构成要素来综合考虑和管理
英国	2004 年	可持续城市排水系统	综合	将环境与社会因素纳入城市排水体制及排水系统中，综合考虑水量、水质、污废水及回收再利用、小区参与、经济发展、自然生态保育、景观设计及生态价值，通过综合措施来改善城市整体水循环
欧美	20 世纪 90 年代	绿色基础设施	综合	在城市开发和土地利用中，利用自然环境中植被等的防灾和水质净化等功能，致力于雨水储存渗透设施、低洼地、人工湿地等基础设施的建设

　　从表 10.1 可以看出，现代雨洪管理体系的核心目标是构建城市良性水文循环，但它们也有各自的局限和不足。例如，最佳管理措施就存在投入大、效率低、实施困难等问题，而且作为一种相对集中的末端处理方式，对雨水的系统问题解决能力有限。又如，低影响开发技术在场地尺度从源头进行控制，主要针对中小降雨事件，但对流域大暴雨事件的峰流量控制能力就十分有限。

　　不同的气候条件、年降雨量、雨型等对雨水管理的要求各不相同。因此海绵城市建设在借鉴国外先进雨洪管理经验的同时，必须遵循因地制宜的原则。此外，从国外的先进雨洪管理经验中，可以认识到与非点源污染和水环境保护，以及与洪涝控制相关的法律法规的颁布和实施，包括一些奖励政策等，是整个雨洪管理体系得以有效实施的保障，这也提示了我们在海绵城市建设中健全组织机构、强化规划管控与落实、出台相关法律法规的重要性。

二、国内海绵城市建设研究进展

　　梳理国内近年来对海绵城市建设的研究，可以发现从 2012 年"海绵城市"这一概念正式在学术界提出，到 2014 年《海绵城市建设技术指南——低影响开发雨水系统构建（试行）》发布，再到海绵城市建设活动在全国范围内铺开，相关研究也呈现出一定的阶段性。

　　早在海绵城市的概念提出之前，学术界已就相关问题展开了研究，这段时间相关的研究都使用的是雨洪管理这一关键词，研究聚焦于介绍国外发达国家先进的雨洪管理体系、发展历程及其对我国的启示，车伍等（2009；2014）、张丹明（2010）、赵晶（2012）、廖朝轩等（2016）通过对美国城市雨洪管理的演变历程、发达国家典型雨洪管理体系的发展进行剖析后，介绍发达国家在雨洪管理方面的先进理念与技术，并借鉴国外的成功案例，希望为解决我国城市化过程中暴露的水资源、水环境和生态方面的问题提供相应的思考、启示与策略。

　　随着国家层面对海绵城市建设开始重视以及《海绵城市建设技术指南——低影响开发雨水系统构建（试行）》发布影响，对海绵城市概念分析及概述、理论与内涵解读、实施途径与策略方面论述的研究如雨后春笋般纷纷涌现，相关文献的发表时间主要集中在 2015 年。包括对海绵城市内涵的剖析、实施途径探索与展望（仇保兴，2015；章林伟，2015；车伍 等，2015）；俞孔坚等（2015）、俞孔坚（2015；2016）基于生态系统服务、景观安全格局等理论阐述了海绵城市概念的源起、发展、内涵和构建方法体系，提出了消纳、减速与适应的三大关键策略；车生泉等（2015）对国外发达国家的雨洪管理和技术应用进行了论述，在此基础上，又对海绵城市及其相关理论进行了辨识，结合我国城市建设的特点，提出了适合我国海绵城市建设的发展策略；崔广柏等（2016）探讨了海绵城市与流域控制的相互关系以及流域控制在海绵城市建设中的应用。

随着海绵城市建设在全国各地城市的开展，2016年以来主要的研究集中在海绵城市建设实践与技术实施方面，其中又可分为城市与场地两种尺度。在城市尺度上，研究从总体规划（张伟 等，2016；姜勇，2016；郭志刚 等，2016）、城市绿地与生态系统（胡楠 等，2015；李方正 等，2016；陈灵凤，2016；张嫣和裘鸿菲，2017；张云路 等，2018）、控制性规划和详细规划（吕伟娅 等，2015；魏婷，2016；张亮，2016）、规划技术方法（邢忠 等，2015；赵江，2015；戴慎志，2017）、城市形态（翟宝辉，2016；丁金华和王梦雨，2016；汪洁琼和刘滨谊，2017）等方面展开。在场地尺度上，研究包括雨洪管理景观化实践（刘家琳和张建林，2015；杨冬冬 等，2017）、场地雨水消纳、调蓄与利用（邹宇 等，2015；池方爱和管斌君，2016；赖文波 等，2017；于冰沁 等，2017）、下凹绿地、雨水花园与绿色屋顶（强健，2015；臧洋飞 等，2016；殷利华和赵寒雪，2017；王红兵 等，2017）等。

从研究时序上看，海绵城市建设的相关研究正在从启蒙、概述到策略研究，向深化、细化的方向发展，这与目前海绵城市建设的推进时序是一致的。但现阶段的研究或偏重区域、流域宏观尺度的对策研究，所提出的调控建议可操作性、落地性不强，关于顶层规划如何保证实施并与下一级规划衔接，最终落实到场地实施尺度上的自上而下的管控方式从理论上和实践上都比较缺乏；或限于小尺度的工程设施技术探讨，但从源头控制开始的自下而上的技术方法也普遍缺乏与上一级尺度区域联系方面的研究，从而使海绵城市建设的相关技术手段由于统筹缺失而导致分散、低效，难以达到预期效果。对于海绵城市建设的多尺度理论、方法与技术体系的系统研究仍然比较缺乏。此外，在海绵城市建设中关于如何实现社会-生态系统的整体协同进化，几乎是研究的盲点。

第二节　海绵城市实施中的一般问题

作为兼顾水循环的持续性雨水管理策略，海绵城市的建设指标包括雨水径流和非点源污染物的控制、雨水资源利用、洪峰流量控制等，目标是实现健全的水文循环、健康的生态系统、可持续的城市景观等。掌握这些指标及其相互间的关系，建设城市雨水综合管理体系，是海绵城市建设的主要内容。

全国各地建设海绵城市的过程中都不同程度地存在水环境、水安全等方面的问题，需要相应的解决策略与技术。在此过程中，也出现了不少过热与偏差的情况，导致实际与预期效果产生了较大的偏差。

一、什么是"+海绵"

由于地方政府对海绵城市建设工作的重视，各省、重点城市纷纷出台了《XX 省/市海绵城市规划导则》《XX 省/市海绵城市建设技术导则》等指导性文件。但在较大尺度的实际项目中，尤其是一般由政府主导的城市新区开发项目中，海绵城市建设往往呈现出研究与实践脱节、执行实施难以到位、后期监管和验收指标与程序不清晰、结果难以评估等问题，或者先定开发建设和道路用地，再来确定生态绿地、海绵设施用地等现象。

而在其他较小尺度的建设项目中，尤其是房地产开发项目，由于开发周期较长，对相关政策反应滞后等因素，通常出现先确定建筑基底位置，再利用剩余的空间来安排海绵设施的情况；或者纯粹为了满足报批等目的，不考虑场地具体情况，生硬地在不适宜的场地上安插海绵设施等。这些把海绵建设考虑在项目规划设计后期的情况可以称为"+海绵"。

二、问题所在

"+海绵"的弊端是显而易见的：不尊重基地自然地形及其与周围环境的关系，而是通过换土、大量接管网、修建工程性设施等方式来被动地满足所谓的海绵建设指标，不仅不符合场地本身的水文规律，还大幅度地增加了工程施工造价；后期的使用维护费用也需持续投入并花费巨大，并面临着清淤、疏浚、设施效能衰减等多方面的问题。因此"+海绵"是既不符合自然规律又与海绵城市建设初衷相悖的，体现在以下几个方面。

(1)海绵城市建设表面上要解决的是水的问题，但实际上水问题的产生不仅仅是水生态系统整体功能的失调，更是整个环境生态系统的失调。城市及其以上区域尺度的生态系统格局是城市发展的刚性骨架，必须优先进行识别、保护和修复，才能真正实现海绵城市建设的预期目标，而不应该只聚焦于城市内部，忽略城市与其所在流域之间的相互影响(颜文涛　等，2016)；更不能只着眼于项目本身，"头痛医头，脚痛医脚"。

(2)生态工程的实质是要以尽可能小的物理空间容纳尽可能多的生态功能，以尽可能小的生态代价换取尽可能高的经济效益(翟宝辉，2016)。作为生态化城市雨洪管理系统，海绵城市建设本来是不应该增加额外投资的，但大量换土、增加管网等工程性措施大大增加了项目建设的投资与造价，造成了浪费。

(3)多数地产开发项目往往只着眼于场地内部的径流控制指标(如年径流总量控制率等单一的调控目标)，而忽视了场地与周边更大尺度区域的水文与生态系统联系，包括区域内竖向关系、水系网络整体走向、地下水及基流补充等，因此并不是顺应自然的、生态的。

(4)城市雨洪管控是一个能长效应对雨洪的、具有弹性、能自我调适并与雨洪过程相适应的系统，而现阶段的大多数海绵设施只具有短期效果，后期还需不断地投入与管理，效能衰减也是十分严重而突出的问题，因此具有短暂性和不可持续性。

第三节　生态化雨洪调控系统——"海绵+"

从上述弊端可以看出，海绵城市建设必须以生态化为目标，从大尺度着眼、小尺度着手，采取更为务实的策略与措施，不能"为了海绵而海绵"。笔者因此提出"海绵+"策略，即以建设生态化雨洪调控系统为出发点，主动强化其附加的生态效益、社会效益等，即增强海绵城市建设的边际效益。

一、"海绵+"的附加生态效益

海绵城市建设要解决的是城市水安全、水环境与水生态的问题，它并不是局限于城市内部，而是跨尺度、跨地域、互为关联的系统性问题。"海绵+"作为在此理念指导下的生态化雨洪调控系统，是针对区域水生态系统的多目标调控，关注的是整体的水循环系统，从微观的场地尺度到中观的城市尺度，再到流域尺度。流域是一个完整的天然集水单元，它与城市是总体和个体的关系，流域控制是指以构建海绵城市外围保障为目标，统筹考虑解决城市外围流域内防洪安全、水资源、水环境、水生态等问题，是海绵城市建设的基础与支撑条件，也是实现城市在雨水面前收放自如的关键（崔广柏 等，2016）。但当前大多数海绵城市建设实践都局限于城市或研究区内部，缺乏内部与外部流域的统筹协调，忽略了城市与所在流域之间的相互影响。"海绵+"策略认为海绵城市规划与建设需要扩大到流域尺度，积极通过小流域综合治理，河湖水系、湿地等疏通、优化调蓄，根据具体情况有限度地建设中小型水利工程进行调控等措施，实现整个流域水生态系统的优化和生态效益的最大化。

各种水问题的产生源于水生态系统整体功能的失调，而水生态系统与其所处的整体生态系统是不可分割的。因此解决水问题的出路不在于河道与水体本身，而在于水体之外的环境（俞孔坚，2016），流域范围内的山体、林地、湿地、坑塘、河漫滩等是水源的重要涵养地，是自然水循环中不可缺少的环节。"海绵+"策略要求对这些水敏感的生态斑块严加识别和保护，并通过生态廊道构建、蓝线和绿线的保护和控制、水生态环境修复等措施保护和修复区域的自然水循环，强化区域内包括水生态系统在内的整体生态系统效益。

二、"海绵+"的附加社会效益

生态工程是由人主动设计、参与、建造，最后服务于人及人类社会。人与人类社会作为设计主体和受益主体，在生态工程中的作用与地位不言而喻。"海绵+"策略除关注自然生态系统的问题外，还重视与人类生态系统的协同进化。

"海绵+"策略希望解决的不仅是城市排水、防洪的问题，而且在此基础上综合考虑绿色基础设施设计、城市规划与景观设计、道路排水、河道及河岸带生态环境等，修复、模拟自然水循环过程，通过海绵城市的建设过程，切实提升城市品质，实现城市发展与自然水环境和谐共赢。由于顶层规划远离人类自身的感知尺度，"海绵+"的附加社会效益更多地体现在城市设计与社区的尺度上。

在城市设计尺度上，"海绵+"关注海绵城市建设与城市生态景观系统规划一体化的思路,将海绵设施视为城市雨洪基础设施的一部分,并成为城市生态景观系统的有机组成部分。在把城市水系、湿地、坑塘洼地、绿地、道路等串联成体系的同时,改造老旧建筑,提升住区品质,增加广场、绿地等城市公共空间,尽量以生态化、非工程性的雨洪基础设施构建替代工程性建造,在解决雨洪问题的同时全面提升城市的景观品质。

全面性的"海绵+"策略从水要素建设管理入手,通过继承和复兴地方水文化内涵,实现对城市历史文化的保护与传承。地方水文化的复兴有利于保护和修复区域生态环境,从而使区域自然水循环得以维持和强化,又反过来带动相关雨洪基础设施和绿色基础设施的建设与实施。

"海绵+"策略与人类生态系统的协同进化主要从公众教育和公众参与两个方面介入。公众教育可以提高公众对雨洪危害和雨洪基础设施作用的认知度,以及对雨洪基础设施景观的理解力、鉴赏力和接受度。同时要保障公众参与,使专家意见与群众需要相结合,从而让落地的方案满足多方面的需求。公众教育与公众参与的结合更有利于把雨洪管理设施的设计、使用和管理内化为公众意识和行为的一部分,使雨洪管理具备良好的群众基础和社区参与度。

第四节　生态化雨洪调控系统的策略运用

"海绵+"策略可以在区域及流域、城市、社区及场地三个不同的层级实现,涉及绿色基础设施建设、生态恢复和修复、低影响开发等规划方法与技术。在区域及流域尺度上整体把控水系统空间格局的前提下,在城市尺度上,海绵城市建设需要保留、重建和修复足够涵养水源、应对较大强度降雨的城市自然生态系统用地,如水系、草地、湖泊、湿地等水生态敏感区,保护和修复城市海绵体;在社区及场地尺度上,对应的是一系列的海绵设施建设技术集成,包括公园、绿地、广场、道路、住区、坑塘、沟渠等水体形成的具体的海绵体,通过一定的景观设计方法,让水系统的生态功能发挥出来,提升空间在视觉和生态环境方面的品质。

一、"海绵+"生态的策略应用

海绵城市建设的核心是构建跨尺度的水生态基础设施，综合地解决城市在水安全、水环境、水生态等方面的问题，包括构建区域性的城市防洪体系，防止城市内涝；治理污染，净化水质，提升水环境；保护生物多样性，恢复与保育生物栖息地；补充地下水，维持自然的水文循环与生态过程等。从水生态系统构建出发实现对城市整体生态系统的保护与重建，以期为城市提供持久的生态效益。

城市河湖湿地水系是城市生态系统重要的组成部分，也是海绵城市建设在城市尺度上最基本的骨架。保护城市原有水生态系统、修复受损部分，是城市生态修复的重要工作，同时也是"海绵+"的目标之一。

城市水系网络是海绵城市的重要组成部分。城市河、湖、湿地等水体本身不仅是为水生态系统服务，其所承载的生态服务功能更是对城市生态系统意义重大，并与流域内其他土地利用和各类景观要素相联系。"海绵+"策略以修复自然水循环为总目标，通过科学合理地划定城市的蓝线、绿线等开发边界和保护区域，最大限度地保护原有河流、湖泊、湿地、坑塘、洼地、沟渠、林地等生态体系，保护及修复原有水生态系统，维持城市开发前的自然水文特征。

由于产汇流的变化使城市地区降水—径流过程不同于天然水系。"海绵+"策略重视河流及其相关流域的生态修复，对传统粗放城市建设模式下已经受到破坏的城市水系网络综合运用物理、生物和生态等的技术手段，使其水文循环特征和生态功能逐步得以恢复和修复。城市河湖湿地水系及其生态廊道的保护与生态修复应具备多功能复合、保持连通性等特点，通过水质、水量、峰值等控制要素综合地修复和构建城市良性水文循环，对传统开发模式打断的降水—下渗—径流—滞蓄—蒸腾循环链进行修复，使城市水生态系统恢复到自然的平衡状态。

水源涵养是养护水资源的一系列举措，以改善水文状况，调节区域水分循环，防止河流、湖泊、水库淤塞，以及保护饮用水水源为主要目的。水源涵养地保护因此与海绵城市建设中(保证饮用)水安全、水资源的目标息息相关。

　　涵养水源主要表现在对降水的截留、吸收和下渗，以及对降水进行时空再分配，减少无效水，增加有效水。绿化是水源涵养的主要技术措施之一。在城市生态修复中，可以通过恢复植被、建设水源涵养区达到控制土壤沙化、减少水土流失的目的。植被素有绿色水库之称，具有涵养水源、调节气候的功效，是促进自然界水分良性循环的有效途径之一。分布在河川上游水源地区的林地对于调节径流，防止水、旱灾害，合理开发、利用水资源具有重要意义。

　　城市开发进程中城市周边的林地、湿地、公园草地等生态系统受到严重的破坏，而城市内部绿地匮乏，残存绿地斑块体量小且相互之间缺乏连通，无法提供足够的水源涵养功能。因此有必要推进生态廊道建设，努力修复被割断的绿地系统，加强城市绿地与外围山水林田湖的连接。"海绵+"策略从水安全、水资源的目标出发，强调保护重要的林地、山头、湿地、公园草地、坑塘等水生态敏感地区，在维持水涵养功能的同时也保护了城市生态系统。

　　在城市的新规划区，现代城市规划与设计提倡注重自然本底，尽可能保留区域内的绿地斑块及其连通廊道。但在城市修补的过程中面对的是业已建成的城市老旧城区，绿地多呈离散的斑块状，且彼此之间缺乏连通廊道。由于城市空间中存在大量不透水的硬质铺地及建筑，绿地作为主要的透水区域，承载着城市中大量的排蓄需求，但离散且缺乏彼此连通的绿地斑块并不能很好地起到城市海绵体的作用。

　　以"海绵+"的理念贯穿城市修补的设计与实施过程，在旧城改造中注意保护与恢复城市自然系统的肌理，尽量使各个离散的绿地斑块重新建立起联系。在改造中拆除老旧建筑新增城市公共空间的情况下，尽可能增加绿地的比例，并与城市存量绿地斑块相结合，共同发挥雨洪调蓄功能。公园绿地调蓄的关键是要控制好蓄滞区域的高程，其总体竖向高程应低于周边改造区域，以决定径流组织的途径，实现对地表径流的控制与导流，使自然径流在重力的影响下由地平高程相对较高的场地向较低的绿地汇流。控制景观用地的竖向标高以用于滞洪和蓄洪等，旧城中的城市绿地、公园、湿地、河湖水面甚至部分较低等级的道路都可以作为重要的海绵蓄排设施。

　　传统的灰色基础设施在旧城中仍占据着重要的地位。在改造条件极为有限的情况下，城市雨洪管理应采取绿色为主、灰绿结合的方式，做到中小雨尽量就地消纳，不外排或少量外排，而在暴雨时管道排水也是不可缺少的部分。

绿色基础设施(green infrastructure，GI)是指互相连接的绿色空间网络，包括自然区域、公共和私人保护土地、具有保存价值的生产土地以及其他保护开放空间。在美国，GI 包含各种天然、恢复再造的生态元素与风景要素(吴伟和付喜娥，2009)。2006 年，英国西北绿色基础设施小组提出 GI 是一种自然环境和绿色空间组成的系统，有五个主要特征：①类型学，组成 GI 的成分类型，可能是自然的、半自然的以及完全人工设计的空间和环境；②功能性，GI 是多功能的，主要体现在整合性与相互影响的程度；③脉络，GI 存在于城市中心、城市边缘、半城市地区到农村及遥远地区等一系列相互关系中；④尺度，GI 的尺度有可能从一棵行道树(邻里尺度)到整个县域到完全的环境资源基础(区域尺度)；⑤连通性，GI 在网络中存在的程度，意味着一个实体连接的网络或功能性连接。在空间上，绿色基础设施是由网络中心(hubs)与连接廊道(links)组成的天然与人工化绿色空间网络系统。GI 中的网络中心和连接廊道包含各种尺度的天然景观和人工景观与生态要素，如绿道、湿地、森林、公园、岸线等(吴伟和付喜娥，2009)。

GI 强调与城市规划、景观设计、生态等多学科的结合和跨专业应用，在"海绵+"视角下的 GI 可以包括一些更大规模的设施或方法(如景观水体、绿色廊道、大型湿地等)，并应用在多尺度场地/区域规划或设计中，控制不同频率的降雨，替代更多传统排水或灰色调蓄设施的使用，进而更有效地实现暴雨控制以及对自然水文条件、生态系统的保护或修复等综合目标(车伍 等，2014)。

二、"海绵+"社会的策略应用

海绵城市建设关注的主要是技术目标，如一些技术指标的达成等，公平正义等社会目标往往在海绵城市建设中并不受关注。但海绵城市建设实践是面向高密度城市地区的，因此客观上存在社会主体的意见表达，而"海绵+"策略在关注技术目标的同时也关注这些社会需求。

老旧城区的环境品质改善与提升是"海绵+"策略关注的重点之一。城市旧城区一般管网标准偏低，城市绿地也相对较少，同时由于河湖等水面逐步被侵占，存在较大的内涝风险，因此亟待进行海绵城市建设与改造。在现有条件下，以尽可能小的投入尽可能大地改造老旧建筑及其附属的环境空间，提高市政基础设施条件与服务能力，提升城市品质。

老旧城区多数环境狭窄，配套设施不足且陈旧老化，绿化及植被等杂乱且缺乏维护，停车位严重不足，公共空间匮乏且品质不高，问题众多但又达不到拆迁或重建的条件，因此宜采取有机修补、有序更新的方法。城市整体的水安全问题也同样困扰着老旧城区，尤为突出的是内涝问题。

"海绵+"策略以解决老城区内涝问题为切入点，同时兼顾建筑节能改造、配套设施的完善与环境质量的整体提升，解决老城区居民对环境、设施等方面的社会需求。整合现状绿地，因地制宜地设计低影响开发设施，根据场地的地形、土壤、植被、径流等特征，将原有绿地规划为滞留池、小型湿地、过滤塘、植草沟、下凹绿地、雨水花园等，使老城区绿地数量增加，景观多样并富于变化，削减并净化雨水径流，部分雨水滞留在生态滞留塘或小型湿地中，水体在水生植物的生化作用下持续得到净化，既减少了场地雨水的外排，又创造了美好的景观。结合小区道路与车行道，规划更多停车场地，采用透水铺装，既保证了上车面的强度，也不妨碍雨水的下渗。建造屋顶花园是建筑节能的重要措施，有助于调节建筑室内温度。屋顶花园利用植物及其生长介质蓄积和截留降水，降低暴雨径流量，减少不透水地面排水汇集流量，从而降低排水管网压力。通过屋顶花园吸纳与净化后的雨水，再通过连接管道进行集中收集，可作为小区景观补水、灌溉、冲洗等各项生活用水，既减缓了暴雨径流，又高效合理地利用了水资源。

三、"海绵+"文化的策略应用

城市水文化是人们在从事水务活动中创造的以水为载体的各种文化现象的智慧结晶，包含对城市治水、管水、用水和护水的经验总结，即反映水与城市、水与人之间关系的文化(李俊奇和吴婷，2018)。它主要由三个层面的文化要素构成：一是物质形态的文化，如被改造的，具有人文烙印的水利工程、水工技术、治水工具等；二是制度形态的文化，如以水为载体的风俗习惯、宗教仪式、社会关系及社会组织、法律法规等；

三是精神形态的文化，如对水的认识、有关水的价值观念、与水有关的文化心理等(陈雷，2009)。

在水文化的物质形态层面，我们的祖先在之前几百年乃至几千年的城建史上，早已创造出无数造福万代的雨洪管理工程，如四川成都都江堰、江西赣州福寿沟、安徽黄山市宏村等，其中许多至今还在发挥作用。在历史上，这些地区极少有水患发生，这是源于祖先们尊重和顺应自然的治水理念、治水技术与工程哲学，在区域防洪排涝、调蓄灌溉和生态环境保护等方面发挥了重要作用，这与当代海绵城市的建设理念、思路与目标等高度一致。"海绵+"策略重视城市水文化遗产的保护和研究工作，大到城市形态，小到具体的工程技术措施，对古代水利工程加以科学保护与合理利用，继承和发展古代水利科学与传统河工技术，以此继承和复兴地方水文化内涵，同时带动与水文化相关的绿色基础设施的建设实施，达到整体提升城市生态系统服务功能的综合目标(颜文涛 等，2016)。

在水文化的制度和精神形态层面，"海绵+"关注的是整体的水资源管理。联合国教科文组织总干事松浦晃一郎在2006年世界水论坛大会上指出，现代的水资源管理方式一直倾向于完全从技术的角度去解决世界紧迫的水问题，但要实现公正和稳定的可持续发展，水资源管理与治理就需要充分考虑文化与生物的多样性。因此在海绵城市建设过程中要注意结合具体的工程技术手段和措施对民众进行科普教育，传播和弘扬水文化，提升水文化的社会影响力，促进全社会水知识的普及、水意识的增强和水观念的转变，引导社会建立人水和谐的生产生活方式(陈雷，2009)。将水文化内化为理想信念、价值观念、道德规范等思维方式和行为方式的进步，同时以合理的法律法规、规章制度等引导和鼓励符合水文化价值观的行为。

第五节　延伸讨论与思考

海绵城市建设解决的是城市在水安全、水生态、水环境等方面的问题，既有短期收效的刚性要求，也有城市未来应对雨洪问题的长期性目标。国内目前关于海绵城市建设的研究更关注工程技术方面的趋势，包括输送及排水管道，甚至是地下涵洞等持续的工程建设，较关注末端黑臭水体、水污染治理项目等。社会公平正义等社会效益方面的目标，被认为不是海绵城市建设的主要目标，因此，在已实施的众多的海绵城市建设实践中几乎没有考虑。

　　"海绵+"理念除强调让海绵城市建设回到以生态化为主，实现雨洪/雨水资源的自然积存、自然渗透、自然净化，促进城市持续健康发展的初衷外，还希望能主动强化海绵城市建设的生态效益、社会效益等综合效益。

　　在生态效益方面，大多数海绵城市建设实践都局限于城市内部，"海绵+"则是跨尺度的生态化雨洪调控系统，是针对区域水生态系统的多目标调控，关注的是区域整体的水生态系统优化，也就是"海绵+"理念所强调的区域生态效益。在社会效益方面，海绵城市建设通常只关注技术目标(即雨洪管理目标)，并不太关注社会需求。但城市雨洪管理实践面向的是高密度城区的居民需求，尤其在城市旧城区。因此，雨洪管理实践空间在客观上存在社会主体的意见表达(如镇江华润新村的海绵城市景观改造示范项目)，这些社会需求将影响该项行动。"海绵+"不仅解决内涝、排水等问题，改善社区居住条件，提升环境品质，同时更关注社会需求，从继承和复兴地方水文化、公众教育和公众参与等方面介入，把雨洪管理实践内化为公众意识和行为的一部分，实现其附加的社会效益。

　　"海绵+"与城市双修的结合有助于实现相关城市建设的多赢。与生态修复结合的"海绵+"在大、中尺度上修复和保护城市河湖湿地水系网络，保护水源涵养区，有助于构建城市的水生态基础设施，为城市提供持久的生态效益。与城市修补结合的"海绵+"重点在于中、小尺度上的城市生态系统空间结构肌理修补与改善，在消纳雨洪的同时也增加了城市绿地与公共空间，提升环境空间品质，在实现生态效益的同时也实现了社会效益。老旧小区的海绵改造则是在解决内涝问题的同时，全面改善老旧小区周边环境的痼疾，包括设施配套不足、绿化杂乱零散、公共空间严重不足等问题，同时还在居民中宣传了海绵城市及其生态理念，成为一个科普教育的窗口，全方位、多层次地实现了其社会效益。因此，"海绵+"不仅是综合解决城市雨洪与水资源问题的策略，其与城市双修相结合还可以将其效益最大化，有助于实现社会-生态系统的整体协同进化。

参 考 文 献

车生泉, 谢长坤, 陈丹, 等, 2015. 海绵城市理论与技术发展沿革及构建途径[J].中国园林, 31(6):11-15.

车伍, 吕放放, 李俊奇, 等, 2009. 发达国家典型雨洪管理体系及启示[J].中国给水排水, 25(20): 12-17.

车伍, 闫攀, 赵杨, 等, 2014. 国际现代雨洪管理体系的发展及剖析[J].中国给水排水, 30(18): 45-51.

车伍, 赵杨, 李俊奇, 等, 2015. 海绵城市建设指南解读之基本概念与综合目标[J].中国给水排水, 31(8):1-5.

陈雷, 2009. 弘扬和发展先进水文化促进传统水利向现代水利转变[J].中国水利(22):17-22.

陈灵凤, 2016. 海绵城市理论下的山地城市水系规划路径探索[J]. 城市规划, 40(3):95-102.

池方爱,管斌君, 2016. 海绵体视野下斯宅村千柱屋雨水蓄排系统[J].中国园林, 32(10): 110-115.

崔广柏, 张其成, 湛忠宇, 等, 2016. 海绵城市建设研究进展与若干问题探讨[J].水资源保护, 32(2):1-4.

戴慎志, 2017. 高地下水位城市的海绵城市规划建设策略研究[J]. 城市规划, 41(2):57-59.

丁金华, 王梦雨, 2016. 水网乡村绿色基础设施网络规划——以黎里镇西片区为例[J].中国园林, 32(1):98-102.

郭志刚, 刘伟, 周欣, 等, 2016.以水环境为导向的城市空间规划及实施方法研究——天津滨海新区法定规划中的实践[J].中国园林, 32(11):68-73.

胡楠, 李雄, 戈晓宇, 2015.因水而变——从城市绿地系统视角谈对海绵城市体系的理性认知[J].中国园林, 31(6): 21-25.

姜勇, 2016. 武汉市海绵城市规划设计导则编制技术难点探讨[J].城市规划, 40(3):103-107.

赖文波, 蒋璐, 彭坤焘, 2017. 培育城市的海绵细胞——以日本城市"雨庭"为例[J]. 中国园林, 33(1): 66-71.

李方正, 胡楠, 李雄, 等, 2016. 海绵城市建设背景下的城市绿地系统规划响应研究[J].城市发展研究, 23(7):39-45.

李俊奇, 吴婷, 2018. 基于水文化传承的湖州市海绵城市建设规划探讨[J]. 规划师, 34(4):63-68.

廖朝轩, 高爱国, 黄恩浩, 2016. 国外雨水管理对我国海绵城市建设的启示[J].水资源保护, 32(1):42-45.

刘家琳, 张建林, 2015. 波特兰雨洪管理景观基础设施实践调
    查研究[J].中国园林, 31(8):94-99.

吕伟娅, 管益龙, 张金戈, 2015. 绿色生态城区海绵城市建设规
    划设计思路探讨[J].中国园林, 31(6):16-20.

强健, 2015. 北京推进集雨型城市绿地建设的研究与实践[J].中
    国园林, 31(6):5-10.

仇保兴, 2015. 海绵城市(LID)的内涵、途径与展望[J]. 建设科
    技, 1(3): 11-18.

汪洁琼, 刘滨谊, 2017. 基于水生态系统服务效能机理的江南
    水网空间形态重构[J]. 中国园林, 33(10):68-73.

王红兵, 谷世松, 秦俊, 等, 2017. 基于多因素的屋顶绿化蓄截
    雨水效果可比性研究进展[J].中国园林, 33(9):124-128.

魏婷, 2016. 应对不同降雨的海绵城市规划方法探讨——以成
    都市双流县城市拓展区控制性详细规划为例[J].城市规划,
    40(3): 83-88, 107.

吴伟, 付喜娥, 2009. 绿色基础设施概念及其研究进展综述[J].
    国际城市规划, 24(5):67-71.

邢忠, 余俏, 靳桥, 2015. 低环境影响规划设计技术方法研
    究[J].中国园林, 31(6): 51-56.

颜文涛, 王云才, 象伟宁, 2016. 城市雨洪管理实践需要生态实
    践智慧的引导[J]. 生态学报, 36(16):4926-4928.

杨冬冬, 曹磊, 赵新, 2017.灰绿基础设施耦合的"海绵系统"示
    范基地构建——天津大学阅读体验舱景观规划设计[J]. 中
    国园林, 33(9):61-66.

殷利华, 赵寒雪, 2017.雨水花园构造及填料去污性能研究
    综述[J].中国园林, 33(5):106-111.

于冰沁, 车生泉, 严巍, 等, 2017.上海城市现状绿地雨洪调蓄
    能力评估研究[J].中国园林, 33(3):62-66.

俞孔坚, 2015. 海绵城市的三大关键策略：消纳、减速与适应[J].
    南方建筑(3): 4-7.

俞孔坚, 2016. 论生态治水："海绵城市"与"海绵国土"[J]. 人
    民论坛·学术前沿(109): 4-18.

俞孔坚, 李迪华, 袁弘, 等, 2015. "海绵城市"理论与实践[J].
    城市规划, 39(6): 26-36.

臧洋飞,陈舒,车生泉, 2016.上海地区雨水花园结构对降雨径流

水文特征的影响[J].中国园林, 32(4):79-84.

翟宝辉, 2016. 从"城市内涝"到"海绵城市"引发的生态学思考[J].生态学报, 36(16):4949-4951.

张丹明, 2010. 美国城市雨洪管理的演变及其对我国的启示[J]. 国际城市规划, 25(6):83-86.

张亮, 2016. 西北地区海绵城市建设路径探索——以西咸新区为例[J].城市规划, 40(3):108-112.

张伟, 王家卓, 车晗, 等, 2016.海绵城市总体规划经验探索——以南宁市为例[J]. 城市规划, 40(8):44-52.

张嫣, 裘鸿菲, 2017. 基于雨水调蓄的武汉中心城区湖泊公园布局调控策略研究[J].中国园林, 33(9):104-109.

张云路, 李雄, 邵明, 等, 2018. 基于城市绿地系统优化的绿地雨洪管理规划研究——以通辽市为例[J].城市发展研究, 25(1):97-102.

章林伟, 2015. 海绵城市建设概论[J].给水排水, 41(6):1-7.

赵江, 2015. 海绵城市建设背景下的城市内涝防治探索——以镇江市为例[J]. 园林(7):26-31.

赵晶, 2012. 城市化背景下的可持续雨洪管理[J].国际城市规划, 27(2):114-119.

邹宇, 许乙青, 邱灿红, 2015. 南方多雨地区海绵城市建设研究——以湖南省宁乡县为例[J].经济地理, 35(9):65-71.

第十一章　绿色基础设施的洪水调节服务

　　绿色基础设施可提供高效且可获取的洪水调节服务，其供需测度是提升服务水平的基础与前提，可为城市土地利用与绿色基础设施规划提供决策依据。本章以绿色基础设施的洪水调节服务供需为研究对象，梳理绿色基础设施的洪水调节服务供需的概念内涵、主体构成和尺度关系；回顾绿色基础设施的洪水调节服务供需测度方法，包括土地利用测度法、生态系统测度法和洪水调蓄模型法等供应水平测度方法，以及风险评估法、洪水淹没模型法和经济损失法等需求水平测度方法；基于生态系统服务的供需关系，构建绿色基础设施的洪水调节服务供需分析框架，通过供需数量均衡和空间匹配将供需关系分为四种情景，以及对应服务动态平衡、调整服务供需水平和服务流动机制三种调控手段；从服务测度重点、动态变化分析、供需阈值效能、服务流动机制四个方面提出未来的研究方向，以期对绿色基础设施规划研究及生态系统服务管理和决策研究有所启示。

　　绿色基础设施通过截留、调蓄、下渗等功能可在减少径流、降低洪峰峰值、缩短洪峰持续时间等方面提供洪水调节服务（Andréassian，2004）。然而洪水调节服务的供应与需求，在时间和空间上具有很强的分异性，且供需空间之间存在耦合关系（Costanza，2008；Fisher et al.，2009）。服务供需测度有助于管理者和决策者充分理解生态系统服务供应和需求之间的差异、数量、规模和动态的互动关系（Castro et al.，2014），强化生态系统服务与人类福祉之间相互作用的理解，促进对生态系统和社会经济系统之间相互作用机制的进一步探索（Geijzendorffer et al.，2015），从而科学合理地进行生态系统服务管理，为城市土地利用规划（傅伯杰和张立伟，2014；颜文涛 等，2017）、绿色基础设施规划（Vallecillo et al.，2018）、景观规划（de Groot et al.，2010；Baró et al.，2016）、灾害管理（Pártl et al.，2017）、流域规划(Castro et al.，2016)、生物多样性规划(Lähtinen et al.，2016)等提供有效的工具。

第一节　绿色基础设施的洪水调节服务的供应与需求

传统研究从经济价值角度测度生态系统服务(Costanza et al.，1998)，侧重于生态系统服务的供应能力(Burkhard et al.，2012)。随着对生态系统服务的进一步认识，许多学者逐渐将研究扩展到生态系统服务的供应与需求过程，从服务供应能力扩展至服务价值与需求取向(Ritzema et al.，2016)，研究涉及各个尺度、不同目标和多个对象。基于已有研究解析绿色基础设施的洪水调节服务的供应和需求的概念内涵、主体构成和尺度关系，有利于理解和优化服务供需测度方法。

一、绿色基础设施的洪水调节服务供需的概念内涵

绿色基础设施在不同尺度上具有不同的生态系统服务功能与服务水平，区域尺度的绿色基础设施是指相互连接的绿色空间网络，包括水系、湿地、森林、野生动物栖息地等自然区域，大型绿道、公园、风景名胜区等生态保护用地，具有生态价值的已开发用地，以及其他大型绿色开放空间等(Benedict and McMahon，2006)。城市和社区尺度的绿色基础设施是指城市公园绿地、雨水花园、渗透沟渠、雨水湿塘、雨水储存设施、可渗透铺装、屋顶绿化等(邹锦 等，2014；张炜 等，2017)。目前研究多以区域尺度的绿色基础设施为研究对象，也有少数研究测度城市尺度绿色基础设施的洪水调节功能。

生态系统服务供应(supply)是指在生物物理属性、生态功能和特定时空的社会环境特性等要素作用下生态系统提供的可利用的自然资源与服务(Crossman et al.，2013；Villamagna et al.，2013)。由此延伸的绿色基础设施的洪水调节服务供应可定义为通过绿色基础设施的径流调节、水体调蓄、土壤持水与下渗等水文过程，影响洪水频率、强度和持续时间等，对可能造成人类损失的水文现象所发挥的预防、减缓等作用(Groot et al.，

2002；Tallis and Polasky，2009）。从生态系统服务之间的关系看，洪水调节（flood regulation）服务是水调节（water regulation）服务的一部分功能，水调节是生态系统对自然界中水的各种运动变化所发挥的作用（吕一河 等，2015），洪水调节则是生态系统对威胁人类福祉的水文过程所发挥的减缓作用。从服务供应方式看，绿色基础设施的洪水调节服务供应可分为直接调节和间接调节，直接调节是指为人类聚居区汛期多余的水量提供排除通道和储存空间的生态过程，如泄洪通道和调蓄空间；间接调节是指通过绿色基础设施的截留、下渗和蒸腾等生物物理过程，减缓洪水形成的概率和强度。绿色基础设施的洪水调节服务供应不仅受到土地覆盖类型和地形地貌的影响，还受到不同生态系统之间相互作用（Nedkov and Burkhard，2012）的影响，如植被枯落物对土壤持水能力的影响。

　　生态系统服务需求是人类可以从生态系统中获益的前提条件（Haines-Young et al.，2012）。目前学界对洪水调节服务需求的定义尚未统一，但从生态系统服务需求概念的探讨中可以引申其定义。有学者认为生态系统服务需求的概念因服务类型而异，商品服务需求（如许多供应服务和少量文化服务）可以通过消费量或市场价格来衡量，非商品服务（如大多数调节服务、文化服务和支持服务）的需求可以定义为人类生存发展的前提、偏好或愿望（Wei et al.，2017）。洪水调节服务需求是在人类面对水灾危害时产生的一种非商品服务（Castro et al.，2016），获取该类服务的目的是排除水灾危害、保障人类安全，可定义为人类社会对排除威胁其生存发展的需要，既是生存前提也是发展愿望，其本质是需要调节的洪水水量。需注意的是，绿色基础设施的洪水调节服务的需求是指需要通过绿色基础设施的调节的洪水水量，应与通过灰色基础设施调节的水量区分开来。

二、绿色基础设施的洪水调节服务供需的主体构成

　　目前有研究认为生态系统服务的供应包括潜在供应和实际供应。潜在供应反映了生态系统以可持续的方式为人类提供福祉的能力，而不考虑人类是否真正利用这些服务（Martínez-Harms and Balvanera，2012），只需通过生物物理环境和土地覆盖来测算服务供应水平；实际供应则反映了人类最终实际利用的服务量（即消费量），在潜在供应的基础上，还需考虑人类获取服务的

技术途径和管理方法等(严岩 等，2017)。上述研究将潜在供应与实际供应的关系定义为潜在供应包含实际供应。洪水调节服务有一定的定向性和定量性，洪灾管理决策时需要明确生态系统服务供应中的实际可用量。绿色基础设施可通过规划提升自身的供应能力，同时也会因为遭到破坏而失去一部分供应能力，因此实际供应会随技术的发展而变化，潜在供应也会随绿色基础设施状态的变化而变化，甚至会出现潜在供应小于当前实际供应的情况。笔者认为潜在供应为人类通过技术改进后可利用的供应量，与实际供应为耦合关系，因此笔者将洪水调节服务供应构成分为供应总量、实际供应和潜在供应三部分。其中，供应总量为绿色基础设施的可调节的所有水量，包括水源涵养的部分功能；实际供应为实际调节的水量；潜在供应则为供应总量中由于人类技术水平或生态系统承载能力等因素而未利用的服务供应量。将潜在供应和实际供应定义为洪水调节服务中两个互补的部分，可以更透彻地审视绿色基础设施洪水调节服务的当前水平及未来前景，更有效地为洪灾管理和绿色基础设施规划提供决策依据。洪水调节服务只有在下游平原地区存在受益者(人类及其社会系统)时才会发挥作用，许多服务供应主体存在巨大的潜力，绿色基础设施的规划与管理实际上是强化潜在供应转换为实际供应的过程(图 11.1)。

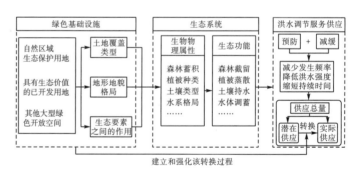

图 11.1　绿色基础设施与洪水调节服务供应的关系

　　根据生态系统服务需求的概念，洪水调节服务需求包括总量需求、实现需求和潜在需求。总量需求是指保证流域内所有人类及其社会生命财产安全所需要排出的洪水总量；实现需求是指当前已经满足需求的部分洪水调节量；由于人类技术水平或生态系统承载能力等因素尚不能满足需求的部分洪水调节量则是潜在需求。需求主体之间存在相互作用和权衡关系，如满足流域上游需求时排出的洪水可能会对下游需求主体造成威胁。另外，需求主体的社会结构和经济水平可以影响服务需求水平。为了更好地理解需求主体之间的关系并制定高效有序的生态系统服务管理决策，在测度洪水调节服务需求水平时，应关注实现需求和总量需求的关系，即需求比(实现需求与总量需求的比值)越小，该区域的生态系统服务需求越强烈(马琳等，2017)，其中总量需求包含实现需求和潜在需求，需要考虑影响人口、社会和经济分布的土地利用等因素的变化趋势。

三、绿色基础设施的洪水调节服务供需的尺度关系

生态系统服务供需匹配(matching)是指在某一时间点，服务供应和服务需求在数量上和空间上的吻合(Baró et al, 2015)。生态系统管理需要关注供应水平与需求水平不匹配的现象，涉及时空尺度关系和数量关系(Geijzendorffer，2015；白杨 等，2017)。作为一种典型的方向性生态系统服务，洪水调节的供应主体与需求主体之间存在明显的时空分异，服务流动(service flow)路径中存在许多社会障碍和自然障碍(Baró et al.，2016)，这是洪水调节服务供需不匹配的主要原因(Serna-Chavez et al.，2014)，并在不同尺度上形成不同的供需关系(图 11.2)。区域尺度上，洪水调节服务供需空间关系多为供应空间与需求空间直接分离，数量关系最常见的表现为潜在供应大于实际供应，且总量需求大于实现需求，即洪水调节服务不充分利用和需求不完全满足同时存在(图 11.3)(马琳 等，2017)。洪水调节服务供需关系研究实际上是关注从供应端到需求端的服务连接过程(生物物理过程和社会经济过程)(Wei et al.，2017)，识别服务流动的关键因素，确定服务流动区域，最终形成服务供需网络并寻求供需平衡。城市尺度上，洪水调节服务供需空间关系经常表现为供需空间相互穿插(城市尺度的需求空间为易淹区域)，数量关系复杂，但总体呈现需求大于供应的关系。

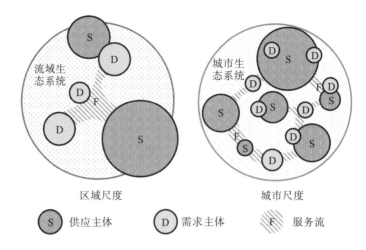

图 11.2　不同尺度洪水调节服务供需的空间关系

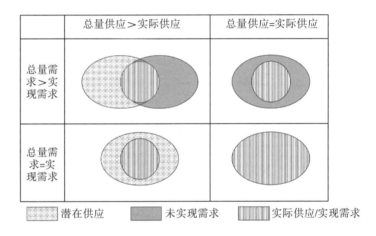

图 11.3　洪水调节服务供需的数量关系

第二节　绿色基础设施的洪水调节服务供应测度方法

　　服务供应测度是评估生态系统状态的重要环节，绿色基础设施的洪水调节服务供应测度方法包括土地利用测度法、生态系统测度法和洪水调蓄模型法。服务测度单元通常是同属性单元，因测度方法而异，如土地利用单元、环境单元(如流域、生境)、行政单元或栅格单元等。

一、土地利用测度法

土地利用测度法是生态系统服务供应水平测度常用的方法，即根据土地利用和土地性质对生态系统服务水平进行快速评价。该方法的原型可追溯至 Costanza 等(1998)提出的生态系统服务价值评价法，由 Burkhard 等(2012)应用于生态系统服务的功能测度。此方法的主要原理为基于研究区土地利用情况，构建土地利用类型-生态系统服务功能矩阵，并组织专家进行价值打分或分级，将各类服务供应评价结果进行数理叠加，形成生态系统服务综合评价(Burkhard et al., 2012; Sohel et al., 2015; 罗静茹 等，2016)。具体步骤如下：①系统划分研究区土地利用类型，详细调研土地利用性质和开发强度等特征，尤其是各类生态系统和生境单元的构成特征；②构建土地利用类型-生态系统服务功能矩阵，将四类生态系统服务展开形成一系列对应生态系统服务功能的评价因子，作为矩阵模型的横列，将土地利用类型作为矩阵模型的纵列，该方法中洪水调节服务供应水平的评价因子是土地利用和土地覆盖变化对径流、洪水和蓄水层的影响，以利用地的植被情况、下渗能力为判断依据；③组织专家进行打分或分级，专家组由决策部门、研究学者、项目负责人和当地居民组成，先分别评分再进行差异性校验和讨论，并形成最终结果；④将评价结果进行可视化。土地利用测度法的弊端在于打分具有主观性，其取决于对土地利用性质的调查程度，因此关键在于准确的土地利用基础数据。该方法也可沿用于单功能服务的评估，洪水调节服务供应测度可沿用该方法进行快速评价，构建绿色基础设施用地类型-洪水调节功能矩阵，分别从降雨截留、调蓄、下渗、排水等功能进行评价(表 11.1)，可用于定性地识别洪水调节服务供应主体的空间分布和能力高低。

表 11.1　绿色基础设施用地类型-洪水调节功能矩阵

绿色基础设施用地类型	洪水调节功能									
	降雨截留			调蓄		下渗		排水		
	树冠截留	地被截留	降低流速	洼地滞留	水体调蓄	土壤持水	地下水补给	泄洪通道	地形坡度	与河流等大型水体的距离
公园绿地	●	●	●	●	○	●	○	○	○	○

续表

绿色基础设施用地类型	洪水调节功能									
	降雨截留			调蓄		下渗		排水		
	树冠截留	地被截留	降低流速	洼地滞留	水体调蓄	土壤持水	地下水补给	泄洪通道	地形坡度	与河流等大型水体的距离
防护绿地	●	●	●	●		●	●	●	●	○
草地	○	●	○	○		●	●		○	○
湿地	○	○	○	●	●	○		●	●	○
河流			●		●		●	●	●	○
沟渠		○	●		●		●	●		
湖泊				○	●		●			○
森林	●	●	●	●		●	●		○	○
耕地		●	●	●	○	○	○		○	○
园地	●	●	●			●	○		○	○

注：●表示洪水调节功能较强；○表示洪水调节功能较弱；空白表示基本无此功能。表中的"●○"符号为各类绿色基础设施用地洪水调节功能的定性判断，实际测度时需根据研究区土地利用详细数据和实地勘察进行进一步分级或打分。

二、生态系统测度法

生态系统测度法是利用生态系统服务评估工具进行评价，通常为反映洪水调节量的测度，即根据研究区用地类型和环境特征，利用生态系统服务评估工具的水文模块直接计算研究区洪水调节量，包括蓄水量、截留量、蒸散量等，适用于测度服务供应总量。其中蓄水量可根据水体最高水位与平均水位的高差以及水域面积计算（吴炳方 等，2000），也可参考已有研究中各地区蓄水水体的单位面积调蓄量统计数据（饶恩明 等，2014）；植被截留量和蒸散量可通过文献中植被类型截留率和蒸散率乘以该类植被覆盖面积进行计算（曹云 等，2006）。常用的工具有生态系统服务功能与权衡交易综合评价模型（integrated valuation of environmental services and tradeoffs，InVEST）、生态系统服务人工智能模型（artificial intelligence for ecosystem services，ARIES）等（表 11.2）。InVEST 的产水量模块主要针对水源涵养服务（唐尧 等，2015），可测度降雨事件中栅格内绿色基础设施用地的下渗量和蒸散量，但模型简化了水文循环过程，未反映出地表径流、地下径流和植被截留过程。

ARIES 是由美国佛蒙特大学开发的生态系统服务功能评估模型。通过人工智能和语义建模，ARIES 集合相关算法和空间数据等信息，可对多种生态系统服务功能(碳储量和碳汇、美学价值、雨洪管理、水土保持、淡水供给、渔业、休闲、养分调控等)进行评估和量化(黄从红 等，2013)。该方法大多针对不同用地类型或生态系统类型的洪水调节服务进行评估，生态系统评估工具的综合性较强，涉及多个服务模块，可在数据有限的情况下进行粗略的评估。

表 11.2　常用的生态系统服务评估工具

工具	机构	尺度	主要功能	数据需求	特征
InVEST	美国斯坦福大学等	区域	水土保持、水体净化等评估	数据需求较高,包括土地利用、数字高程模型、土壤质地和长期气象数据,以及蒸散系数、根系深度、流速系数等参数	主要模拟下渗和蒸散,未反映出地表径流、地下径流与植被截留过程
ARIES	美国佛蒙特大学	区域	雨洪管理、水土保持、淡水供给等评估	年降水量、平均年实际蒸散量、平均年径流量、植被类型、树木覆盖度、坡度、不透水面覆盖、高速路、农地、铁路、河漫滩范围等	考虑重要的生态和社会因子,评估精度较高

三、洪水调蓄模型法

洪水调蓄模型法主要应用于洪水调节服务供应空间和供应水平的模拟和测度，方法原理为基于土地覆盖详细数据，利用洪水调蓄模型，采用反映洪水调节服务的一个或多个指标评价研究区的服务供应水平，通常以栅格单元或土地覆盖类型为评价单元。操作方法包括：①收集流域环境与降雨模式等环境参数，以及详细的土地覆盖数据；②根据研究区尺度和地理特征选取适用的模型工具；③导入环境参数与土地覆盖数据，进行模拟实验，输出洪水调节量或反映洪水调节效应的指标(Stürck et al.，2014)；④根据输出结果进行供应水平分级和空间表征(Egoh et al.，2008；Burkhard et al.，2009)。该方法一方面可通过计算截留量、调蓄量、下渗量等指标测度洪水调节量(王尧 等，2018)，另一方面可通过调节效应指标对服务供应水平进行评估，如地表径流与峰值流量较小、土壤持水能力较强、集水区出口排水量较大的区域具有更高的洪水调节能力(李佩武 等，2009；Posthumus et al.，2010)。Nedkov 和

Burkhard(2012)以地表径流系数等指标将研究区划分为不同等级，在空间上用不同颜色的面域表示，将等级划分结果与土地覆盖类型叠合，统计各类用地在各个指标等级中的面积占比，以判断每种土地覆盖类型的供应能力。也有研究通过地下水对地表径流的贡献(比例)反映洪水调节服务供应水平(Egoh et al.，2008)。调节量指标反映绿色基础设施的供应总量，但计算方法复杂且准确度较低，调节效应指标反映洪水调节服务的实际供应量，大多为实测数据，虽便于计算和模拟实验，但只能评估某一时间点(实测数据时间)的供应量，且需要区分流域或集水区内绿色基础设施和灰色基础设施的调节效应，否则结果仍缺乏准确性(表11.3)。

表11.3　洪水调节服务供应测度指标

类型	指标	指标内涵	数据需求	测度对象	适用方法
调节量	截留量	植被对降雨量的吸收作用	植被截留率、植被类型、植被覆盖面积	林地、园地等有植被覆盖的用地	生态系统测度法、环境模型法
	调蓄量	水体容纳洪水的能力	水体最高蓄水位、平均水位、水体面积	湖泊、水库、湿地等水体	土地利用测度法、生态系统测度法、环境模型法
	下渗量	土壤对降雨或洪水的吸收能力	土壤渗透率、地下水补给率	所有绿色基地设施用地类型	土地利用测度法、生态系统测度法
调节效应	径流系数	反映某区域洪水调节的总体效果	实测径流深度、降水深度	绿色基地设施和人工调控设施	土地利用测度法、环境模型法
	峰值流量	某区域用地对洪峰的削减作用	实测峰值流量	绿色基地设施和人工调控设施	土地利用测度法、环境模型法
	土壤持水能力	某区域土壤的下渗能力	土壤类型及其特征参数	所有绿色基地设施用地类型	土地利用测度法、环境模型法
	集水区出口的排水量	集水区内洪水调节服务总供应的能力	实测集水区出口排水量	绿色基地设施和人工调控设施	环境模型法

洪水调蓄模型法常用的工具有 SWAT(soil and water assessment tool)、STREAM(spatial tools for river basins and environment and analysis of management options)、KINEROS2(kinematic runoffand erosion model)等(表11.4)。SWAT模型是美国农业部农业研究局(USDA-ARS)开发的流域尺度分布式模型，用于模拟地表水、地下水的水质和水量，预测土地管理措

施对不同土壤类型、土地利用方式和管理条件下大中尺度复杂流域的水文、泥沙和农业化学物质的影响。水文过程模型作为SWAT模型的一个重要子模型，主要包括降雪融雪过程、地表产流过程、蒸散发过程、地下基流过程等(林炳青 等，2013)。STREAM模型采用单元网格的计算方法，可以设计日、月、年等不同时间尺度的模拟，主要针对较大尺度流域的水文模拟，用于评估气候变化、土地利用变化对水资源的影响，模拟误差一般在20%以内，模拟精度与采用的数据源、流域特征、计算单元格网大小等因素相关(李恒鹏 等，2007)。KINEROS2是一个基于次降雨的分布式过程模型，用Smith-Panlange 模型和动力波理论模拟截留、地表径流和侵蚀过程(黄从红 等，2013)。AGWA(automated geospatial watershed assessment)Tool是ArcGIS中的界面，用于支持KINEROS2、SWAT9 模型等的数据组织、模型参数化、集成和可视化等，可在多个时空尺度上进行水文模拟和流域评估，包括径流、侵蚀和沉积物产量等(Goodrich et al., 2011)。

表11.4　三种洪水调蓄模型工具对比

工具	尺度	主要功能	数据需求	特征
SWAT	区域	模拟地表水、地下水的水质和水量	气象数据(气温、降雨、太阳辐射、风速、相对湿度)、径流数据、流域数字高程模型、土地利用、土壤类型	适用于大尺度长时间的水文过程模拟
STREAM	区域	评估气候变化、土地利用变化对水环境的影响及水文过程模拟	降雨模式与降雨量、平均温度、土地利用、土地覆盖、植被信息、土壤质地、地形坡度、流向等流域水文气象和下垫面信息，流域特征信息需网格离散化处理	采用单元网格的计算方法，可以设计日、月、年等不同时间尺度的模拟
KINEROS	区域	截留、地表径流和侵蚀过程模拟	数字高程模型(DEM)、土地覆盖数据、土壤数据、水文和气候数据，并应采用符合AGWA GIS标准的特定格式	次降雨分布模型，适用于短时间的水文过程模拟

第三节　绿色基础设施的洪水调节服务需求测度方法

　　绿色基础设施的洪水调节服务需求测度方法包括风险评估法、洪水淹没模型法和经济损失法，测度单元多为土地利用单元和栅格单元，测度对象为需求主体，即城市或乡村社区。

一、风险评估法

风险评估法是洪水调节服务需求测度最常用的方法，也是洪灾规划最常用的决策依据，是指基于风险三要素对洪灾发生的风险进行评估，用洪灾风险的高低衡量洪水调节服务需求的程度，即洪灾风险=洪灾强度×承灾体暴露程度×承灾体脆弱性（Kron，2005）。洪灾强度可以用洪灾发生的频率来表示（如20年一遇洪水强度指标为1/20，即0.05）；承灾体是指被洪灾覆盖的人类活动区域，暴露程度与淹没面积、淹没深度等相关（Patro et al., 2009）；承灾体脆弱性代表了被洪灾覆盖区域的人类社会面对灾害的易损易伤程度，通过土地利用、人口密度和经济数据等表示（方建 等，2015）。基本操作步骤如下：①收集研究区域内洪灾历史数据，统计历史最高洪水危险及洪灾发生的频率，并通过水文模型提取10年一遇、20年一遇、50年一遇等洪水水位线下的淹没区域面积、淹没深度和淹没时间等；②分析受灾区域的脆弱性，主要方法有基于研究区土地利用详细数据（土地功能性质、建筑质量、人口密度、公服设施等）构建指标体系进行评估和分级，或通过历史灾情数据粗略判断，或通过实地调查灾损率和灾损曲线等判断；③通过上述洪灾风险计算公式计算每种重现期下的洪灾风险，并通过栅格计算居民财产、房屋建筑损失等将风险评估结果空间化，作为洪灾规划和空间规划的依据。风险评估法较全面地评估了洪灾造成的损失程度，但仅强调了受灾区域的土地利用和社会经济因素，没有考虑绿色基础设施洪水调节的过程和作用，只能反映洪水调节服务需求主体的空间分布或需求程度，无法明确回答需求主体的需求水平，即需要调节多少洪水量。

二、洪水淹没模型法

洪水淹没模型法的应用对象为洪水调节服务的需求主体（城市或社区），主要用于评估洪水灾害的危险性（洪灾强度×承灾体暴露程度），方法原理是利用洪水淹没模型对不同重现期洪水淹没情况进行模拟，以获取淹没面积、淹没深度和淹没时间，直接计算需要调节或排出多少水量，对洪水危险性进行快速预测并为制定洪水调节策略提供依据（郭凤清 等，2013）。该方法与风险评估法第一步操作大体相同，但其重点在于计算洪水调节服务需要调节的水量，以及根据土地利用、绿色基础设施状态等识别洪水调节的优先区域和主要调节空间等。常用的洪水淹没模型有 MIKE 系列模型、Flood Area 模型等。

MIKE 系列模型由丹麦水利研究所开发，可以真实准确地反映研究区的洪水演进过程，由于其界面友好、功能全面，便于简单快速精确地进行模拟实验，被广泛应用在国内城市洪涝灾害危险性评估中，适用于城市尺度和社区尺度等小尺度的研究，需要的数据包括设计暴雨量、下渗率、地形数据(高程)、河网信息(长度、水面宽度等)、河流来流和出流条件等(初祁等，2014；麻蓉 等，2017)。Flood Area 模型是由德国 Geomer 公司开发的以模块形式与 ArcGIS 集成的二维非恒定流水动力模型，以栅格为单元，计算每个栅格与周围 8 个栅格之间的洪水流量和汇流过程，并分为漫顶、溃口和暴雨三种情景，模拟实验需要的基础数据包括降雨期间逐日及过程降水量、逐时降水量、流域 DEM 数据、土地利用栅格数据、土壤类型栅格数据、灾情调查资料等(谢五三 等，2015；张明达 等，2016)。Flood Area 模型可对洪灾淹没进行分情景模拟，但三类情景同时存在时的复杂淹没情景模拟还需进一步完善。

三、经济损失法

经济损失法是通过对洪灾经济损失(直接损失与间接损失)的历史数据进行统计和预测分析，识别洪水调节服务需求主体、空间分布和需求程度。洪灾经济损失统计与预测方法大多为空间信息格网法，即基于 ArcGIS 等空间工具建立空间展布式社会经济数据库，收集研究区社会经济信息、地形地貌、土地利用和居民点分布等数据，再利用遥感影像提取淹没范围，基于淹没范围和经济数据库统计洪灾造成的直接损失和间接损失，包括死伤人口、损毁房屋、个人财物、公共设施、受淹农作物、死伤牲畜等。由于流域内需求主体可能不止一个，且上下游需求之间存在相关性，因此有研究将流域洪灾经济损失与上游区域面积的比率作为服务需求水平的测度指标之一，将需求与潜在的服务供应面积关联起来，也就是说损失相同时，上游地区面积越大，该流域需求则越小(Stürck et al.，2014)。经济损失是对洪灾需求程度的一类客观表现，该方法可从经济价值方面反映洪灾造成的危害程度，且无须进行水文模拟实验，可用于洪水调节服务需求水平的初步估计和预判,但经济损失只能反映需求程度,无法直接测度需求水平,且由于分析数据皆为历史统计数据,该方法无法对气候变化环境下的潜在需求进行测度。

第四节　绿色基础设施洪水调节服务供需分析框架

　　基于对供需匹配状态的认知探索,供需服务流动方式可以为提升供需效度(服务供应/服务需求)的绿色基础设施规划提供依据。通过分析供需数量均衡和空间匹配关系,洪水调节服务供需匹配可以分为四种情景(图11.4):①数量均衡且空间匹配时,为使服务供需平衡,需进一步探索变化环境下的服务供需动态平衡;②空间匹配而数量不均衡时(主要为供不应需),需要优化洪水调节服务的供应主体特征,并调整需求主体的分布等特征,提升供应水平同时降低需求水平,实现供需匹配;③数量均衡而空间不匹配时,需要通过服务流动达到服务供需的流动平衡状态;④空间不匹配且数量不均衡时,需同时调整供需水平和促进服务流动。

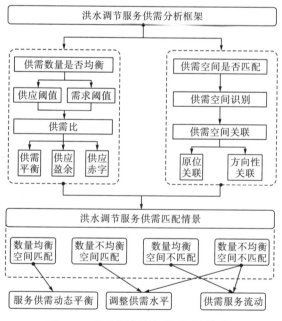

图11.4　洪水调节服务供需分析框架

一、绿色基础设施洪水调节服务供需的数量均衡

数量均衡分析是绿色基础设施优化管理的基础。供需数量均衡分析方法有两类：第一类为等级均衡，即基于供需水平测度分级，将需求等级分值转换为负值后与服务供应等级分值进行叠加，以叠加后数值的正负与大小判断供需数量均衡关系（Haines-Young et al., 2012），该方法虽然能粗略判断洪水调节服务供需的程度关系，但无法准确地反映供需数量的大小关系，适用于较难量化的服务均衡分析；第二类为数值均衡，即直接用服务测度指标的数值进行均衡分析，适用于供给服务、部分调节服务等可量化的服务均衡分析。绿色基础设施洪水调节服务的核心功能是"调节"，核心对象是洪水，因此采用数值均衡方法分析供需关系会更加准确有效。

服务供需数量均衡时应首先确定服务供需的内部构成及其数量比例关系，即服务的供应阈值和需求阈值，再分析供需之间的数量比例关系。服务的供应阈值是指在保持自身稳定的前提下绿色基础设施能提供的最大服务量，包括实际供应量和一部分潜在供应量，取决于绿色基础设施的功能特征和状态。绿色基础设施洪水调节服务的需求阈值是指在所有需要调节的洪水中可通过绿色基础设施调节的最大洪水量，城市尺度上可能存在总洪水水量无法全部由绿色基础设施调节的情况，因此，还需探索绿色基础设施洪水调节量和灰色基础设施洪水调节量之间的最佳组合方式，以获得最有效的洪水调节方法。确定洪水调节服务的供应阈值和需求阈值后，供需数量均衡才具有可持续性。

供需数量均衡可采用供需比（即服务效度）反映服务供需之间的数量均衡状态，供需比为 1 时为供需平衡，也可根据研究区情况设置供需平衡浮动区间。供需比分为当前供需比和总量供需比。当前供需比即实际供应与实际需求的关系（白杨 等，2017），可以反映绿色基础设施在受灾时发挥的实际调节作用；总量供需比即总量供应与总量需求的比例关系，能为绿色基础设施优化和生态系统服务管理提供决策依据。当前供需比是对服务供需现状的认知，而总量供需比反映了潜在供应量与潜在需求量，是绿色基础设施洪水调节服务数量均衡分析的关键指标。

二、绿色基础设施洪水调节服务供需的空间匹配

洪水调节服务普遍存在供需空间分异，因此空间匹配是供需分析的核心内容，也是绿色基础设施规划分析和决策的重要依据。绿色基础设施洪水调节服务供需的空间匹配研究始于供需空间识别与表征，再逐渐发展为对供需空间之间关联的深入研究。供需空间识别与表征是反映生态系统服务供需空间格局和时空演变的重要手段。将服务供需测度的结果按照测度单元和测度水平分级并用不同颜色表示，形成洪水调节服务供需空间分布图，是供需空间识别与表征的常用方法（Egoh et al.，2008）。洪水调节服务供需空间分布图包括：服务供应主体（各类绿色基础设施）和需求主体（受洪水威胁的城市、社区、乡村居民点、农田等）的位置和规模；洪水调节服务供应水平和需求水平空间分布；洪水调节服务供需关系的空间特征，即供需盈余、赤字或平衡区域的空间分布特征（Stürck et al.，2015）。供需空间之间的关联分为原位关联、全方位关联和方向性关联三种关系。原位关联是指服务供应与需求空间在同一位置（如自给自足的食物供应）；全方位关联是指服务产生于一个位置但其受益区域可辐射周边或全球，通常为长期存在的服务需求且没有偏好和指向性（如碳循环等支持服务）；方向性关联是指服务供应与需求空间不在同一位置且二者在空间上具有特定的方向性（如水供应、洪水调节等）（Costanza，2008；Fisher et al.，2009）。洪水调节服务的供需空间关联主要是方向性关联和原位关联，其中方向性关联最为常见，如上游区域的水调节作用可降低下游区域的洪水形成概率，下游区域可为上游区域提供洪水调蓄空间。而原位关联较少，如调节空间中少量的乡村居民点或城市区域内具有调节功能的绿色空间等。

三、绿色基础设施洪水调节供需服务流动

基于绿色基础设施洪水调节服务的供需空间特征及其关联，对供需服务流动机制的探索逐渐萌生，主要从流动空间与流动方向识别、流动方式与流动过程、服务流量以及服务流动模拟等方面展开研究（Turner et al.，2012；Palomo et al.，2013）。通常为基于生态系统服务供需空间分布，通过生态系统服务功能特征和作用方式，分析生态系统服务的实现方式（Nedkov et al.，2017)，识别服务流动空间和流动方向并绘制服务流动示意图(Maass et al.，2005)。也有对服务流动进行量化研究，但研究成果较少。对服务流动机制的模拟研究也有一些进展，如ARIES 模型下的服务路径属性网络(service path attribution networks，SPANs)。对于洪水调节服务，服务流动有两种方式：一种方式是构建绿色基础设施以提升需求空间的洪水调节服务水平，或将需求主体向服务供应水平较高的空间转移；另一种方式是将超过调节服务水平的洪水水量，通过河流沟渠或者人工设施转移到其他供应(或需求)空间上。两种服务流动方式中，第一种方式可有效降低调节总量需求，而第二种方式过程中总量需求不变，其中一部分需求转移到其他空间，如许多防洪设施(防洪堤等)是将风险和洪水调节需求转移到下游，增加了下游需求主体的风险。洪水调节服务的流量应定义为洪水调节的水量，服务流动模拟可利用模拟工具对服务流动过程和效果进行直观的展示，较为准确地模拟洪水调节的流量和路径等，但以上研究仍处于概念阶段，还未取得进一步成果(肖玉等，2016)。

第五节 现状问题与未来展望

在 Web of Science 和 CNKI 上对相关关键词进行检索，包括洪水调节服务(flood regulation service)、水文调节服务(water regulation service)、生态系统服务评估(ecosystem service assessment)、生态系统服务量化与制图(qualification and mapping of ES)等，分析了国内外涉及洪水调节生态系统服务测度或评估方面的文献约 60 篇。从研究内容上看，专门研究洪水调节服务供需测度的文献国内外都很少，国内几乎没有，主要的成果为 Stürck 和 Nedkova 的研究，其余大多数研究为生态系统服务综合功能测度和价值评估，而将洪水调节服务作为其中一类评估内容，基于洪水调节服务测度的服务流动机制和服务供需平衡的研究较少。研究类型上，绝大多数为方法研究，即基于理论探讨构建测度模型，并选取研究区进行模型应用，而对模型的验证研究和模拟结果的实证性研究较少。从研究对象上看，国内多以某一类生态系统(如湿地、湖泊、森林或城市生态系统)为研究对象，国外已经对各类绿色空间的土地覆盖进行了洪水调节服务的评估研究。从研究空间尺度上看，中小尺度流域单元的研究较多，国外有少量对国家、洲际的研究。从时间尺度上看，多以短时间内的降雨模式和环境特征情景为研究基础，有少量研究加入了气候变化趋势的因素。以上研究虽取得了一定的成果，但笔者认为仍存在一些问题，并提出了相关思考。

(1)绿色基础设施洪水调节服务供需测度对象不聚焦，应将洪水量调节作为绿色基础设施洪水调节服务测度的重点。目前的研究中洪水调节服务的供应测度过于关注绿色基础设施的生物物理调节过程(截留和下渗)，忽略了绿色基础设施所具备的快捷有效的调蓄和排水功能。需求水平测度重心为社会和经济要素，忽略了对需要调节洪水量本身的测度。供应测度应以绿色基础设施调节水量(调蓄、下渗)为核心内容，强调绿色基础设施的洪水调节服务供应总量；需求测度应以人类聚居区需要调节的水量为主要测度内容，可通过淹没数据和模拟计算得出。供应可理解为流域内可浸区的持水量，需求可理解为流域内不可浸区需排出的水量。

(2)对绿色基础设施洪水调节服务供需水平的动态变化分析较少。应将气候变化环境、规划发展等自然与社会因素纳入对洪水调节服务的供需测度框架中，关注气候变化背景下洪水调节服务供需量和供需关系的动态演变。绿色基础设施洪水调节供应量应包括绿色基础设施现状服务量和规划优化后提升(或减少)的服务量，需求测度应包括现状需求和城市规模变化情景下的潜在需求。

(3)供需数量均衡分析时供需服务测度量纲不统一。应将供需水平测度量纲统一为洪水调节量，可采用供应率和需求率表征供需效能。目前研究中供应指标多为调蓄水量或调蓄水率，需求指标多为灾害损失的经济价值，再将二者统一转换为等级分值进行供需数量均衡分析，只能粗略判断服务供需程度，无法准确回答何时何地可以调节和需要调节多少水量。要回答这个问题还需结合生态系统状态和绿色基础设施特征分析服务供应阈值，即生态系统稳定的条件下绿色基础设施能提供的最大服务量，并结合城市自然环境、土地利用特征和社会经济条件分析洪水调节需求量，探索绿色基础设施与灰色基础设施调节水量的最优组合方式。

(4)服务流动机制的研究还处于概念与初探阶段。由于供需空间交错叠加、不同服务之间存在相互作用，未来的研究应基于对洪水调节服务供需关系的深入理解，进一步展开洪水调节服务流动空间和方向、流动方式和过程、服务流量和路径、服务流动机制模拟等相关研究，从而建立洪水调节服务供需主体之间的反馈网络，为绿色基础设施规划的决策和管理提供科学依据。

参 考 文 献

白杨, 王敏, 李晖, 等, 2017. 生态系统服务供给与需求的理论与管理方法[J]. 生态学报, 37(17): 5846-5852.

曹云, 欧阳志云, 郑华, 等, 2006.森林生态系统的水文调节功能及生态学机制研究进展[J]. 生态环境, 15(6): 1360-1365.

初祁, 彭定志, 徐宗学, 等, 2014. 基于 MIKE 11 和 MIKE 21 的城市暴雨洪涝灾害风险分析[J]. 北京师范大学学报(自然科学版), 50(5): 446-451.

方建, 李梦婕, 王静爱, 等, 2015.全球暴雨洪水灾害风险评估与制图[J]. 自然灾害学报, 24(1): 1-8.

傅伯杰, 张立伟, 2014. 土地利用变化与生态系统服务: 概念、方法与进展[J]. 地理科学进展, 33(4): 441-446.

郭凤清, 屈寒飞, 曾辉, 等, 2013. 基于 MIKE21 的浔江蓄滞洪区洪水危险性快速预测[J]. 自然灾害学报, 22(3): 144-152.

黄从红,杨军,张文娟, 2013.生态系统服务功能评估模型研究进展[J].生态学杂志, 32(12): 3360-3367.

李恒鹏, 王旭强, 杨桂山, 等, 2007. 基于单元格网的 STREAM 分布式水文模型及其应用——以太湖上游西苕溪流域为例[J]. 长江流域资源与环境, 16(6): 715-715.

李佩武, 李贵才, 陈莉, 等, 2009. 深圳市植被径流调节及其生态效益分析[J]. 自然资源学报, 24(7): 1223-1233.

林炳青, 陈莹, 陈兴伟, 2013. SWAT 模型水文过程参数区域差异研究[J]. 自然资源学报, 28(11): 1988-1999.

罗静茹, 张德顺, 刘鸣, 等, 2016. 城市生态系统服务的量化评估与制图以德国盖尔森基辛市沙克尔协会地区为例[J]. 风景园林(5): 41-49.

吕一河, 胡健, 孙飞翔, 等, 2015. 水源涵养与水文调节: 和而不同的陆地生态系统水文服务 [J]. 生态学报,35(15):

5191-5196.

麻蓉, 白涛, 黄强, 等, 2017. MIKE 21 模型及其在城市内涝模拟中的应用[J]. 自然灾害学报, 26(4): 172-179.

马琳, 刘浩, 彭建, 等, 2017. 生态系统服务供给和需求研究进展[J]. 地理学报, 72(7): 1277-1289.

饶恩明, 肖燚, 欧阳志云, 2014. 中国湖库洪水调蓄功能评价[J]. 自然资源学报, 29(8): 1356-1365.

唐尧, 祝炜平, 张慧, 等, 2015. InVEST 模型原理及其应用研究进展[J]. 生态科学, 34(3): 204-208.

王尧, 徐佩, 傅斌, 等, 2018. 森林生态系统水源涵养功能评估模型研究进展[J]. 生态经济, 34(2): 158-164, 169-169.

吴炳方, 黄进良, 沈良标, 2000. 湿地的防洪功能分析评价——以东洞庭湖为例[J]. 地理研究, 19(2): 189-193.

肖玉, 谢高地, 鲁春霞, 等, 2016. 基于供需关系的生态系统服务空间流动研究进展[J]. 生态学报, 36(10): 3096-3102.

谢五三, 田红, 卢燕宇, 2015. 基于 FloodArea 模型的大通河流域暴雨洪涝灾害风险评估[J]. 暴雨灾害, 34(4): 384-387.

严岩, 朱捷缘, 吴钢, 等, 2017. 生态系统服务需求、供给和消费研究进展[J]. 生态学报, 37(8): 2489-2496.

颜文涛, 黄欣, 邹锦, 2017. 融合生态系统服务的城乡土地利用规划: 概念框架与实施途径[J]. 风景园林(1): 45-51.

张明达, 李蒙, 戴丛蕊, 等, 2016. 基于 FloodArea 模型的云南山洪淹没模拟研究[J]. 灾害学, 31(1): 78-82.

张炜, 杰克·艾亨, 刘晓明, 2017. 生态系统服务评估在美国城市绿色基础设施建设中的应用进展评述[J]. 风景园林(2): 101-108.

邹锦, 颜文涛, 曹静娜, 等, 2014. 绿色基础设施实施的规划学途径——基于与传统规划技术体系融合的方法[J]. 中国园林, 30(9): 92-95.

Andréassian V, 2004. Waters and forests: From historical controversy to scientific debate[J]. Journal of Hydrology, 291(1/2): 1-27.

Baró F, Haase D, Gómez-Baggethun E, et al., 2015. Mismatches between ecosystem services supply and demand in urban areas: A quantitative assessment in five European cities[J]. Ecological Indicators, 55: 146-158.

Baró F, Palomo I, Zulian G, et al., 2016. Mapping ecosystem service capacity, flow and demand for landscape and urban planning: A case study in the Barcelona metropolitan region[J]. Land Use Policy (57): 405-417.

Benedict M A, McMahon E T, 2006. Green Infrastructure: Linking Landscapes and Communities[M]. Washington DC: Island Press.

Burkhard B, Kroll F, Müller F, et al., 2009. Landscapes' capacities to provide ecosystem services - a concept for land-cover based assessments[J]. Landscape Online, 15 (1): 1-22.

Burkhard B, Kroll F, Nedkov S, et al., 2012. Mapping ecosystem service supply, demand and budgets[J]. Ecological Indicators (21): 17-29.

Castro A J, Verburg P H, Martín-López B, et al., 2014. Ecosystem service trade-offs from supply to social demand: A landscape-scale spatial analysis[J]. Landscape and Urban Planning (132): 102-110.

Castro A J, Vaughn C C, Julian J P, et al., 2016. Social demand for ecosystem services and implications for watershed management[J]. Journal of the American Water Resources Association, 52 (1): 209-221.

Costanza R, 2008. Ecosystem services: Multiple classification systems are needed[J]. Biological Conservation, 141 (2): 350-352.

Costanza R, D'Arge R, de Groot R, et al., 1998. The value of the world's ecosystem services and natural capital[J]. Ecological Economics, 25 (1): 3-15.

Crossman N D, Burkhard B, Nedkov S, et al., 2013. A blueprint for mapping and modelling ecosystem services[J]. Ecosystem Services (4): 4-14.

de Groot R S, Alkemade R, Braat L, et al., 2010. Challenges in integrating the concept of ecosystem services and values in landscape planning, management and decision making[J]. Ecological Complexity, 7 (3): 260-272.

Egoh B, Reyers B, Rouget M, et al., 2008. Mapping ecosystem services for planning and management[J]. Agriculture,

Ecosystems & Environment, 127(1/2): 135-140.

Fisher B, Turner R K, Morling P, 2009. Defining and classifying ecosystem services for decision making[J]. Ecological Economics, 68(3): 643-653.

Geijzendorffer I R, Martín-López B, Roche P K, 2015. Improving the identification of mismatches in ecosystem services assessments[J]. Ecological Indicators(52): 320-331.

Goodrich D C, Guertin D P, Burns I S, et al., 2011. AGWA: the automated geospatial watershed assessment tool to inform rangeland management[J]. Rangelands, 33(4): 41-47.

Groot R S, Wilson M A, Boumans R M J, 2002. A typology for the classification, description and valuation of ecosystem functions, goods and services[J]. Ecological Economics, 41(3): 393-408.

Haines-Young R, Potschin M, Kienast F, 2012. Indicators of ecosystem service potential at European scales: mapping marginal changes and trade-offs[J]. Ecological Indicators(21): 39-53.

Kron W, 2005. Flood risk = hazard • values • vulnerability[J]. Watcr International, 30(1): 58-68.

Lähtinen K, Guan Y C, Li N, et al., 2016. Biodiversity and ecosystem services in supply chain management in the global forest industry[J]. Ecosystem Services(21): 130-140.

Maass J M, Balvanera P, Castillo A, et al., 2005. Ecosystem services of tropical dry forests: Insights from long‐term ecological and social research on the Pacific Coast of Mexico[J]. Ecology and Society, 10(1): 17.

Martínez-Harms M J, Balvanera P, 2012. Methods for mapping ecosystem service supply: A review[J]. International Journal of Biodiversity Science, Ecosystem Services & Management, 8(1/2): 17-25.

Nedkov S, Burkhard B, 2012. Flood regulating ecosystem services—Mapping supply and demand, in the Etropole municipality, Bulgaria[J]. Ecological Indicators(21): 67-79.

Nedkov S, Zhiyanski M, Dimitrov S, et al., 2017. Mapping and assessment of urban ecosystem condition and services using integrated index of spatial structure[J]. On Ecosystem (2).

Palomo I, Martín-López B, Potschin M, et al., 2013. National Parks, buffer zones and surrounding lands: Mapping ecosystem service flows[J]. Ecosystem Services (4): 104-116.

Pártl A, Vačkář D, Loučková B, et al., 2017. A spatial analysis of integrated risk: Vulnerability of ecosystem services provisioning to different hazards in the Czech Republic[J]. Natural Hazards, 89 (3): 1185-1204.

Patro S, Chatterjee C, Mohanty S, et al., 2009. Flood inundation modeling using MIKE FLOOD and remote sensing data[J]. Journal of the Indian Society of Remote Sensing, 37 (1): 107-118.

Posthumus H, Rouquette J R, Morris J, et al., 2010. A framework for the assessment of ecosystem goods and services; a case study on lowland floodplains in England[J]. Ecological Economics, 69 (7): 1510-1523.

Ritzema H, Kirkpatrick H, Stibinger J, et al., 2016. Water management supporting the delivery of ecosystem services for grassland, heath and moorland[J]. Sustainability, 8 (5): 440-440.

Serna-Chavez H M, Schulp C J E, van Bodegom P M, et al., 2014. A quantitative framework for assessing spatial flows of ecosystem services[J]. Ecological Indicators (39): 24-33.

Sohel M S I, Mukul S A, Burkhard B, 2015. Landscape's capacities to supply ecosystem services in Bangladesh: A mapping assessment for Lawachara National Park[J]. Ecosystem Services (12): 128-135.

Stürck J, Poortinga A, Verburg P H, 2014. Mapping ecosystem services: The supply and demand of flood regulation services in Europe[J]. Ecological Indicators (38): 198-211.

Stürck J, Schulp C J E, Verburg P H, 2015. Spatio-temporal dynamics of regulating ecosystem services in Europe-The role of past and future land use change[J]. Applied Geography (63): 121-135.

Tallis H, Polasky S, 2009. Mapping and valuing ecosystem

services as an approach for conservation and natural-resource management[J]. Annals of the New York Academy of Sciences, 1162(1): 265-283.

Turner W R, Brandon K, Brooks T M, et al., 2012. Global biodiversity conservation and the alleviation of poverty[J]. BioScience, 62(1): 85-92.

Vallecillo S, Polce C, Barbosa A, et al., 2018. Spatial alternatives for Green Infrastructure planning across the EU: An ecosystem service perspective[J]. Landscape and Urban Planning(174): 41-54.

Villamagna A M, Angermeier P L, Bennett E M, 2013. Capacity, pressure, demand, and flow: A conceptual framework for analyzing ecosystem service provision and delivery[J]. Ecological Complexity(15): 114-121.

Wei H J, Fan W G, Wang X C, et al., 2017. Integrating supply and social demand in ecosystem services assessment: A review[J]. Ecosystem Services(25): 15-27.

第十二章 管理雨洪的住区绿地布局规划

针对雨水管理目标下的城市住区场地设计，国内外学者展开了较多研究，但对住区绿地系统形态特征和径流控制的定量关系还缺乏探讨。本章对住区绿地形态特征与径流水系特征进行归纳分类，选择海绵城市排水模拟软件(Uwater Drainage)作为场地场次降雨径流的模拟平台，针对重庆某住区设计方案进行降雨径流的实证模拟研究。研究住区绿地布局形态对降雨径流的影响特征，探索整合雨水管理功能的住区绿地系统复合结构。通过将雨水管理目标融入住区规划设计阶段，有利于住区更加有效地应对雨洪灾害。

为缓解城市住区的雨洪灾害问题，从 1987 年美国提出最佳雨洪管理措施(BMPs)之后，英国、法国、澳大利亚等国家又先后提出了低影响开发(low impact development，LID)、绿色基础设施(GI)、可持续的城市排水系统(sustainable urban draingage systens，SUDS)、水敏性城市设计(water sensitive urban design，WSUD)等管理场地雨水的开发模式和设计策略(李方正 等，2016)。20 世纪 80 年代初期，美国政府对所有新开发区域强制实行就地管理雨水(丁跃元，2005)，20 世纪 90 年代实施雨水花园、推广屋顶蓄水和绿化、入渗井、透水铺装等地表回灌系统(吴丹洁 等，2016)。德国将雨水管理纳入城市开发建设的法律法规条例中，将雨水利用项目融入景观设计中，充分发挥植物和土壤的自然净化作用(李强，2013)。2012年以来，我国提出了针对雨水管理的海绵城市建设技术(于冰沁 等，2016)，技术要点集中在通过下凹式绿地、植被浅沟汇集下渗雨水，或使雨水进入景观蓄水池(吕伟娅 等，2015；蒋春博 等，2018)，利用小区屋顶、道路、绿化汇集的雨水来补充景观水体和绿地灌溉系统(褚彦杰，2017)。国内外相关研究通过计算暴雨总量、径流渗透量、蓄积雨水容量等措施，明确住区场地设计中降雨径流总量控制率和降雨强度控制指标(张

质明 等，2018；苗伟 等，2018；潘文斌 等，2018）。有学者提出雨洪管理实践需要生态智慧的引导（颜文涛 等，2016），住区绿地需要适应环境过程（卢江林 等，2017），与水系结构相适应（颜文涛 等，2014；2018），与传统规划内容相融合（邹锦 等，2014）。目前，对住区绿地系统形态布局与场地径流控制的关系尚缺乏相应的研究。相比于我国对径流控制目标的关注，尽管国外对住区场地特征与雨水径流控制关系的认识较为深入，但对住区绿地系统的形态特征参数和径流控制目标的定量关系还缺乏深入探讨。本章先对住区绿地形态类型与径流模式特征进行归纳分类，再基于重庆某住区设计方案开展降雨径流的实证模拟，探讨住区建筑布局和绿地形态与降雨径流的定量关系，探索整合雨水管理功能的住区绿地系统复合结构。将雨水管理目标融入住区规划设计，有利于增强住区的雨洪承灾能力，提高住区的雨水资源化利用水平。

第一节　住区绿地形态与暴雨径流

一、住区绿地形态类型

传统住区建筑布局采用周边式、散点式、行列式以及组团式等模式，建筑布局与绿地系统互为图底，多种建筑空间布局形成住区绿地形态模式。根据住区建筑布局的多种结构，可将住区绿地形态分成中心式、边缘式、带状、岛式以及均衡式五种类型。中心式绿地形态的住区地块开发强度高，建筑一般沿道路进行高层点式或组团围合布局，中部集中布置绿地；边缘式绿地形态的住区地块通常临近水系，或边缘保留有自然山体或主干道的防护绿带等，住区开发集中在场地一侧，作为居民休闲娱乐的重要场所；带状绿地形态的住区建筑呈行列式布局，住区绿地呈带状平行形态，行列间绿地联系较弱；岛式绿地形态的住区通常由水系或道路曲折围合切割，形成组团式开发模式，绿地系统呈岛状在组团内由建筑围绕形成，各组团绿地间联系较弱；均衡式绿地形态的住区采用点式布局，绿地布局在空间上较均衡，绿地间的联系较为紧密。

二、住区径流模式特征

满足各类休闲活动需求同时具有景观美学功能是传统住区绿地系统的设计原则，而雨水管理目标下的住区绿地布局形态，需要建立在场地的雨水径流结构上。场地径流方向与地形因素相关，大致可以分为四周向内汇流、中部向外分流以及单坡顺流三种模式。四周向内汇流，即场地中部地势较低，径流呈四周向中心汇流的形式；中部向外分流，即场地中部地势高，四周低，径流方向呈中部向四周分流的形式；单坡顺流，即场地地势一边高，径流呈单向顺坡流动的形式（表 12.1）。

表 12.1 住区径流特征与水系结构的对应关系

类型	特征图	水系结构
四周向内汇流		
中部向外分流		
单坡顺流		

资料来源：作者自绘。

径流具有快速累积效应，因此末端径流量是最大的。结合住区绿地形态结构，在向内汇流的径流模式下，场地中部布局中心绿地，用于自然蓄渗和休闲娱乐功能，建筑呈点式或组团式布局在地块周边；在向外分流径流模式下，在场地四周保留大面积绿地，有利于提高雨水的蓄渗量，同时场地中部和周边可以用于点式开发；在单坡顺流径流模式下，在场地下坡面保留足够的绿地，可有效进行雨水蓄渗，点式、行列式或组团式建筑宜布局在场地的上坡面。为了避免末端降雨径流峰值过大导致场地雨洪灾害，需要在径流传输过程中设置适量的滞水绿地，层层截流降雨径流，减缓末端径流强度。降雨量较大的地区，可考虑在场地径流末端的滞水绿地内设置与市政系统相连的溢流装置。住宅绿色屋面、场地绿化和雨水管理设施构成了有效管理降雨径流的绿色基础设施系统。

住区不同的径流特征具有不同的径流控制机制，结合雨水的径流方向和绿地系统结构的耦合关系，选择合适的住区形态结构，可以有效地发挥住区绿地的径流控制能力。向内汇流的场地宜采用中心绿地或岛式绿地形态模式，向外汇流的场地宜采用均衡式绿地形态模式，单坡顺流宜采用边缘绿地、带状绿地等形态模式。

第二节　研究案例与数据来源

研究案例位于重庆市大足区海棠新城中部，主要由东西两个地块组成，住区总用地面积为 15.63hm^2，采用传统的布局方案，主要为板式多层建筑和点式高层建筑围合而成，整体方案的容积率为 2.42，建筑密度为 35%，绿地率为 40%。根据已完成的平面布局初步方案，降雨径流从西侧汇水单元进入东侧单元，地表径流雨水排放口在东侧单元的东南角，连接市政雨水管道(图 12.1)。

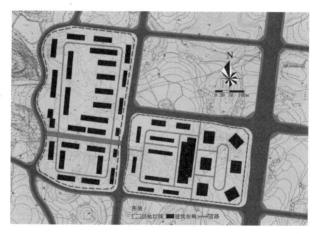

图 12.1　住区平面布局

资料来源：作者自绘。

　　研究选择 Uwater Drainage 软件，该软件是在 SWMM 软件的基础上开发而成的，相比于 SWMM 操作更为便捷。基于暴雨历史数据生成各地区的降雨雨型，通过概化场地地形、建/构筑物和雨水管网等模拟场地径流变化情况。通过实测 3 场雨水排放口场次降雨的雨水排放量，对概化模型进行率定验证。然后，采用以下方法进行模拟研究：①改变场地汇水单元的绿地布局形态指标，研究降雨径流变化特征，研究住区绿地规模、形状指数、均匀度指数以及离散度等形态参数变化后的降雨径流变化特征；②保持场地住区绿地总量和场地坡度不变，改变住区建筑布局方案，分别模拟在一般降雨(P=10a)和暴雨(P=50a)情景下住区场地径流的总排放量和排放量变化；③模拟住区平面布局初步方案的降雨径流，并在住区现有绿地布局方案的基础上，通过调整绿地系统布局参数与功能配置，模拟研究径流控制效应。

第三节　降雨径流的模拟分析

一、住区绿地形态参数对降雨径流影响的模拟分析

　　选取绿地规模、边缘复杂度指数、均匀度指数、离散度指数四类典型的形态参数，概化场地右侧汇水单元模型，控制其他形态参数，进行单一形态参数对径流影响的模拟分析(表 12.2)，形成不同形态参数的径流控制效应强弱对比结果(表 12.3)。

表 12.2　绿地形态参数对降雨径流的影响分析

参数	公式	参数图解	对降雨径流的影响
绿地比例	$\phi=\dfrac{A_{\mathrm{G}}}{A}\times100\%$。其中，$\phi$ 为绿地比例；A_{G} 为绿地总面积；A 为场地总面积	—	绿地量在很大程度上反映出透水面面积，透水面面积越大，降雨渗透量越大，对径流总量和径流峰值的控制也越强
绿地边缘复杂度指数	$S=\dfrac{P}{2\sqrt{\pi A}}$。其中，$P$ 为斑块周长；A 为斑块面积	边缘复杂度指数为1	绿地边缘复杂度指数越高，绿地斑块越不规则，绿地形态越复杂，绿地对雨水的蓄渗率越高，径流量控制作用越强

续表

参数	公式	参数图解	对降雨径流的影响
		 边缘复杂度指数为1.44	
绿地均匀度	$E = \dfrac{-\log\left[\sum\limits_{g=1}^{m}(Pg)^2\right]}{\log(m)} \times$ 100%。其中，E为均匀度指数（百分数）；Pg为单个绿地斑块与绿地斑块总面积之比；m为斑块数量	 均匀度指数为0.08 均匀度指数为1	在绿地总量和其他指标保持不变的条件下，绿地均匀度越高，绿地斑块面积越均匀，绿地对雨水的蓄渗率越高，径流量控制作用越强
绿地离散度	$I = \dfrac{1}{2}\sqrt{\dfrac{m}{A}} \div \dfrac{A_{\mathrm{G}}}{A}$。其中，$I$为绿地的分离指数；$m$为绿地斑块数量；$A$为场地总面积；$A_{\mathrm{G}}$为绿地总面积	 离散度指数为5.56 离散度指数为3.70	在绿地总量和其他指标保持不变的条件下，绿地离散度越高，斑块数越多，绿地对雨水的蓄渗率越高，径流量控制作用越强

資料来源：作者自制。

　　模拟实验显示，不透水斑块比例从 10%增大到 90%，绿地斑块比例从 90%减小到 10%，降雨径流系数由 0.23 增大到 0.87，降雨径流变化量为 65%。保持其他形态指标不变，绿地规模越大，绿地对雨水的蓄渗率越高，对雨水径流的调控作用越强。通过模拟实验可知，绿地形态参数对径流的影响程度有所不同，依次为绿地规模＞绿地均匀度＞绿地离散度＞绿地形状指数，其中复杂的边缘形态在住区尺度对降雨径流的影响效应较小（表 12.3）。

表 12.3　住区绿地形态参数对降雨径流的影响效应

类型	不透水面	透水面(绿地)	降雨径流变化量	径流影响效应
绿地规模	10%～90%↑	90%～10%↓	65%↓	★★★★★
边缘复杂度指数	↑	1～1.41	20%↑	★
均匀度指数	0～1↑	0～1↑	31%↑	★★★
离散度指数	↑	1～4.4721↑	25%↑	★★

资料来源：作者自制。

二、住区径流动态变化及雨洪模拟分析

传统住区规划先进行场地平整，再依据控规指标进行空间布局。根据住区初步设计方案的管网布局和设计地形划分汇水区，以 85%的径流总量控制目标，计算得到设计日降雨量为41.53 mm，按此降雨量进行径流模拟和淹没分析(图 12.2)。模拟显示，场地径流淹没范围达到 10850m^2，淹没最大深度达到1.28 m。与原始场地比较，径流淹没范围扩大了 9～10 倍，最大淹没深度略有增加。模拟结果可以反映出设计方案在设计降雨量情景下的淹没点和淹没范围，模拟图能直观地反映出空间布局与雨洪管理之间的关系是否合理。从图 12.2 可看出住区被雨水内涝淹没所遭受的影响，部分道路受到积水影响不利于出行，且部分区域积水严重。从图 12.3 可以看出，采用雨水滞留洼地后，通过对雨洪的有组织管理可以有效地减少淹没区面积和淹没深度。

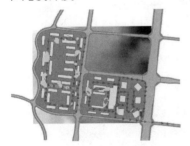 

图 12.2　住区传统开发模式下的　　图 12.3　住区低影响开发模式下的
　　　　　淹没模拟　　　　　　　　　　　　滞水绿地布局方案

资料来源：作者自绘。　　　　　　　　资料来源：作者自绘。

三、整合雨水管理功能的住区绿地系统复合结构

　　在住区初步方案的雨水径流模拟和淹没分析结果的基础上，明确雨水径流管理目标下的绿地功能，结合地形地貌、绿地分布以及居民活动行为，确定住区绿地布局规划方案。保持开发总量不变，通过调节绿地形态参数和绿地功能实现径流调节的目标。由模拟结果可知，该住区要达到85%的径流控制目标需增加滞水量规模为 5141m³ 的绿地。通过场地汇水区的划分与现状径流淹没分析，考虑分配下凹式绿地与不同深度的洼地，结合汇水分区进行滞水绿地分配。对于面积较大的汇水区，应在其径流中途与末端设置滞水绿地。对于较小的汇水区，可只在末端设置滞水绿地。在淹没程度较大的地方应增加可滞水容积，措施包括布置面积较大的下凹式绿地，同时，选择淹没较为严重之处设置深度较大的洼地。每处下凹式绿地的具体位置和面积由其所在汇水区径流控制量（将总控制量分解到各个汇水区）结合传统住区布局的绿地功能进行确定。绿地系统具有环境调节功能和美学功能，而环境教育功能又可以附加于雨水管理功能之中，因此绿地系统的功能表现为雨水管理功能、休闲游憩功能与防灾避难功能三者复合配置或两个功能复合，加上单独的景观美学与环境调节功能的复合，实现八大类绿地功能综合配置（图 12.4）。

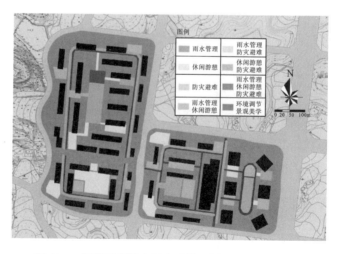

图 12.4　调整后绿地布局和功能配置（见本书彩图版）

资料来源：作者自绘。

　　住区绿地系统具体实施过程中，基于雨水管理目标布置雨水设施，通过雨水管理系统和传统绿地功能的复合使同种设施展现多样功能，或将不同设施在同一空间进行关联、接壤、穿插，从而实现雨洪功能与传统绿地功能的空间复合(图12.5)。例如，顺应绿地系统布局结构，在绿地低洼区域布置具有渗透和过滤功能的下沉式绿地，在大型绿地中心布置具有储存功能的景观水体，在绿廊布置具有传输功能的植草沟，将径流上游绿地与末端绿地相连，绿地因住区道路分割时可采用下穿生态沟进行连接，形成绿地的雨洪管理功能系统。结合绿地系统和周边设施，在绿地斑块和绿廊旁布置休闲游憩场地节点，设置休闲路径连接节点，形成绿地休闲游憩功能系统。绿地对热岛效应具有缓解作用，越靠近绿地，对热岛效应的缓解作用越明显，面向热岛调节效应，优化绿地布局形态。绿地设施中的植草沟、下沉式绿地、蓄水池等雨洪设施，具有自然体验和环境教育功能。位于高地开阔区域的绿地可作为雨洪灾难过程的应急避灾场地，构成绿地的防灾避难功能系统。

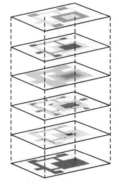

图 12.5　雨洪管理与传统绿地功能的空间复合

资料来源：作者自绘。

第四节　复合功能可以提升适应性

　　通过分析不同住区绿地形态模式的径流控制强度与功能参数，为住区绿地空间布局和功能复合提供适应性方案，有利于从传统的住区规划方法向多元参数化设计方法转变，实现提升住区绿地系统综合效益的目标。住区传统绿地系统主要是满足居民的户外活动使用和对景观的观赏需求，整体而言有五大功能，分别是环境调节功能、景观美学功能、休闲游憩功能、防灾避难功能与环境教育功能。住区绿地系统的雨水管理功能体系包括渗透系统、储存系统、输送系统与过滤系统四大系统，涵盖了雨水从降落到地表再到进入市政管网的全过程。四大系统之间联系紧密，形成了雨水的整体循环。为保障住区居民的生活和休闲需求，融合住区的径流控制目标，需对传统绿地的五大功能和雨水管理的四大系统进行空间复合，才能更好地提出住区绿地系统布局方案。

参 考 文 献

褚彦杰, 2017. 基于海绵城市理念的绿色建筑雨水设计[J]. 给水排水, 53(S1): 228-230.

丁跃元, 2005.德国的雨水利用技术[J]. 住宅产业(1): 31-34.

蒋春博, 李家科, 马越, 等, 2018. 雨水花园对实际降雨径流的调控效果研究[J]. 水土保持学报, 32(4): 122-127.

李方正,胡楠, 李雄, 等, 2016.海绵城市建设背景下的城市绿地系统规划响应研究[J]. 城市发展研究, 23(7): 39-45.

李强, 2013. 低影响开发理论与方法述评[J]. 城市发展研究, 20(6): 30-35.

卢江林, 颜文涛, 邹锦, 等, 2017. 适应环境过程的西南山地住区绿色空间——构建策略与结构模式[J]. 南方建筑(6): 116-121.

吕伟娅, 管益龙, 张金戈, 2015. 绿色生态城区海绵城市建设规划设计思路探讨[J]. 中国园林, 31(6): 16-20.

苗伟, 冯爽, 康殿旭, 2018. 海绵城市雨水年径流总量控制率研究——以沈阳市中心城区为例[J].给水排水,54(S2): 141-145.

潘文斌, 柯锦燕, 郑鹏, 等, 2018. 低影响开发对城市内涝节点雨洪控制效果研究——不同降雨特性下的情景模拟[J]. 中国环境科学,38(7): 2555-2563.

吴丹洁, 詹圣泽, 李友华, 等, 2016. 中国特色海绵城市的新兴趋势与实践研究[J]. 中国软科学(1): 79-97.

颜文涛, 王云才, 象伟宁, 2016. 城市雨洪管理实践需要生态实践智慧的引导[J]. 生态学报, 36(16): 4926-4928.

颜文涛, 周勤, 叶林, 2014. 城市土地利用规划与水环境效应:
　　研究综述[J]. 重庆师范大学学报(自然科学版), 31(3):
　　35-41.

颜文涛, 贵体进, 赵敏华, 等, 2018. 成都城市形态与河流水系
　　的关系变迁:适应性智慧及启示[J]. 现代城市研究(7):
　　14-19.

于冰沁, 车生泉, 严巍, 等, 2016. 上海海绵城市绿地建设指标
　　及低影响开发技术示范[J]. 风景园林(3): 21-26.

张质明, 胡蓓蓓, 李俊奇, 等, 2018.中国日降雨空间变化对雨
　　水径流源头总量控制的影响[J]. 水科学进展, 29(4):
　　465-472.

邹锦, 颜文涛, 曹静娜, 等, 2014. 绿色基础设施实施的规划学
　　途径——基于与传统规划技术体系融合的方法[J]. 中国园
　　林, 30(9): 92-95.

第十三章 滨水空间的规划设计分析

　　城市滨水区是流动的自然水体与人工环境之间的交汇区域，承载了城市居民的日常生活、休闲游憩、民俗仪式以及社会经济发展等多种多样的城市活动，是城市的重要组成部分。自然过程与人类社会过程共同影响、塑造着城市滨水区的景观风貌。作为饱含城市集体记忆和城市自然要素的特定区域，滨水景观空间既具有优化城市生态系统能流和物质循环的效用，又在城市历史文化建设中起着重要作用。

　　本章基于滨水景观空间的内在价值，揭示滨水空间的本质并理解滨水景观的不同特征，将滨水区景观空间类型划分为历史文化类、自然生态类、游憩活动类、水利交通类等滨水景观空间类型。根据滨水景观类型→行为活动→景观空间→设计要素的逻辑关系，构建不同类型滨水景观空间的设计要素。通过分析各类型滨水景观所属的滨水空间层次和主导景观过程，确定其适合的设计策略与模式，将设计策略与设计要素相结合，最终体现在对空间实体的景观塑造上。

　　随着城市的发展和市民整体文化层次的提高，滨水区景观在组织层次上呈现出复杂多样化的趋势。不同类型的滨水景观空间在功能内涵、外在形式、主导景观过程和所处空间层次上的差异，决定了其适用的景观空间规划与设计方法不同。

第一节　城市滨水景观空间类型

　　不同的城市滨水区类型具有不同的景观空间特征，景观空间的关键要素也有差异。划分城市滨水区景观空间类型的目的就是更好地理解滨水景观的不同特征，并通过对城市滨水区景观空间的塑造，体现城市地域环境特色。

一、注重内涵的城市滨水空间类型划分

从功能角度分类是常用的景观空间分类方法。但随着城市的发展演变，城市滨水区的功能和形式都处于不断变化中（Breen and Rigby, 1996），而滨水景观空间对城市而言的意义、内在价值等本质特征却能够跨越历史且持续存在。因此，基于滨水景观空间内在价值的空间分类方法显然更能揭示滨水景观空间的本质。

阿尔多·罗西[①]认为，城市融合了实体和意象两个层面，它们在时间、场所中与人类的生活密切相关。实体的城市在时空中真实存在，是历史的，也是功能的，但同时实体的城市也是暂时的、变化的、偶然的；而意象城市是一种心理存在，由场所感、街区、类型构成，它超越时间，具有普遍性和持久性。景观空间类型是不同外在形式的区分法则，而形式是表现的具体外部特征，一种类型可以表现为多种形式，但每一种形式只能够还原成一种类型。

因此，作为城市空间重要的组成部分，滨水景观空间的类型不仅由空间本身决定，还由过去和现在的事件持续在同一地点发生所决定，每一个新的滨水活动都包含着过去的回忆和对未来潜在的"记忆"。它是人们社会文化观念的一种表现，与人们所在的场所、时间紧密联系在一起，是意象与实体的聚合体。从滨水景观空间存在的内在逻辑性和合理性出发，通过深层次的各种元素组合方式与内在关联的横纵向对比，可以获得具有核心内涵的城市滨水景观空间"原型"。

二、依据原型推导的城市滨水空间类型

通过对城市滨水景观空间内在价值及特征的分析，将城市滨水景观空间原型归纳为集体记忆[②]型、自然生态型、城市生活型三种原型。这三种原型空间的外在形式(实体)是随着时代特征的变化而变化的，而内涵(意象)则是永恒的。景观设计中不仅要把握各种"变"的短期、外在的形式要素，更需要把握

---

① 阿尔多·罗西（Aldo Rossi, 1931—1997），国际知名建筑师。罗西在20世纪60年代将现象学的原理和方法用于建筑与城市，在建筑设计中倡导类型学，要求建筑师在设计时回到建筑的原形中去。这一理论和运动被称为新理性主义。

② 集体记忆由法国社会学家莫里斯·哈布瓦赫（Maurice Halbwachs）在1925年首次完整地提出，以跟个人记忆区分开，是指各种各样的集体对一起建构的事或物所保存的记忆。

各种外在形式下深层次的内涵，即"不变"的内在价值。

在上述三种原型的基础上，结合发生在滨水区的行为类型，将滨水区景观空间类型划分为历史文化类(集体记忆型)、自然生态类、游憩活动类(城市生活型)三种滨水景观空间类型。此外，在现代城市滨水区，往往还存在一类以提供市政基础设施服务、功能支持等为主的空间，防洪和交通是其核心功能。这类空间可称为水利交通类(服务支持型)滨水景观。

1. 历史文化类滨水区景观

历史文化类滨水区景观也可称为集体记忆类滨水区景观。城市是集体记忆的场所，集体记忆对加强城市市民的身份认同和社会共识发挥着至关重要的作用。城市滨水区储存与浓缩历史事件，是城市集体记忆高度凝结的空间。该类型滨水景观空间是指在一个群体中共享与传承的物质遗存或非物质遗存的滨水记忆场所，以历史保护和文化体验为核心功能的景观类型。集体记忆可以存在于物质形式中，如古渡口或古地名、桥梁、老工业厂区、码头、纪念地、历史街区、古建筑、博物馆等特定空间；也可以存在于非物质形式的文化实践活动中，如仪式、风俗、节日等纪念仪式和主题性的短期展会活动等。

历史文化类景观空间一般以标志性的公共空间形式出现，由于承载着集体记忆驱动下的各类行为活动(文化体验活动)，其功能会随着时间的推移逐渐变化，但形态特征相对不变，体现了空间的文化价值。比如，老码头转变为城市休闲中心、工业旧厂房转化为创意公园等，通过现代意义上的景观更新设计，赋予该景观空间新的社会意义，可以重建人们的集体记忆，具有历史与现代的共时性，是非常重要的一种城市滨水景观空间类型(Johnson，1991)。

2. 自然生态类滨水景观

自然生态类滨水景观是指自然状态下、人类干预较少的、以自然生态为核心功能的滨水景观类型。这类滨水景观以自然为原型，以纯自然的原生态特征为主，通过维持原有滨水区生态系统结构，以及对被人为破坏区域的生态修复，实现滨水区的生物保护、物质传输、净化调节、生物生产等功能(Makhzoumi et al.，2012)。自然要素在此类滨水空间中占主导地位。该类景观空间上由于承载着主要的自然生物过程和少量的人类休闲活动，其服务功能相对稳定。

　　自然生态类滨水景观主要处于城市的边缘地带，或城市组团之间的滨水林地，周边建筑及人流密度均较低，环境较为粗放和原生态，水体保持较多自然形态和自然岸线，水体形态为自然形式，蜿蜒曲折，宽窄自然变化，分叉分支，保留了水体的自然特征，如河漫滩、沙洲、岸际湿地、沼泽等，其空间形态特征可能会随着自然生态过程的变化而发生改变。

　　除强大的生态服务功能外，自然生态类滨水景观在满足人们亲近自然的精神需求方面也具有特殊的价值，人与自然记忆的融合才是这种滨水景观空间原型的内在要素。因此，自然生态类滨水景观空间应该将人的心理需求和生理需求融合在一起，进行综合的协调处理，这样才能够真正达到人与景观的相容和共鸣，以及与自然的和谐发展。

3. 游憩活动类滨水景观

　　游憩活动类滨水景观是指以城市滨水公园、绿地、广场、亲水平台等设施为空间构成元素，以公共交往活动为核心功能的滨水景观类型。游憩活动类滨水景观一般以服务邻近社区居民为主，主要载体为方便附近居民到达的小型滨水开放性空间、滨水绿地、眺望平台空间、观水或亲水平台空间等，还包括适合体育健身活动的空间和设施，以线性的滨水景观带串联起来，成为城市滨水景观空间的重要组成部分。

　　通过历史性的社会行为过程，游憩活动类滨水景观空间得到城市居民的普遍认同，对于增强场所性以及重塑城市文化特征起着重要的作用。因此，在对游憩活动类滨水景观进行规划设计时，除考虑滨水区城市功能和各类行为过程的空间需求外，还需要考虑滨水空间的步行易达性和视觉通达性，通过融入式的景观规划设计，提升滨水区游憩活动类景观空间的美学感知体验，强化市民的记忆与认同度。同时，多功能混合可促使多种活动的产生，为创造丰富、多样化的社会生活提供条件，同时也可以为不同个体、社群生活提供自由选择空间的可能性（Popovi et al.，2015）。

4. 水利交通类滨水景观

　　水利交通类滨水景观是指以水利设施或交通设施为空间构成元素的滨水景观类型，如堤岸护坡、防洪挡墙、市政排水箱涵、滨江道路或高架路、航运码头等，该类景观主要承载着滨水城市的防洪、陆上或水运交通、城市排水等功能。

在对水利交通类景观进行规划设计时，考虑车行交通可达性和防洪(或排水)安全性的同时，还需要考虑滨水空间生态过程的连续性和滨水廊道结构的完整性，并减少对其他滨水空间行为过程的阻碍。以汽车快速交通功能为主的滨水区交通类景观，场景的形象尺度、间隔序列都需要放大，并且需要一定量的重复场景，帮助信息在时间积累中有效传达并记录到人脑中。以慢速交通或人行功能为主的水利交通类景观，则要注意场景的细节化、空间节奏变化以及多样化，以达到人们慢速行进中步移景异的感受体验。

第二节　滨水空间设计要素构建

滨水景观的类型决定在其中发生的行为活动，这些行为活动需要相应的空间形式予以支持。而在景观设计中，实体的设计要素与空间形式密切相关。呈现出滨水景观类型→行为活动→景观空间→设计要素的逻辑关系。由此可以将不同滨水景观类型的设计落实到具体设计要素上，有助于在实践中指导并把握设计方向，落实设计思想。

设计要素是景观规划设计的对象和客体。城市滨水区景物构成多样复杂，目标呈现多元化。根据对空间实体景观及其所形成系统的分析，将城市滨水区景观分解为五个设计要素，并进一步细分为基本要素类型和具体景观构成(表 13.1)。

表 13.1　城市滨水区景观设计要素构成表

设计要素	基本要素类型	具体景观构成
物理要素	自然地形地貌	涨落带地形、自然岸坡地形、高河滩地形
	人工构筑物	堤防与护岸、高架桥、桥梁、综合管线桥
生态要素	水位多变区植物群落	湿地与水生植物、滨水生态系统
	缓冲区植被带	河岸缓冲区的林带、植被带
	过渡区绿地	滨水绿化覆盖率、植物构成、绿地生态系统
交通要素	静态交通系统	公交站点、停车场/库、集散广场
	动态交通系统	滨水慢行系统(步道和自行车道)、城市道路
	水上交通	水上公交、水上游览、码头

续表

设计要素	基本要素类型	具体景观构成
	历史建/构筑物	建/构筑物立面及其形成的空间
人文要素	环境传统	传统空间构成、环境特色延续
	非物质历史文化	传统民间活动、手艺
	视线通廊	视廊通透性、广度、视觉焦点与观景空间
视觉要素	滨水界面	驳岸处理、亲水平台
	空间架构	临水建筑界面、高度与城市轮廓线

资料来源：作者自制。

　　根据设计要素与各类型滨水景观空间形式的对照，基本可以得出如图 13.1 所示的对应关系。需要说明的是，在对应中也会有交叉的情况，如视觉要素在各类滨水景观中都是需要的，物理要素影响的也不只游憩活动类景观，还有水利交通类景观等。相对于滨水景观的各个类型来说，其设计重点各有不同，侧重一定的设计要素更能突出各类景观的特点。当然，设计中也需要全局意识，因为各设计要素毕竟不是孤立存在的，在设计中进行综合运用才能塑造出宜人的景观。

图 13.1　滨水景观类型与相应设计要素的对应关系

资料来源：作者自绘。

一、历史文化类滨水景观的设计要素

　　人文要素是历史文化类滨水景观最主要的设计要素。在景观规划设计中，场地历史与文化被认为是场所精神的重要组成部分。场地本身的历史变迁、自然和人为的改变、某个特殊时段所发生的事件或存在的人文，在人们集体的情感寄托下就形成了丰富的场所精神。景观规划设计要在分析场地所表现出的各种资源的基础上，挖掘场地固有的特征以及机理的潜在内涵，如生活在这里的人们对它的情感、适应了这里的气候而生长的特殊植被等。一个地区的自然景观和文化景观特质是自然与人在长期的磨合中逐渐形成的，历史文脉的保护与延续对场地而言是至关重要的信息与资源，它们可能是有形的客观存在，如历史建筑或构筑物以及它们形成的空间、传统的街巷空间、独特的临水建筑物造型等，也可能是无形的意识或非物质形态的历史文化传承，如某些历史记忆、生活在这里的人们对它的情感、传统民间活动(如社戏、庙会等)等。

二、自然生态类滨水景观的设计要素

植物是城市滨水区景观不可或缺的元素。自然生态类滨水景观的设计要素主要包括由(水际)湿地/水生植物群落—(岸际)缓冲区植被带—(城市)滨水绿地构成的从水到陆三个层次的植被带，在各有侧重的同时共同形成完整健康的滨水绿地生态系统。除视觉上的美感以外，城市滨水景观要素中的水质、污染控制和水土保持都与滨水植物及其形成的生态系统的生态服务功能有关(Kenwick et al.，2009)。三个层次植被带中任何一个缺失或退化都会引起整个滨水生态系统的退化。滨水植物系统的根系可以加固堤防、沉沙固土，有效防止水土流失；水际与岸际缓冲区植被系统能够在城市面源污染进入河道之前拦截、降解污染，有效保护河流水质(Haase and Dagmar，2015)；城市滨水绿地或绿化带不仅在城市腹地与滨水区之间形成良好的衔接，为市民提供就近且品质优良的休闲空间，同时构成城市垃圾、污染物等进入河流水体的第一道屏障；对滨水山地或丘陵存在不稳定坡面的，以植被恢复为主的生物治理措施可以很大程度上减少或减轻滑坡、泥石流、山体崩塌等地质灾害，为城市的空间安全提供保障。

三、游憩活动类滨水景观的设计要素

城市滨水游憩活动类空间的景观品质由各种自然地形地貌形成的滨水开放空间与视觉要素共同决定。自然地形地貌对景观的影响至关重要；除大山大水构成的第一层次生态体系外，城市滨水区域内尚有一些小的地形地貌单元。在自然形态上，主要表现在山体和水域两个方面。山体方面有山岗、山谷、陡坡、陡崖、坪、坝、坡、坎、垭、沟、岭等；水域方面有河、岸、湾、岬、峡、沱、碛、滩、洪泛区等。滩涂和湿地是非常重要且典型的涨落带地形，与之相近的还有沙洲、(小型)岛屿、沼泽、岸际低洼地等。它们是江河与城市之间的缓冲带，在保护自然岸线、维持和塑造多样化生境方面有着不可替代的作用。同时，它们在低水位时期出露水面，提供形态多变、环境优美的游憩场地，形成城市开放空间的重要补充。

视觉是人们最依赖的感知外部世界最直接的手段。根据观赏点的不同，滨水区的主要观赏方式包括外围空间观赏、近水观赏、临水观赏、水面观赏、水域对岸观赏等，再加上赏景人本身的运动，使得观赏形式更为多样。根据具体地形，设置多角度、不同视点的视线通廊，以获得全景、透景、框景等多种不同的视觉体验。城市天际轮廓线是城市地形和建筑上部形态的叠加和结合，在城市视觉景观中具有极强的识别力；由水际线、堤岸线形成岸际轮廓线(或称岸线)，滨水岸线在城市中以线型空间延伸，为人们感知城市风貌和城市轮廓形态提供了良好的视点与参照物(黄光宇，2002)。对滨水岸线空间的设计可以使岸线本身成为一道滨水风景线，升华水景特色，形成丰富、高效、动态平衡的滨水景观走廊(Popovi et al.，2015)。

四、水利交通类滨水景观的设计要素

水利交通类滨水空间的主要功能为防洪和交通，与之相应的景观要素包括堤防、护岸、桥梁、滨水交通道路、停车场、轨道管线等。

堤防是使河水在河道内安全下泄，防止洪水泛滥的重要水利工程建筑物，护岸是用于保护河岸和堤防免受河水冲刷的构筑物。作为城市直接用于防御洪水的基本设施，堤防和护岸同时也是城市滨水区重要的景观元素。堤防和护岸应该与环境保护相结合，具有自然、半自然、近自然等多种形态，搭配适合的植物，既可以形成宜人的滨水景观空间，又能有效抵御洪水。桥梁除连接江河两岸的功能以外，其造型、色彩、风格等使其本身也成为视觉焦点，增加了城市滨水景观的层次和景深，如美国旧金山的金门大桥；桥梁还可以成为城市的旅游景点和绝佳的观景点，如澳大利亚的悉尼大桥。此外，水利交通类的某些人工构筑物，如市政综合管线桥等常常会降低城市滨水空间的可达性，或形成不良的视觉效果，在设计中要注意尽量弱化其负面影响。

第三节　滨水空间设计模式分析

按城市滨水空间的水位高程，及河流水体到城市腹地的空间关系顺序，可将城市滨水区景观空间划分为水位多变区、缓冲区和过渡区三个区域。由于各个区域的空间位置及其与水体、城市腹地的关系不同，其各自的主导景观过程也不同，功能、目标和任务也有所区别。所以在进行具体设计时，需要针对各区域的具体情况，采取相应的设计方法。

水位多变区以生态功能为主，改善滨江生态系统环境、维护滨水生态系统的健康稳定是其主要目标，整合区域内生态资源，修复重建受损的生态系统，创造适宜、多样化的生境是其主要任务；缓冲区的生态功能与社会功能并重，截留污染、净化环境、保证堤防安全、防止水土流失、提供市民游憩空间是该区域的主要目标，该区域的主要任务是建立、重建或完善滨水生态系统；过渡区最重要的功能是衔接、协调滨水区与城市腹地，发挥区域临水、观景的长处，强化区域的亲水特色和场所感是该区域的主要目标，从视觉、绿化、交通等角度打造与城市腹地相连的廊道，增强区域的可观性和易达性，协调与其相邻景观和城市功能区域的关系是此区域的主要任务。三个区域虽然各有侧重，但仍是有机联系的统一整体，在设计方法上要注意相互协调，协同进化，切不可顾此失彼，相互矛盾(Latip et al.，2012)。

各类型的滨水景观空间分属不同区域。不同类型的滨水景观空间的内涵不同，其景观空间的形式也不尽相同。空间形式决定适用的景观设计模式，针对各分区主导景观过程的分析有助于寻找相关模式的切入点。历史文化类滨水景观保存有众多的历史文化物质化遗存，因此其高程一般都位于城市设防基准标高以上，直接与城市腹地相连，属于滨水区的陆域部分，即过渡区。社会(历史)过程是该空间的主导景观过程。由于既有实体遗存又有文化上对周边地区的辐射作用，触媒-生长模式中的空间触媒模式在此区域能得到很好的体现和应用。例如，将旧工业厂区内的一些废弃设备改造为艺术品或儿童游戏设施，既可以提升空间的艺术品位又能积聚人气，触发空间的自我生长与更新，而历史文化滨水区段的文化复兴更能带动周边城市区域的更新与再生。除了历史文化体验，历史文化类滨水景观空间还能衍生出其他功能，如商业、演出、创意产业等，适用于堆栈-协同演替模式中的空间堆叠模式（Oakley and Johnson，2013）。

　　自然生态类滨水景观关注的要点是场地的生态系统，自然过程是这类空间的主导景观过程。不论是保护还是修复、重建，都必须遵循自然规律，或依据自然规律加入适当的人工干预，以触发生态系统的自我组织、自我修复，容器-引入模式中的引入生态模式对应的正是这一理念，与触媒-生长模式中的生态触媒模式共同使用能获得更好的效果。此外，自然生态类滨水景观有很多河漫滩，沙洲、湿地等形式的空间，多处于水位多变区，适用于堆栈-协同演替模式中的时间转换模式，可以根据河流的季节性水位变化和洪水的规律，设置不同高程的多级台地，扩大枯水期滨水开放空间的面积，实现对滨水空间的季节性使用。

表 13.2　各类型城市滨水景观空间的景观过程与适用模式

类型	所属滨水空间层次	主导景观过程	适用景观设计模式
历史文化类滨水景观	过渡区	社会（历史）过程	触媒-生长模式：空间触媒 堆栈-协同演替模式：空间堆叠
自然生态类滨水景观	多位于水位多变区	自然过程	触媒-生长模式：生态触媒 容器-引入模式：引入生态 堆栈-协同演替模式：时间转换
游憩活动类滨水景观	缓冲区与季节性水位多变区，少数位于过渡区	自然过程/社会过程	容器-引入模式：引入事件 堆栈-协同演替模式：时间转换 触媒-生长模式：生态触媒
水利交通类滨水景观	过渡区（道路）和缓冲区（堤防）	自然-社会复合过程	堆栈-协同演替模式：空间堆叠 触媒-生长模式：生态触媒 容器-引入模式：引入生态

资料来源：作者自制。

　　游憩活动类滨水景观以邻近社区的堤岸、线性滨水景观中众多的中小型景观节点、绿地、亲水平台等空间为主。这类空间点多面广，大多数位于缓冲区，而位于水位多变区且季节性出露的滩涂、湿地等是游憩活动类滨水空间的重要补充，还有少数空间位于过渡区，属于自然过程和社会过程共同或交替发生作用的区域。这类空间的特征是开放性，而线性串联的空间形式使这一空间的等级性和中心性相对较弱，适合容器-引入模式中的引入事件模式。这类景观空间串联的各个节点分别带动周边区域而形成一定的空间"场域"，使滨水景观也具有一定模块化的组织形式。水位多变区和缓冲区都会季节性淹没，因此堆栈-协同演替模式中的时间转换模式也适用于此区域。在对水位多变区空间季节性使用时，涉及涨落带地形的恢复、重建工作，可以采用生态触媒模式，随着时间的推移和河流的自然演变过程，逐渐恢复岸际生态系统，重建接近自然形态的涨落带地貌。

水利交通类滨江景观是线性连续空间，以快速交通为主导的滨水道路和高架桥严重影响水际景观空间的可达性，在道路下埋、内移或降低等级等方法都不可行时，采取立体式的空间堆叠模式，利用架空天桥、高架路下部空间等方法可以部分解决可达性差的问题(Turner,1995)。对于堤岸护坡、防洪挡墙等城市防洪设施来说，向生态堤岸转型，可以采用引入生态和生态触媒方式使堤防更为坚固，既保土护岸又生态自然。

不同类型的滨水景观空间适用不同的设计策略。根据各类型滨水景观所属的滨水空间层次和主导景观过程，确定其适合的设计模式(表13.2)，再根据与各类型滨水景观相对应的设计要素，将设计策略与设计要素结合，并最终体现在空间实体的景观塑造上。根据这样的逻辑关系，得出基于过程的滨水景观设计体系框架(图13.2)。

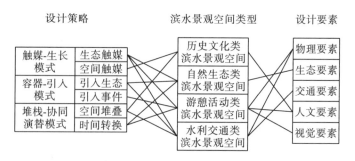

图13.2 基于过程的滨水景观设计体系框架

资料来源：作者自绘。

参 考 文 献

阿尔多·罗西, 2006. 城市建筑学[M]. 黄士钧, 译.北京: 中国建筑工业出版社.

黄光宇, 2002. 山地城市学[M]. 北京: 中国建筑工业出版社.

莫里斯·哈布瓦赫, 2002. 论集体记忆[M]. 毕然, 郭金华, 译. 上海: 上海人民出版社.

Breen A , Rigby D, 1996. The New Waterfront : A Worldwide Urban Success Story[M]. New York: McGraw-Hill.

Haase, Dagmar, 2015. Reflections about blue ecosystem services in cities[J]. Sustainability of Water Quality & Ecology (5) : 77-83.

Makhzoumi J, Chmaitelly H, Lteif C, 2012. Holistic conservation of bio-cultural diversity in coastal Lebanon: A landscape approach[J]. Journal of Marine and Island Cultures, 1 (1) : 27-37.

Johnson M, 1991. The opportunity to design post-industrial waterfronts in relation to their ecological context [D]. Phiadelphia: University of Pennsylvania.

Kenwick R A, Shammin M R, Sullivan W C, 2009. Preferences for riparian buffers[J]. Landscape & Urban Planning, 91 (2) :88-96.

Latip N S A, Shamsudin S, Liew M S, 2012. Functional dimension at "Kuala Lumpur Waterfront"[J]. Procedia-Social and Behavioral Sciences (49) : 147-155.

Oakley S, Johnson L, 2013. Place-taking and place-making in waterfront renewal, Australia[J]. Urban Studies, 50 (2) : 341-355.

Popovi S, Vlahov S, Vatin N, 2015. The role of water in city center, through location of "Rakitje"[J]. Procedia Engineering (117) : 849-858.

Turner T, 1995. Greenways, blueways, skyways and other ways to a better London[J]. Landscape & Urban Planning, 33 (1-3) : 269-282.

第十四章　滨水空间的规划设计指引

在时间与空间中动态演变是景观的基本特征，因此，景观规划设计的基本理念要响应景观在时空上的动态性。规划设计中除遵循传统景观设计的基本准则外，还强调对过程的主动利用，设计、建立并引导景观过程。

设计过程的景观设计模式在各类滨水景观空间设计中有不同的应用和体现，既有对设计策略层面也有对实体空间的设计要素控制。在设计中贯彻过程式设计、以地形作为操作系统、以流动产生形式、开放式结果等设计原则，借助不同的设计手法让各种异质元素产生联系，使所有的变化自行成为整体。以设计策略与设计要素控制的叠加，形成基于景观过程、针对城市滨水景观空间，系统、具体并具有操作性的设计方法体系。

景观是各种过程的产物，在时间与空间中的动态演变是其基本特征。制定景观设计策略首先要遵循自然与社会的基本运行规律，以适应、顺应的方式响应景观过程。物质空间及其上的实体是景观规划设计的对象，反之，地表上物质空间的形式也会影响和改变生态系统的流动模式和功能(杨沛儒，2010)，从而影响和改变景观过程。合理的人工干预可以向景观系统主动引入或有助于引入外界环境的物质、能量和信息，从而帮助触发或加快景观过程，使营造动态性景观空间的设计实践具备可行性。

因此，景观规划设计的基本理念就是要响应时空上的动态性。规划设计中除遵循适应性、可持续性等传统景观设计的基本准则外，还强调对景观过程的主动利用，设计、建立并引导景观过程，即不仅被动响应，还要主动介入并构建景观的过程。本章以设计策略、操作手段、作用形式、成果体现方式等原则为指导，将传统景观设计的一般策略与主动介入式设计模式结合，形成完整的基于过程、动态性的景观设计方法体系。

第一节　响应与构建的设计原则

一、过程式设计

传统的景观项目通常有一张终极的蓝图，景观规划与设计的目的就是实现这一最终状态，随后的管理目标就是尽量减少它的改变，这显然是不可持续的。景观是由多种过程共同作用并塑造形成的，它随时间的推移而处于动态变化中，是一个有机体。我们看到的景观所呈现出的某种空间形态只是其生长过程中的一个片段，一种临时状态，正处于变化成其他物质形态的过程中。创造有生命力的景观的关键在于对过程的理解。

过程式设计正是基于对过程的理解和响应的设计方法。景观中的过程式设计不只是设计结合过程，即对景观过程被动性地遵循、适应、顺应，还包括主动利用过程，并以人工介入过程，即设计过程。在这里，过程不仅是设计的手段，也是设计的结果。

作为一门揭示地球上所有生命是如何在一种动态的关系中相互依存、变化的学科，生态学是过程式设计中非常有用的工具。严谨专业的生态分析和预测有助于在设计中创造可操作的生态过程，促进景观系统的良性运转。

在基于过程的景观设计操作中，前期的生态分析至关重要，包括对地形、土壤、水体、水质的调查，各种尺度的生态栖息地研究等，并以此为基础，推测未来长期(如20～30年)的生态及植被演替过程，以及生物、水文与物质的水平流动等。在这种方式下，生态原则成为组织空间的逻辑，并决定最终的空间设计形式及介入方式。景观的长期过程有赖于各种自然力的做功，利用侵蚀、沉积、降解、自然演替等方式，使景观生态系统在一个较长期的过程中逐步实现自我完善。当然，生态介入也并不排斥最低限度的人工干预，为了使景观空间的生长过程不至于遥遥无期，需要一定动态的管理框架，根据实施过程中生态系统的反馈，制定不同阶段的管理措施，从而逐步创造出多样的生境体系，最终开启自然生态的自组织和自设计过程(翟俊，2010)。

纽约市清泉公园、鹿特丹马斯莱可迪 2 号新港、纽约斯坦藤岛的"生命的防波堤"都是生态介入过程式设计的典型案例。同样，阿德里安·高伊策(Adriaan Geuze)在位于荷兰东斯凯尔特(East Scheldt)的风暴潮防护堤项目中，使用当地蚌类产业的废弃物，用黑白两种颜色的贝壳创造出图案化的景观构图(图 14.1)，相应地吸引深浅两种颜色的鸟群前来栖息觅食。在景观运行过程中充分利用基于生态学的自然选择和互利共生的原则，是生态介入式过程设计的良好案例。

图 14.1　荷兰东斯凯尔特风暴潮防护堤项目

资料来源：http://www.west8.com.

与生态介入式设计主要着眼于自然过程不同，库哈斯在多伦多树城方案中的过程式设计则更重视景观的社会过程。园区规划了 1000 条步道，且借此产生了 1000 个入口并向多伦多城市地区开放，将人工和天然的自然系统联系起来，从而形成了多样化的自然—城市景观圈，使城市环境与自然系统达到一定程度的均衡(杨沛儒，2010)。这个空间触媒得以成功的关键在于景观运行过程中多元化的社会参与过程。这种类型的过程式设计并不以空间的最终产品作为设计目标，而在于其向城市环境、周围社区的开放，诱发自下而上的自发性空间组织过程。案例中呈现出的多元化景观元素与景观圈，要表达的是(景观形成的)机制而非形式(杨沛儒，2010)。这个机制就是景观的社会过程。

二、地形作为操作系统

　　地形是地球表面三维空间的起伏变化，包括大尺度上的高山、丘陵、山谷、河谷、平原、草原等，以及较小尺度上主要由地面的形状、坡度及方位等引起的地表变化，如台地、土丘、斜坡、坪坝等。前者称为大地形，决定一个区域内大的地质条件、气候、土壤、水文、动植物分布等因素；后者称为小地形，决定一定范围内的植被分布、地表径流、小气候、土地利用及生产活动。本章的研究对象是后者，以及更小尺度上的微地形。

　　在城市景观空间中，地形直接联系着包括坡度、排水、小气候等在内的众多环境因素，影响空间构成和空间感受及其美学特征。几乎所有的设计要素，包括植物、铺地、水体和建筑及其外加在景观中的其他要素都需要与地面相接触、相联系，景观的空间轮廓、外部形态、空间中相关要素的变化，都在某种程度上依赖于地形。地形因此被认为是构成景观的基本结构因素，也是整个景观的骨架。地形能系统地制定出环境的总秩序和形态，其他因素可被视为叠加在此构架表面的覆盖物。

　　地形的起伏、坡度、坡向等特征直接影响场地内的自然过程，如水体和地表径流的走向、土壤含水量、植物种类及分布等，在设计中采取适当的地形改造、微地形塑造等，可以控制或改变空间中特定部分自然系统的流动方式、方向、速率等，从而介入和影响景观的自然过程。

　　设计中对地形的操作也会影响景观的社会过程。地形对空间中人的流动具有诱导性，可以影响行人和车辆的运行方向、速度和节奏。地表结构与人在景观空间中的运行速度和方向有直接关系。一般来说，运行总是在阻力最小的道路上进行，随着坡度的增大，或更多障碍物的出现，运行的难度和时间都会相应增加。因此，通过斜坡和水平地面的结合，可以控制人们在景观空间中的运行速度、停留时间以及游览方向等。通过改造外部地形增加可达性，还可以有效提高景观空间的使用效率。此外，地形的变化还会让人产生不同的心理感受，如开阔、封闭、公共、私密等。

三、流动产生形式

景观系统中具有各种形式的流，包括能流（能源和能量）、物流（物质与碳、水）、物种流、人口与信息流，它们横跨各种空间尺度，是景观过程的具体体现（肖笃宁 等，2003）。流动产生形式（flow generats form）。在景观设计中不仅需要考虑各种水平的生态流，还要考虑其时间变化和系统的随机性质。不与流动相协调的形式，如以控制性的几何形态阻断或抑制自然过程，将导致空间形态与生态流动之间的不协调（杨沛儒，2010）甚至冲突，从而影响和降低生态系统的功能。基于过程的景观设计所需要的体现过程的形式应该在对各种流动理解的基础上产生。

城市滨水空间的具体景观过程也体现为多种形式的流，除了自然过程中生态系统的各种流动，还包括社会过程中人类活动在滨水空间形成的流动。这些流动通过一定的媒介和驱动力得以实现，风、水、飞行动物、地面动物和人，是景观中物质、能量和物种传播或迁移的主要媒介，而决定物质、能量运动方向和距离的主要驱动力则是扩散作用、重力作用和行为作用（肖笃宁 等，2003）。其中风、水、飞行动物和地面动物四种媒介通过扩散作用、重力作用和动物自主行为产生了自然生态系统中的各种流。而作为媒介的人及其行为作用形成了社会过程中的各种流动，如人口迁移、聚居、生产、交易、使用各种运输工具和容器传播、运输各种物品等活动产生了形式多样而复杂的流。

与各种流动相协调和适应的形式应该从流产生的特定媒介和驱动力入手。例如，在哈格里夫斯设计的瓜德鲁佩河项目中，团队对特定环境中河流冲刷作用下的形态进行了深入研究，并用实体模型进行了涡流形成和泥沙沉积模式的测试，由此设计出了被称为波形堤的地形，以模拟这种作用过程。这个设计的形式即从场地生态流产生的主要媒介——水，及其在重力作用下发生的流动、侵蚀、沉积过程中抽象出来的。这些极具张力的曲线既有效地减缓了流水的速度，又有很好的视觉效果和隐喻性，同时还形成了交通网络，引导行人运行（图14.2）。由天然土丘、种植石笼、连续的混凝土台地所形成的地形不仅是防洪屏障，还是多重的亲水点，将水利工事与游览游憩完美结合起来(图 14.3)。

图 14.2　瓜德鲁佩滨河公园

资料来源: http://yl.zhulong.com.

图 14.3　瓜德鲁佩滨河公园的地形景观

资料来源: http://yl.zhulong.com.

四、开放式结果

现在的城市环境充满了各种不确定性。对城市滨水空间来说,不确定性一方面来自全球气候变化背景下越来越频繁的极端气候现象带来的洪水、飓风等,对城市的安全造成威胁;另一方面则来自城市社会发展带来的土地利用变化、地形地貌改造以及滨水空间功能的一些变化。面对这些不确定性,不存在一种所谓终极的景观形式,也不能试图把景观过程的动态多样化纳入某一种固定、呆板的空间框架中,而应要求景观是多解的并处于不断变化的过程中。

哈格里夫斯说:"我在大地上建立一个框架,植物、人和水是上面的过客。这与我当初所学习的内容完全不同。它的原理是，你建立一个进程，但你不能控制最终的产品。"基于过程的景观设计目标在于，在景观空间内部及其相邻系统之间建立一个整体的生态过程机制，这个景观生态过程是开放式的，或者称为框架式的，其只提供一个适当的自然舞台。在后期的景观使用过程中，景观会随着城市和自然的变化而产生相应的变化，在自然对景观进行塑造的同时仍能满足城市和人对景观的需求。

除开放式的生态过程以外，基于过程的景观同样强调开放式的景观社会过程。处于变化进程中的景观强调时间的长期性以及过程中与周围人群的互动性。设计过程的展示和大众的参与，一方面改变了人们的思维方式，另一方面也使得设计的结果具有开放性、不确定性。设计提供的只是开放性的策略而非具体的设计形式，设计方案只是其中的一种可能，理解设计的过程及之间的逻辑关系远比具体形式重要(杨锐，2011)。

第二节　设计模式的具体应用

基于过程的景观设计响应景观在时空上的动态特性，以设计模式主动介入和设计景观的过程，以触媒-生长、容器-引入和堆栈-协同演替三种设计模式构建起基于过程的景观策略体系。根据景观过程不同的内生驱动力，这三种模式又分为以生态过程主导和社会过程主导的次级模式，以更完整地应对多样化的景观过程。

对于滨水景观的四种类型，即历史文化类、自然生态类、游憩活动类和水利交通类，由于其景观内涵与空间形式各不相同，景观的内生驱动力促成的景观过程也不同，因此决定了各类型滨水景观适用的设计模式也不同。

一、历史文化类滨水景观

历史文化类滨水景观一般以标志性的公共空间的形式出现。古建筑、滨水历史街区、老码头、老工业厂区、纪念地等历来是城市最具活力、最富有感情的生活场所，承载着城市的空间文脉，传统文化和现代文化在此交融。可以采用以下两种设计模式构建共生而有活力的历史文化类滨水景观空间。

1. 利用空间触媒模式激发空间活力

空间触媒模式通过设计在空间中介入某些实体或改变空间的功能，促使人的行为方式发生改变，以激发空间的活力，促进空间的自我生长。历史文化类滨水景观既是城市文脉存续的场所，又位于城市水体之滨，具有临水、近绿、景观优美、视线开阔等长处，往往是人们旅游观光的首选场所。城市的一线（一级）历史文化景观通常受到人们的高度重视，在吸引人流、吸引资金、带动周边区域的生长方面都有良好的效应，其本身就是一个良好的空间触媒，无须过多的主动式设计介入就可以实现自身的良性空间生长与发展。但是一线历史文化景观毕竟是少数，众多二三线（二级）或等级更低的历史文化类滨水景观（如老工业厂区）则面临着无人问津、无钱保护的窘境。空间触媒模式主要针对这类景观空间，在对历史性物质遗存进行保护的前提下，通过景观塑造，将这部分原来被城市遗忘的滨水空间重新与城市建立起良性的互动与联系，满足人们休闲娱乐的需要，激发空间活力、提升人气，以触发空间的自我生长与更新（Airas et al.，2015）。

2. 利用空间堆叠模式实现功能混合

城市滨水空间具有不可复制的优美景观视野和位于城市中心区的便利区位，使得本身就十分稀缺的城市滨水区土地价值高昂。商务办公、休闲娱乐、居住、健身、大型展会等多种活动都可以选择城市滨水空间。针对城市对滨水区土地日益增长的需求，要实现有限用地的综合价值最大化，就要求在保护历史遗存、不破坏其环境生态系统的前提下，对城市滨水空间采取灵活、高效、功能混合的土地利用方式，如巴尔的摩内港多功能混合滨水空间（图14.4）。历史文化类滨水景观空间还能以历史文化体验衍生出相关的商业、演出、创意产业、娱乐休闲观光、餐饮等多种可以互不影响又相互促进的功能。规划设计中还应考虑结合滨水绿带设置广场、绿地、公园等场所，以放大的景观节点凸显历史文化景观的价值，同时还能弥补由于城市高强度建设带来的绿地及开放空间不足的问题，而优美的环境反过来又会提升区域的价值。

图 14.4　巴尔的摩内港多功能混合滨水空间

资料来源：作者自拍。

　　船厂 1862 就是以上模式运用成功的例子。船厂 1862 由一座位于上海的拥有 150 余年历史的造船厂变身为保留"工业建筑遗迹"的文化商业综合体，在走过百多年的历史后，通过对其外部环境空间和建筑内部空间"整旧如旧"式的整修，展现出老建筑结构及老砖块所拥有的上海特色，形成了一个充满历史感和工业感的时尚艺术空间，使其重新焕发了生机与活力，既能反映上海的历史和文化，又具有餐饮、购物、演艺等多种功能，现已成为上海著名的时尚休闲文化娱乐中心和都市旅游热点(图 14.5)。

图 14.5　船厂 1862 的滨水景观空间

资料来源：https://www.sohu.com/a/242235291_696292.

二、自然生态类滨水景观

城市滨水区是典型的生态敏感区，除水位的持续动态变化对植物生长环境造成影响以外，城市发展所进行的一些开发行为、城市产生的各种污染都很容易直接或间接影响岸际生态系统和水体本身，引起水质下降、自然水文循环中断、生境丧失或破碎化、植被退化甚至消失等一系列后果。因此适应城市滨水区的生态系统应该是强健而柔韧的，能对抗、吸收、缓和外部干扰，被扰乱后能迅速恢复，同时仍能维持其生态功能(Lu and Stead，2013)。设计与建设具有顺应力、应变力、恢复力的韧性滨水生态系统是基于过程的景观设计的目标。可以采用以下三种设计模式构建近自然的滨水景观空间。

1. 引入生态模式构建生态框架

引入生态模式的基本目标就是要生成具有自我组织、自我修复能力的生态系统，这也正与构建遵循和顺应植物自然生长演替规律的韧性滨水生态系统目标一致。引入生态模式更应该注重整体生态框架的构建，见效的时间周期可能比较长。在具体场地选择上，水位多变区处于水陆交界面，生态效益明显。位于较低高程、坡度平缓的涨落带是蓄滞洪水、恢复生态的重要区域，滩涂、沙洲、低洼地、湿地都能起到蓄洪滞洪、提供生境、改善水质的作用。对于这类区域以保护其原生地形地貌为主，在有条件的区域，可以设计构建适宜的生态框架，利用浅丘、洼地、潟湖等空间形态，顺应涨落带植被演替规律，逐渐形成完整的涨落带生态系统，但绝不能随意挖沙及填埋。湿地是涨落带较典型的尺度，具有极大的生态价值，除对现状湿地进行保护以外，还应对已经退化或消失的湿地进行恢复和重建。在构建生态系统框架时，应妥善利用原有地形与坡度，并辅助以一定的微地形塑造，将生态斑块串联起来，可以极大地达到净化水质、截留污染物的效果。如果再能与岸边高地的生态用地相连，则可以实现与发挥更大的生态功能和效益。但是由于水文和地形等条件复杂多变，尤其是某些区段水位起伏大，水流冲刷作用强烈，对于生态系统来说可能扰动过于强烈，而且周期很短。因此引入生态模式更适宜于受洪水扰动较小的缓冲区和过渡区。

2. 生态触媒模式促进生态系统自然生长演替

由于引入生态模式的场地、规模等方面的限制，很多情况下，采用生态触媒模式与之进行配合，将有助于更快地实现一定程度的生态目标。对城市滨水生态系统构建来说，植物的选种尤其重要。乡土物种因适应本土的气候、土壤、温度、湿度等自然条件，具有极强的生命力。在设计中应有意识地选择并保持有效数量的乡土植物种群，保护各种类型及多种演替阶段的生态系统，并且可以结合驳岸设计，采取在驳石、石笼中填塞种子、扦插活树根等方式，以逐步恢复乡土生境来促进生物多样性的发展。使用群落种植方式，对于植物的搭配和组合应尽量符合滨水自然植被群落的结构特征，采用自然化设计，模仿自然生态群落的结构，以增强植物的适应能力和弹性。同时还要结合地形的竖向设计与水分的梯度构成，综合考虑绿地植物群落的结构。模拟水系形成自然过程所形成的典型地貌特征（如河口、滩涂、湿地等），以创造滨水植物适宜生长的地形环境，促进植被群落的自然演替过程。

3. 时间转换模式应用于岸坡地生态保护

滨水生态系统由水位多变区一直延伸到滨水高地区(水滨向城市腹地的过渡区)，并沿土壤水分梯度，呈现明显序列变化。采用时间转换模式,可以根据河流的季节性水位变化和洪水的规律，设置不同高程的台地，再根据各种植物的特性，如水淹胁迫耐受力、旱害胁迫耐受力、种子越冬和萌发能力等，选择适合不同水位高程的植物种群进行种植。对坡度较陡的涨落带区域，应注重保土护坡。为增加植物生存概率与减少土壤冲刷流失，宜结合水位高程，以台地形式进行处理，变坡形种植床为梯形种植床，在条件适宜的区域可以考虑梯田、塘链式湿地，以增强景观效果和生态效益。对此类滨水空间的景观设计以保护、提升其生态功能为主，在必要及有条件的区段可进行有限度的主动干预。

三、游憩活动类滨水景观

游憩活动类滨水景观以公共交流活动为核心功能,以服务邻近社区居民为主;体现为线性滨水景观中众多的中小型景观节点以及绿地空间等的串联。城市核心区内季节性出露的滩涂、岛屿、湿地等，由于邻近社区、出露面积大、亲水性好，成为深受市民青睐的滨水开放空间，是游憩活动类滨水空间的重要补充。可以采用以下三种设计模式构建人水共生的滨水景观空间。

1. 以容器-引入模式组织空间

游憩活动类滨水景观空间沿水体线性展开，大多数位于缓冲区，也有少数位于水位多变区和过渡区。除线性串联的空间形式使这一空间的等级性和中心性相对较弱以外，作为过渡区和水位多变区之间的连接，采用容器-引入模式的边界开放模式，不仅可以使该区域与邻近社区的连通性更好，还可以使此类区域成为城市腹地或水岸空间的延伸，扩大空间的领域感，而且对将来可能的变化更具弹性。分散节点形成的空间场域，也使各个部分可以保持相对独立，从而让空间的组织形式具有一定模块化形式。保持空间的开放式框架，无论是引入以社会过程为主导的人类活动过程（引入事件），还是引入以自然过程为主导的生态系统构建过程（引入生态），对增强空间的活力都有益处。

2. 时间转换模式拓展滨水开放空间

针对河流季节性水位变化和洪水规律下土地的周期性出露特征，采用堆栈-协同演替模式中的时间转换方式，可以实现对水位多变区土地的灵活应用。根据对历年水位的调查统计，水位多变区可以设置不同高程、多级台地型的复式断面，形成低水位、中低水位、常水位等不同高程的台地空间，以应对一年中不同时间段的水位，使该开放空间的有效使用时间得以延长。水位多变区和缓冲区都会季节性淹没，应用时间转换模式可以根据河流的季节性水位变化和洪水的规律，设置不同高程的台地，扩大枯水期滨水开放空间的面积，实现对滨水空间尤其是水位多变区的季节性使用（因缓冲区每年淹没时间相对较短）。

由于坡度的不同，因水位下降而出露土地的地形地貌特征差别较大（图 14.6）。坡度小于 25%的区域，以坪坝和丘陵台地为主，其中坪坝坡度较小，更为平坦，出露地形包括边滩、滩涂、岛屿、沙洲、湿地、低洼地、石梁等，丘陵台地多为与江岸高地相连的缓坡地，坡度适宜，且视线随水势多变。坡度大于 25%小于 45%的区域为陡坡地，径流对地表侵蚀力强，竖向步行交通需要用阶梯来解决。坡度大于 45%的区域为急陡坡，多为大江切割大型山体及其延伸或余脉而形成的山门、岩、岭、峡等地形，这些区域地势陡峭、土壤稀薄贫瘠，但生态敏感性很高。

(a)坡度小于25%的　　　　(b)坡度大于25%　　　　(c)坡度大于45%
　滩涂地形　　　　　　　　　小于45%的陡坡地　　　　　的急陡坡

图14.6　不同坡度条件下的涨落带地形

资料来源：作者自拍。

由于涨落带在常水位和洪水期时属于河道的范围，因此除了水工构筑物，并不适宜建设。在上述三类地形中，坡度大于45%的急陡坡区域属生态敏感区，原则上应注重维持与保护其原生状态，但同时也要注意地灾隐患，做好预防和应急预案。坡度小于25%和坡度为25%～45%的区域由于季节性出露的土地面积大、滨江区视野开阔，尤其是滩涂、湿地等多呈现充满野趣的原生状态，具有良好的亲水性，并且靠近城市主要生活空间，因此成为城市中深受市民喜爱的游憩活动空间。通过设置对应不同水位高程的台地、提供临时性服务设施、为亲水性活动提供特色场所等方式，可提高滨江绿色开放空间的吸引力，充分发挥其休闲和游憩价值，使之成为城市景观的有益补充(卢峰和徐煜辉，2006)。在保护的前提下，这类空间作为城市季节性游憩空间，合理的景观设计可以延长其使用时间、提升游憩体验，同时增强安全性。

3. 采用生态触媒模式保护涨落带空间

要合理利用涨落带空间，必须要做好保护。针对原生地形地貌遭到破坏的涨落带，以修复、重建为主，恢复具有自然河床形态的湿地、洼地、河滩等地形。但由于河流的季节性水位变动及其强大的冲刷、淤积能力，直接开挖或改变地形不仅无法达到预期的效果，反而会因违反了自然规律而引发不良的后果。基于自然过程的景观设计理念，采用触媒-生长模式，人类只起引导作用，随着时间的推移和河流的自然演变过程，逐渐形成接近自然形态的涨落带地貌。可以采用的具体方式如下：①采用丁字坝作为生态触媒(图14.7)，丁字坝是改变水流方向、防止河岸冲刷、诱导泥沙淤积、保护河床的水工构筑物，不但在防洪方面可以发挥重要作用，而且在水流作用下，在其周围出现冲刷和泥沙淤积，能逐渐形成深潭、浅滩、沙洲、湿地、河滩洼地等复杂的生境。②采用石笼作为生态触媒(图14.8)。石笼以耐久性强的铁丝网笼内置石块而成，由于石笼抗冲刷力强，且为利于生物栖息的多孔隙构造，因此一般作为生态触媒的基底使用。这种方法施工简单，对现场环境适应性强，但由于石笼空隙较大，必须要对其覆土或填塞缝隙，才能利于植物生长。③利用河道自然淤积，河水在低流速时会沉淀，如污水厂平流沉砂池的设计速度为 0.15~0.3m/s，一般河道内流速低于 0.5m/s 时会产生淤积，形成不同粒径等级的沙洲，根据地形有意识地设计低流速区，使泥沙自然淤积，可以形成既有生态作用又具艺术感的沙丘、沙洲等涨落带地形。

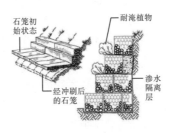

图 14.7　丁字坝
资料来源：[日]财团法人河流整洁中心编著的《多自然型河流建设的施工方法及要点》。

图 14.8　石笼
资料来源：重庆两江四岸城市设计资料。

四、水利交通类滨水景观

城市滨水区的动态交通系统包括外围交通和内部交通，两者在出行交通工具、目的、速度等方面有很大的区别，因此呈现出不同的流动方式：外部交通是以机动车(包括公交系统、轨道交通等在内)为主，以城市快捷通勤为目的的快速流动系统；而内部交通是以步行、自行车等非机动且慢行的方式为主，以观景、健身、游憩为目的的慢速流动系统。由于两种流动方式差异明显，在进行组合设计时注意在保留足够连通性的前提下，滨水区外围与内部交通以人车分流、各成体系为宜，尤其是滨水空间与邻近社区的步行联系宜单独考虑，尽量避免被外围交通割裂，提升慢速流动系统的完整性和可达性。同时以静态交通作为两种动态交通的有机联系，结合滨水绿地出入口、观景平台、交通换乘枢纽等设置足够的停车场。强化公交出行方式，设置足够的公交线路及其站点、广场等设施，使城市活动与滨

水空间产生的各种流动得以在此融合和交织。可以采用以下三
种设计模式构建人水共生的水利交通类滨水景观空间。

1. 空间堆叠模式对空间的混合立体使用

山地城市滨水空间多呈峡谷地貌特征，陡坡多，缓坡少，
地形复杂。在地形的主导下，山地城市滨水区的交通系统呈现
多维、复合、多样化的特征。垂直交通和传统梯级步道成为滨
水区内部及其与城市腹地、高地之间重要而便捷的联系方式，
因此需要强化步行系统在滨水交通系统中的重要性。空间堆叠
策略在此类空间的应用主要表现为空间的立体使用(如使用天
桥、下穿道等方式实现人车分流)和多种功能在同一场地的混
合(Turner,1995)。对于城市滨水道路承载过重的交通功能且过
于贴近水岸的问题，建议将城市交通干线向城市腹地方向后
移，以弱化滨水道路的交通功能，避免对滨水区的各种生态流
产生影响，或是选择高架、下穿道等立体交通方式，尽量避免
割裂城市腹地与滨水区之间的联系(图14.9)。沿滨水步行道可
以混合安排多种功能，如线性运动的散步、慢跑、骑行，以及
小场地上点状的康体娱乐(主要针对老龄化人群)、游戏、小型
餐饮供应等活动。可以用绿化、微地形、标高变化等方式区分
这些不同的空间，这样既能提升滨水空间内部的安全性和舒适
度，同时这些地形、绿化形成的空间形态也可以引导空间使用
者(包括人、动物和植物)在其中的流动。

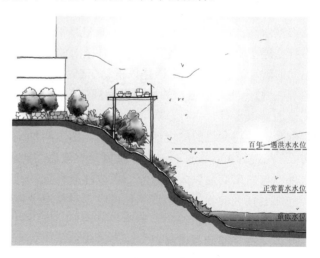

图14.9　使用高架桥保护滨水生态系统

资料来源：重庆两江四岸城市设计资料。

2. 以生态模式强化堤岸与护坡

堤岸通常是水位多变区与缓冲区之间的斜坡地形。山地型河流以侵蚀下切作用为主，河谷断面形态往往发育为 V 字形或不完整的 U 字形，而城市选址一般在临近河流的台地或高地上，因此山地城市滨水区一般不会出现高出城市地面的堤防，堤岸形式以护岸(也称护坡)为主，防洪是其首要任务。传统防洪工程具有的硬质护坡，其存在的多种弊端和潜在危害已为人们所熟知。而生态护坡除具有一定的抗洪强度外，对河流水文过程、生物过程还有促进作用，并且随着时间推移，将变得更为坚固。景观设计中应根据不同区段的流速、地质、地形，河岸的堆积、冲刷类型等实际情况，采取不同类型的生态护坡工程措施，将堤岸的景观设计、亲水平台与防洪堤设计融为一体。

生态堤岸和护坡设计中运用引入生态和触媒-生长模式的思路，将生物与非生物手段相结合构筑生态护坡，具体方式包括：①引入生态模式，适用于坡度较缓、冲刷不严重且腹地较大的岸线，这种区域以恢复与重建河畔植被带为主，选择耐水湿植物，沿高程梯度合理构建，形成草甸-草丛-灌丛-林泽型的多带缓冲系统、林泽工程等，随着时间的推移，整个系统的形态与功能会日益成熟、完善，不仅能起到很好的保土护堤作用，还具有经济价值和景观价值；②选择耐水湿、萌发快、抗水冲击力强的植物品种为生物触媒，如柳树、枫杨、芦苇、狗牙根等，以扦插或撒草籽等方式种植，植物生根发芽后其根系在基土中盘根错节，成为基础土体的三维加筋复合材料，既保土护岸又生态自然；③利用原石、木材等天然材料或混凝土预制件等人工材料作为非生物触媒，在水陆结合处营造高孔隙率、多流速变化、多样性的驳岸境空间，块体间的空隙和生长起来的植物体系将形成天然的鱼巢、鱼道、盒式结构等，为鱼类、鸟类和两栖类动物提供栖息、觅食、繁衍和避难的场所，植物和动物的协同演替使滨水生态系统具有更强的抗干扰能力、自我组织能力、自我恢复能力；④采用开放式柔性结构(如石笼、柔性生态袋等)，护坡自身具有一定适应变形的能力，可以更好地适应小规模沉降、不均匀沉陷及水位骤降等。表 14.1 列举了一些具体的生态堤岸与护坡的设计方案。

表 14.1　生态堤岸与护坡方案一览表

护坡方案名称	方案简介	优点	适用岸线	示例图片
多自然型护岸	以植物、原石、木材等自然材料为主，培育自然生态系统	恢复河流自然或近自然面貌	坡度缓且冲刷不太严重	
多孔质护坡	用混凝土预制件构成的各种带有孔状的适合动植物生存的护岸结构	创造多样化动植物生境、施工简便、耐冲刷	适合多种坡度	
自嵌式植生挡土墙	利用块体自重和加筋网片连接形成拟重力式挡土墙结构	整体稳定性好、内孔和空隙创造生境	防洪要求较高的冲刷型河岸需设挡土墙的区段	
铰接式护坡	采用连锁式护坡砖，在开孔的铰链式混凝土块铺面上种植植物	整体稳定性好、植物根系提高土体强度	坡度较缓、冲刷不严重、流速较缓的开敞区	
石笼(格滨)结构生态型护岸	内填石块的铁丝或聚合物丝的网格式制作物	韧性结构整体性好、价格低、适宜植物生长	急弯、冲刷型河岸，风浪冲蚀区段	
植被型生态混凝土	以多孔混凝土为骨架，表层覆土可生长植被	抗冲刷性、缓冲性好，稳定性好	坡度较陡(小于60°)的冲刷型区段	
土工网复合植被技术	在边坡上铺设一层高强土工塑料网形成网草交织的复合均匀植被	网草交织共同起嵌锁、加筋护坡作用	坡度较陡、坡长较长的岸线	

资料来源：作者自制。

　　本节探讨了设计过程的景观设计模式在城市不同类型滨水景观空间中的具体应用。其基本设计理念是响应景观在时空上的动态性特征，并且强调以主动介入的设计模式设计过程。作为一种设计策略，设计过程式的景观设计模式可以应用在各种尺度上，某些模式能够作为总策略指导某方面的设计，也有些模式体现为大框架下的某些具体指导方法，因此它们在各类滨水景观空间设计中体现的层面也不同。但只要是采用基于过程的景观设计原则来指导设计，并与各个层面的策略模式协同一致，都能形成完整的基于过程的景观设计方法。同时，城市滨水区景观空间还有不同的等级划分，各级滨水景观空间的面积、所处区段位置以及在历史文化、生态或游憩方面的价值都有所不同，在设计中也需要区别对待。

第三节　滨水空间的设计要素控制

基于过程的景观设计响应景观在时空上的动态性特征，并且强调主动介入的设计模式设计过程。在设计模式的应用中，虽然有些模式可以在场地空间尺度上直接实施，比如生态触媒的方式等，但主要的模式还是在设计策略的层面上，需要进一步落实在实体空间的设计要素上。结合前文对各类滨水景观空间景观设计要素的分析，遵循响应与构建过程的设计原则，通过对要素的控制来实现对景观空间的实体塑造。

一、历史文化类滨水景观的设计要素控制

历史文化类滨水景观的设计要素包括历史建筑或构筑物及其构成的传统空间形态、环境特色，以及非物质形态的历史文化要素。地区或场地的历史文脉要选择以适当的方式在景观规划和设计中进行呈现，如历史建筑、传统寺庙、祠堂、古人碑刻等历史古迹，而且这些要素应予以合理保护；人类在大地上生活劳动所形成的景观与肌理，如田埂、鱼塘、采矿沉降区等要素，也是值得延续的地方特质。此外，还有一些非物质形态的历史与文脉要素，如地方人文精神、地方沿革等，都是景观规划与设计重要的背景资料。

在历史文化类滨水景观的设计中，不仅要传承传统滨水区的空间特色，更要反映当代人们休闲文化的需要，塑造人性化的尺度空间(Oakley and Johnson，2013)。针对这类景观空间，基于过程的景观设计理念是在对历史性物质遗存进行保护的前提下，通过对设计要素实体的景观塑造，激发空间活力，提升人气，以触发空间的自我生长与更新。具体设计方式如下。

1. 增加空间内的参与性活动

对于物质性历史遗存来说，通过对场地及其内部实体设施的改造，可以形成多样化的活动空间，将这部分原来被城市遗忘的滨水空间重新与城市建立起良性的互动与联系，满足人们休闲娱乐的需要(Johnson，1991)。例如，理查德·海格在西雅图煤气公司公园的设计方案中保留了若干工业建筑，使场地记忆得以延续。设计师还丰富了公园的娱乐功能，如将压缩车间改变为五颜六色的儿童游乐宫等，使公园成为一个供人们生活、休息、运动的场所(图 14.10)。

图 14.10   西雅图煤气公司公园

资料来源：https://image.baidu.com/.

北杜伊斯堡公园的原址为 1985 年关闭的奥格斯特蒂森钢铁厂，景观设计师彼德拉茨充分利用原址上的工业构架，将空间划分为功能不同、形态各异、可以独立运行的四个层次上的系统，通过功能、视觉、意向等方式将不同层次的空间联系起来。公园的一些厂区初期存在严重的污染，其通过土壤改良和植被种植，使周围恢复了优美的环境，对原有场地进行重新设计和改装后形成的广场、剧院、运动区域、步道等多样化的空间，赋予了场地新的气息，不仅改变了原址的面貌，而且为附近地区的环境和经济营造了一个好的氛围。

以上两个对废弃工业厂区的修复与改造已成为行业内的经典之作，不仅保存了人们对场地的集体记忆，而且使场地重获生机。

2. 通过活动激发滨水空间活力

非物质性历史遗存通常以仪式、表演、赛会等形式体现。在相应的滨水空间合理利用并组织这些活动，可以带动滨水空间的开发，并引入人才与资金对场地进行整治与设计，极大地激发了滨水空间的活力。山地城市滨水空间提供了以山水为背景的或大气或优美的景观大舞台，在此举行音乐会、艺术展、传统戏剧表演和文化展示等活动，不仅能积聚人气，还能传承城市传统文化、提升城市品位与形象，让人们在休闲观赏的同时得到精神享受。

二、自然生态类滨水景观的设计要素控制

自然生态类滨水景观的设计中，植物是最重要的设计要素。滨水生态系统根据水分梯度序列变化程度以及各个区域的具体情况，构建有机的完整且健康的系统，可以更好地对抗和吸收各种外部干扰，并维持其生态功能。其中，湿地与水生植物是恢复和完善滨水生态系统及其功能的主要要素，运作良好的滨水生态系统在沉积和降解污染、净化水质方面功能强大。湿地通过合理配置水生植物，可以有效地截留并降解面源污染，净化水体，同时兼具经济价值、生态效益和景观审美价值。

滨水缓冲区的植被和河岸高地的绿化带，作为城市地表径流进入江河水体前的屏障，可以有效拦截泥沙和污染物，并通过截留降水、土壤吸收等途径对径流速度和流量进行调控。此外，树冠截留、地被植物截留以及死地被物的吸收和土壤的渗透作用，减少了地表径流量并减缓了流速，起到减小洪水、保持水土和涵养水源的作用，同时也减少了城市面源污染对江河水体水质的破坏。在干旱季节，滨水绿地可通过强大的蒸腾作用释放出水分，增加空气湿度，以缓解旱情，改善城市局部小气候。此外，滨水城市绿地、公园、林地还可以防止水土流失，涵养水源，维持生物多样性，并在城市腹地与滨水区之间建立起良好的水陆风通道、景观视线通廊，提高滨水开放空间的可达性(Laidley, 2007)。重点加强涨落带植被群落、物理栖息地、植被缓冲带宽度与地形、植被结构与形态等要素的设计控制，具体设计方式如下。

1. 水位多变区植被群落的恢复设计

水生植物是滨水区景观设计中重要的组成部分，它们在恢复和完善滨水空间的生态功能以及提升审美质量等方面都起着非常重要的作用。水位的动态变化是影响涨落带生态系统的主导因素，由水位变动引起的淹水持续时间、深度和频度等因

素同时影响着植物群落的组成，水位的持续升高会导致一些植物落叶、死亡，水位下降之后其他的一些植物种类就有机会扩张生长，引起植物种类的改变，最终导致一系列其他相关生物群体的变化。每次水淹持续时间在分开不同植物群落方面的作用显得非常重要，研究表明，在涨落带经受长时间水淹后，植物生长型以匍匐型为主，分枝型、直立型等生长型不出现或很少出现，所占优势度均小于在对照高程所占优势度。要改变水位多变区物种较少、群落组成简单、以草丛植被为主等情况，必须实施涨落带植被恢复与重建工程。具体措施包括：①利用已有科研成果，针对不同的地段情况和水淹后形成的生境条件，具体问题具体分析，宜林则林，宜草则草，但应以乡土物种为主；②要注重物种多样性，选择适生物种，防止简单化处理导致品种少或品种单一；③充分考虑植物形态、色彩、开花、扬穗乃至枯萎等不同表现类型的美学价值，增加植物景观的丰富度和趣味性，营造景观效果，强化景观意境；④在生态敏感区(如河口、沙洲等)引入天然植被要素，在合适地区植树造林恢复自然林地、草地，恢复和创建旧有湿地和人工湿地，建立多种野生生物栖身地。此外，动物及微生物也是水位多变区生态系统中重要的一环，对滨水区水生态圈和陆生态圈链接及其完整性发挥着重要的作用，而且在景观规划中，合理规划利用滨水区动物资源(如观鱼游、听鸟鸣等)都将为滨河区景观增色不少。

2. 滨水空间涨落带物理栖息地修复设计

健康完善的滨水生态系统需要动物作为消费者和分解者，喜湿的鸟类和鱼类是主要的消费者和优势种类。通过为鱼类和鸟类设计涨落带形成人工再造生境(图 14.11)。在低水位区以河流中固有的块石、卵石等营造多样性、异质性小塘系统+多孔穴系统，形成鱼类生境，为鱼类提供临时庇护地、临时产卵场所以及食物源。高水位高程种植耐水淹浆果类灌木，如枸杞、桑树、醉鱼草、多花蔷薇等，形成吸引鸟类的生境，在最高处(水较少淹没之处)可种植火棘等种类。也可以建设生态浮床(又称人工浮岛、生态浮岛)，生态浮床适应于具有季节性水位变动的涨落带，浮床上的水生植被通过植物根部的吸收和吸附作用，削减富集于水体中的氮、磷及有机物质，从而起到净化水质的作用(图 14.12)。生态浮床由浮岛框架、植物浮床、水下固定装置以及水生植被组成,是绿化技术与漂浮技术的结合体。浮岛上的植物可以选择各类适宜生长的湿地植物,以创造适宜多种生物生息繁衍的环境条件,在有限区域重建并恢复水生生态系统,同时创建独特的水上花园立体景观。另外,要注意对河流水文数据的分析(如流速、流量等)以及固定技术。

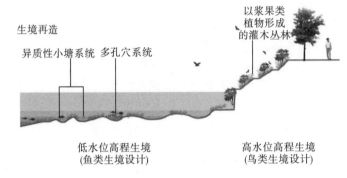

图 14.11　涨落带生境再造示意图

资料来源:重庆两江四岸风貌建设试验段——北滨路组。

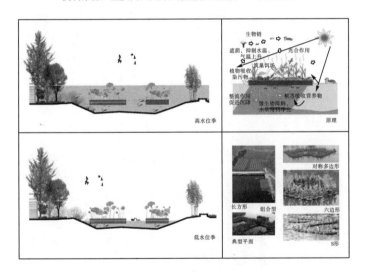

14.12　生态浮岛原理与运作示意图

资料来源:重庆两江四岸风貌建设试验段——北滨路组。

3. 滨水区植被缓冲带宽度及地形要素设计

缓冲区除提供游憩空间和文化遗产保护功能外,最重要的是发挥生态服务功能,形成滨水沿岸的生态廊道,它是城市面源污染进入河流的最后一道屏障。有研究表明,宽度为80~100m 的河岸缓冲林地能滞留至少 50%～70%的沉积物；也有学者认为，要起到水土保持和防治污染的功能，只需要 30 m 左右的缓冲带宽度[①]。事实上，植被缓冲带过滤污染物和沉积物的能力除受植被结构因素影响外，还受地形、坡度、土壤结构等因素影响。一般情况下，底层土壤疏松、有大量凋落物和草本地被、微地形复杂的缓冲带具有更强的污染物过滤功能（朱强 等，2005）。

城市滨水区由于用地紧张，河流植被缓冲带往往达不到标准宽度，在很多区段河流缓冲区绿化带只是象征性地种植一排或者几排树木，根本达不到过滤和降解污染的效果。在宽度有限的情况下，通过微地形改造，同时增加土壤结合地被植物的下渗拦截能力，可以有效提高缓冲区对污染物的过滤与降解。具体处理方式包括：①充分利用现状自然洼地、池塘、沼泽、湿地等，采用地形引导等措施，将它们作为邻近区域污染物的"中转处理站"；②塑造微地形截留污染物（图 14.13），建立临时或半临时的洼地、坑塘、沼泽等截留污染物，在有条件的地方还可以建立人工湿地截留污染物，而对于土地利用紧张的区域也可采用雨水花园（图 14.14）等方式截留污染物；③结合耐湿地被植物，在区域内广泛建设浅草沟（图 14.15）、下凹式绿地（图 14.16）等低影响景观系统，浅草沟能收集大量降水，承担长距离的径流输送功能，而下凹式绿地可接受周边地表径流进入绿地下渗。

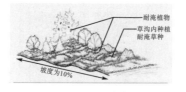

图 14.13　缓冲区微地形塑造

资料来源：https://image.baidu.com/.

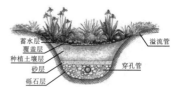

图 14.14　雨水花园剖面图

资料来源：https://image.baidu.com/.

---

① 由于影响因素复杂众多，学者们对缓冲区的适宜宽度一直没有统一的认识。Budd 及其同事于 1987 年提出了通过对河流进行简单的野外调查来得到合适的缓冲区宽度的方法。调查的特性包括河流类型、河床坡度、土壤类型、植被覆盖、温度控制、河流结构、沉积物控制以及野生动物栖息地等。评价者利用这些因素来估计必要的廊道宽度（朱强 等，2005）。

图 14.15　浅草生态滤沟　　　　　　图 14.16　下凹式绿地

资料来源：https://image.baidu.com/.　　　资料来源：https://image.baidu.com/.

4. 滨水绿化带植被结构与形态要素设计

滨水绿化带连接起滨水缓冲区和城市腹地，不仅承担着生态功能、社会功能，还承担着美学与经济功能。滨水绿地还可以串联起城市内其他的生态斑块和绿地，构建更大尺度的城市绿地系统。具体处理方式包括：①植物配置方面要从滨水生态系统的功能与结构出发，重视河岸带植物的自然演替规律，考察滨水空间特征和河流水力学原理，在考虑耐水淹、耐冲刷的基础上，形成乔-灌-草搭配的完整植被体系，创造丰富多样的生境，尽量选用本地乡土植物，切忌盲目引入外来物种影响本地河岸植被群落物种和结构的稳定性；②注意保护滨水绿地生态系统的完整性，在不可避免地需要穿越滨水生态系统的敏感区时，尽量利用高架或涵洞等方式以保证各种生态流动的连续性；③绿化带规划中要考虑带状景观序列的收放关系及节点空间，充分利用微地形塑造景观视觉中心，植物配置方面除要注意选择耐水淹、耐冲刷、生态效益显著的乡土物种外，还要考虑树高、树形以及季相变化，构成高低起伏、优美多变、富有节奏和韵律感的林冠线和天际线；④单靠滨水绿地发挥的功能较为有限，滨水缓冲区绿带必须与城市生态斑块，如城市公园、城市绿地系统、次级河流廊道、湖泊、湿地等有机连通，进而与城市郊野生态基质连接，形成网络状的蓝绿生态系统，网络状的生态系统结构可以很好地增强滨水生态系统的稳定性和效能。

三、游憩活动类滨水景观的设计要素控制

地形地貌和视觉要素是城市滨水游憩活动类空间最重要的景观设计要素。在山地城市游憩活动类滨水景观设计中，对

自然地形地貌进行利用和设计时，首先要重视的要素是坡度。坡度除对土地利用产生影响外，还影响着地表上许多的环境因素，其中最明显的是对径流和地表稳定性的影响。例如，在陡坡上，地表径流通常流速快并具有较强的侵蚀能力；又如，当土壤被雨水浸透的时候，陡坡往往是最容易发生滑坡和泥石流的地方。在滨水空间，岸坡的坡度决定了土壤基质的稳定性、发生滑坡的可能性以及植被存活的概率，同时也是选择生物固岸种类的决定因素。而滩涂和湿地这类重要而典型的涨落带地形是江河与城市之间的缓冲带，它们如同天然的调蓄水库，能够起到滞洪与蓄洪的作用，可以有效削减洪峰流量，减轻下游的洪水压力；通过土壤和植被的渗滤，沉积和降解有机物，保护和改善水质；通过截留和下渗过程发挥存蓄功能，既有利于减少地面径流，又有利于地下水补给，并通过不断补给地下径流来稳定和平衡河流水量。这类季节性出露水面的滩涂、岛屿、湿地等空间同时也是城市游憩活动类滨水空间非常重要的补充。

　　游憩活动需要特定的空间，游憩行为与游憩空间的互动通过在景观设计中对地形地貌特性的利用或改造来实现。根据出露土地的不同景观特征，可策划安排多种不同的游憩项目，尤其应注意对场地原有特征的利用和设计用途的结合。例如，湿地可以开展观鸟游、科普教育等，潟湖和池塘区域可以开展观鱼、垂钓等项目，砂质坪坝则可开展放风筝、野餐等活动。将这些多样性的活动作为景观的一种过程，在设计中予以分析、组织、安排，也使场地具有容器-事件模式的策略特征。城市滨水区主要的游憩活动有四类，分别对游憩空间有着不同的要求，设计中应注意的要点也有所不同。①运动类：游泳、划船、慢跑、溯溪、钓鱼、骑自行车等。这些活动首先要保证安全，要充分了解开展采水活动水域的水文特征，如流速、流量、淤积情况、水力学特点(有无漩涡、暗流)等。其次亲水活动对水质的要求较高。达不到水文与水质要求的水域不能开展相关活动，需要设立警示牌等予以明确告示。对能达到要求的区域，需要进行必要的场地平整，增强可达性，并设立相关的配套设施，如洗手间、更衣室、器具存放仓库、游船码头等；骑车、徒步等活动则需要建设相应的慢行路径和沿途休息点等。②观景类：静态赏景活动，如喝茶、晒太阳、聊天、拍照等，或者漫步、观鸟、观鱼。可在河岸高处较开阔台地设立相关设施，修建慢行步道，在适当位置修建观景平台或观景点，提供观景器材、遮阳设施等。③游戏类：捞鱼捕虾、水上游乐活动(如水上滑翔、香蕉船等)，需保证安全和水质，活动场地应与平坦易达的河漫滩或平缓岸坡相连，并设立相关的配套设施。最好在水体平静的近岸潟湖或小型洼地开展。④滨水大型活动类：如大型音乐节、展览、公益宣传等群众性的活动。大型活动对场地的要求高，一般为与城市腹地相连的滨水大型广场或公园，面积大且要有耐践踏的铺地，同时要考虑足够的公交系统运载能力和公共停车场等，以确保大型人流的安全快捷集散。此外，应强化对该区域的管理，对于部分危险区域，根据具体情况设置隔离禁入区，或设立安全设施、警示牌等；入口醒目位置应设置近期水位涨落情况或洪水信息等告示牌，提醒游人注意安全。

　　景观美学体验也是游憩活动类滨水景观重要的空间功能与价值体现。山地城市的轮廓线是城市总体形态特征的集中体现。独特的山城地形条件产生了独具特征的滨水轮廓线，山水相依的山地城市与其所处的自然生态环境共同构筑了人与自然和谐相处的生态之美。在平原城市，城市轮廓线通常就是建筑轮廓线。而山水地形城市的轮廓线在很大程度上取决于城市地形，充分利用这一优势进行建筑群的布局和原有城市轮廓线的调整，借助于地形的起伏，建筑群可以依山展开，人们可获得城市的远景及轮廓。在高大山体形成的背景前，城市低丘山地与台地区域丰富的原始地形地貌，能创造出错落有致、与山形地势紧密结合的多层次建筑天际轮廓线，而在滨水区，由水际线、堤岸线形成岸际轮廓线(或称岸线)。背景山脊线、建筑轮廓线，再结合江岸与低丘之间的堤岸线、水陆相交处的水际线，组合成多层次、立体的滨水城市轮廓(黄光宇，2002)。山与城所组成的实体轮廓与水面的虚影轮廓形成鲜明对比，尤其是夜晚城市的灯光在水面上投下五彩斑斓的倒影，虚实相济、动静相宜，灯与影交相辉映，形成魅力十足的城市滨水空间景观(图14.17)。

图 14.17　山城重庆的滨水夜景

资料来源：https://image.baidu.com/

根据观赏点的不同，滨水区的主要观赏方式包括外围空间观赏、近水观赏、临水观赏、水面观赏、水域对岸观赏等，再加上赏景人本身的运动，使得观赏形式更为多样。在山地城市滨水过渡区，视觉廊道的具体规划要点包括：①滨水视觉廊道多是城市高地视线通廊向水域的延伸部分，这些视线通廊从城市山顶或山脊沿绿地、公园、沟谷等生态廊道，通过直接联系或视觉焦点间接联系的方式向下延伸，作为其延伸部分的滨水视觉廊道应延续其自然生态廊道的走向，引导其与滨水绿带和涨落带生态区产生有机联系；②视线与空间都很开阔的滨水过渡区，修建景观广场不仅可以很好地观赏到对岸全景式的城市景观，同时也与其高程之下的缓冲区和涨落带有很好的视线与实体交流，通过台阶、坡道等，观赏者还可以走到江边，感受亲水乐趣和不一样的视觉景观；③过渡区向城市腹地有纵深空间，在临水空间并不开阔的情况下，通过景观序列的引导，产生面向水面的纵深式透景空间，获得不同的观赏体验；④城市街道逼近滨水区域，使滨水空间狭窄紧张的情况下，通过前方的建筑或绿化空间的空隙，结合观景平台等设置，组织起视线直通水面的狭长框景。

四、水利交通类滨水景观的设计要素控制

城市水利类滨水景观的设计要素包括堤防与护岸(堤岸)、桥梁、滨水交通道路、停车场、轨道管线等。其中，桥梁本身

并不属于滨水景观设计的范畴，但可以在设计中巧妙运用视点组织、观景平台等使其成为视觉焦点。

首先，堤岸是关键的设计要素。堤岸通常是水位多变区与缓冲区之间的斜坡地形，分为自然型与人工型。自然型堤岸主要关注其稳定性，与其坡度和土质相关。人工型堤岸主要有堤防和护岸，堤防是使河水在河道内安全下泄，防止洪水泛滥的重要水工建筑物，护岸是用于保护河岸和堤防免受河水冲刷作用的构筑物。作为城市直接用于防御洪水的基本设施，堤防和护岸同时也是城市滨水区重要的景观元素。生态防洪空间的建设应该与环境保护相结合，主要采取维护和恢复河道的自然形态，改善河床衬底，堤防设置刚柔结合的方式便于生物、水分、养分的交流。堤防和护岸可以采用多种材料，包括土、石和混凝土等，可以具有自然、半自然、近自然等多种形态，并搭配适合的植物，既可以形成宜人的滨水景观空间，又能有效抵御洪水。

设计中考虑的因素与遵循的具体要点包括：①护岸平面设计应尽量维持河道原有的曲线，以适应河流的水文水力学过程；②断面设计主要强调堤岸与原有地形条件的契合，考虑护坡与地形特征的关系，根据不同区段的实际情况进行设计，如由于坡度不同形成的缓坡型、陡坡型河岸可采取不同类型的生态护坡工程措施；③护坡与河岸堆积冲刷形式的关系也是护坡断面设计需要考虑的重要因素，堆积型河岸(凸岸)尽量以自然型为主，以人工型堤岸为辅，冲刷型河岸(凹岸)以生态型堤岸为主，尽量避免硬质型堤岸，同时结合河岸坡度情况进行设计；④在护坡设计中要尽量防止水土流失，必须考虑合理的抗冲刷强度，不同类型植被的耐冲流速有差异，如草皮的耐冲流速为$1\sim3$m/s，养护很好的草皮耐冲流速可达 7m/s，常见的芦苇可耐受 1m/s 以下的流速，全植被防侵蚀护坡可防 $2.4\sim6.4$m/s 的流速(韩毅 等，2014)，植生性挡土墙、多孔质护坡等的抗冲刷能力较强；⑤影响护坡稳定性的因素很多，包括流速、岸坡角度、河床纵向底坡等，表 14.2 列出了不同岸坡条件下散状小颗粒石料的起动流速，因此在设计生态护岸时除考虑对生态与环境的影响以外，还应根据护岸河段的平面形态、边界条件、水流条件、河岸组成、工程造价等多方面因素确定护岸材料的选择与结构形式(姚仕明 等，2007)。

表 14.2　不同岸坡条件下散粒体颗粒的起动流速　　　　　　（单位：m/s）

河岸坡度	粒径					
	10cm	15cm	20cm	30cm	45cm	50cm
1：1.5	2.06	2.36	2.60	2.97	3.40	3.53
1：2.0	2.52	2.90	3.19	3.65	4.18	4.33
1：2.5	2.72	3.11	3.43	3.92	4.49	4.65
1：3.0	2.82	3.23	3.55	4.07	4.66	4.82
1：4.0	2.92	3.34	3.68	4.21	4.82	4.99
0	3.05	3.49	3.84	4.39	5.03	5.21

注：①表中数据为通过公式计算求得，对象为岸坡散状小颗粒石料，可作为护岸选材参考。②起动流速的条件为水深 20.0 m，无环流存在。

资料来源：姚仕明等(2007)。

其次，地形与交通系统是重要的设计要素。城市滨水区的动态交通系统包括外围交通和内部交通，两者在出行交通工具、目的、速度等方面有很大的区别，因此呈现出不同的流动方式：外部交通是以机动车(包括公交系统、轨道交通等在内)为主，以城市快捷通勤为目的的快速流动系统；而内部交通是以步行、自行车等非机动、慢行方式为主，以观景、健身、游憩为目的的慢速流动系统。由于两种流动方式差异明显，在进行组合设计时应注意区别。

带状延伸的城市滨水空间是滨水慢行系统的天然框架，一路串联起滨水公园、湿地、广场等多样化的景观空间，为步行和骑行者提供高质量的景观感受。对滨水慢行交通系统具体的规划设计如下：①滨水慢行系统主要是为步行和骑自行车的人所设置的，人车分流是保障使用者安全的重要措施，慢行系统和车辆使用的道路系统应分别组织、规划，采用支路、辅路方式串联各出入口、活动广场、景观节点等开放空间，实现与外围交通的连接；②增强慢行系统的可达性，强化其与城市的有机联系，合理规划出入口位置，强化与邻近社区的步行联系，如充分利用垂直梯道、高架桥下部空间等实现滨水空间与城市的便捷联系，公交交通、轨道交通站点与出入口接轨，可以极大地增加慢行系统的使用效率，提升其公共服务功能；③根据具体地形，山地城市滨水区的慢行系统可能会出现台阶、栈道等垂直交通方式，必须考虑安全的无障碍通道以方便残障人士及自行车通行，道路地面材质以适宜步行、慢跑和骑行为标准，

步石、汀步等方式一般只适宜少部分用在通往节点或设施的小
支路上；④提供完善的配套设施，包括健身设施、自行车自动
租还设施、卫生间、休息亭等，提供安全、舒适的观景平台和
多样的亲水步道，创造具有个性化的活动空间、增进人际交流
的滨水开放空间；⑤慢行系统应提供合乎人体空间尺度、生动
多样的时空变换和空间序列安排，结合人在滨水空间的生理、
心理活动设置多样化的节点空间，如亲水平台、栈道、休息广
场，并配置栏杆、座凳、台阶、导视系统等小物，创造人性化
的空间。

　　增强可达性是滨水区交通系统的设计目标之一。道路交通系
统是联系滨水区内部各个区域以及滨水区与周边城市区域的方
式。在滨水区内部，由于过渡区与缓冲区、水位多变区都存在高
差，垂直梯道与坡道成为联系几个区域的主要方式。由于近年来
兴建的滨江路、滨河路等滨水道路多数存在道路等级偏高、交通
功能过重的问题，而且车道较宽且过于贴近水岸，因此割裂了城
市腹地与滨水区之间的联系。强化滨水区的可达性，是城市滨水
过渡区的重要目标。

　　在可能的情况下，将滨水城市道路尽量向后方移动，尤其
是生态敏感区和大型景观节点，应将滨水城市道路退离岸线以
避免对原生滨水生态系统造成过度干扰(图14.18)。

图14.18　滨水城市道路后移

资料来源：重庆大学城市规划与设计研究院. 重庆两江四岸城市设计, 2013。

对于有条件通过交通分流的区段，可以结合后方城市腹地交通规划，弱化滨水路段的交通功能。具体道路组织方式如下：将道路设置为生活支路型，道路功能以生活为主，线型自由舒展，随山就势，双向二车道，可考虑路边单侧或双侧停车的需求(图 14.19)；在不同标高分设主辅路，较高处采用双向四车道，主要以交通功能为主，高程较低处另设辅路，双向二车道，人车混行，将交通和生活适当分流，既保证畅通的城市交通，又保证辅道的亲水性(图 14.20)；在城市滨江重要节点和城市核心景观区，为衔接滨江路内侧和沿江侧的休闲功能，减少车流和人流的交叉干扰，可以结合隧道、下穿道等立体形式使机动车交通下穿，地面为全步行交通，且地下组织部分集中停车(图 14.21)。

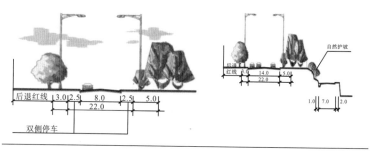

图 14.19　生活支路型　　　　　　　图 14.20　主辅路型
资料来源：作者自绘。　　　　　　　资料来源：作者自绘。

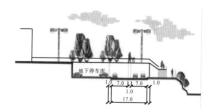

图 14.21　立体型交通
资料来源：作者自绘。

加强滨水区公共交通，结合水运、轨道、道路、索道等多种交通形式，提高滨水区交通的通达性和便捷性，大容量的公共交通方式的引入，可以最直接地提高人的可达性，为市民亲水、休闲等功能的发挥创造更加便捷的条件，增强滨水地区的垂直交通能力。若垂直交通能力弱，严重阻碍山地滨水区域的可达性。除了设置供人步行的台阶外，还需加强与周边路网的衔接，以坡道形成便捷的车行交通体系，把人引入高程较低的区域，可以极大地增强可达性。同时要注意设置足够的沿江港湾停车区域及停车场等配套设施。

设计过程的景观设计模式在各类型滨水景观空间设计中应用和体现的层面是不同的，比较而言，以自然过程主导的模式在具体空间上的运用相对直接，而且在场地空间尺度上实施性较强；以社会过程主导的模式更多落在空间组织、连接、使用方式设计策略的层面上。因此某些设计模式还需要进一步落实在实体空间的设计要素控制上，在设计中致力于贯彻过程式设计、以地形作为操作系统、以流动产生形式、开放式结果等设计原则，借助不同的设计手法使各种异质元素产生联系，使所有的变化自行成为整体。以设计策略与设计要素控制的叠加，形成基于景观过程和针对城市滨水景观空间，系统、具体并具有操作性的设计方法体系。

参 考 文 献

韩毅, 刘海龙, 杨冬冬, 2014. 基于景观水文理论的城市河道景观规划设计实践[J]. 中国园林, 30(1): 23-28.

黄光宇, 2002. 山地城市学[M]. 北京: 中国建筑工业出版社.

卢峰, 徐煜辉, 2006. 重塑山地滨水城市的景观要素——以重庆市为例[J]. 中国园林, 22(6): 61-64.

肖笃宁, 李秀珍, 高峻, 等, 2003. 景观生态学[M]. 北京: 科学出版社.

杨沛儒, 2010. 生态城市主义: 尺度、流动与设计[M]. 北京: 中国建筑工业出版社.

杨锐, 2011. 景观都市主义: 生态策略作为城市发展转型的"种子"[J]. 中国园林(9): 47-51.

姚仕明, 卢金友, 岳红艳, 2007. 小颗粒石料护岸工程技术研究[J]. 泥沙研究(3): 4-8.

翟俊, 2010. 不以审美表象为主导的师法自然——行使功能的景观[J]. 中国园林, 26(12): 36-40.

朱强, 俞孔坚, 李迪华, 2005. 景观规划中的生态廊道宽度[J]. 生态学报, 25(9): 2406-2412.

Airas A, Hall P V, Stern P, 2015. Asserting historical "distinctiveness" in industrial waterfront transformation[J]. Cities, 44 (apr.) : 86-93.

Laidley J, 2007. The ecosystem approach and the global imperative on Toronto's Central Waterfront[J]. Cities, 24 (4) : 259-272.

Lu P, Stead D, 2013. Understanding the notion of resilience in spatial planning: A case study of Rotterdam, The Netherlands[J]. Cities, 35: 200-212.

Johnson M, 1991. The opportunity to design post-industrial waterfronts in relation to their ecological context[D]. Philadelphia: University of Pennsylvania.

Oakley S, Johnson L, 2013. Place-taking and place-making in waterfront renewal, Australia[J]. Urban Studies, 50 (2) :341-355.

Turner T, 1995. Greenways, blueways, skyways and other ways to a better London[J]. Landscape & Urban Planning, 33 (1-3) :269-282.

彩 图 版

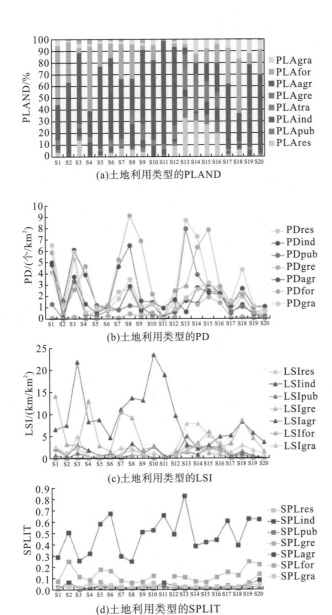

(a)土地利用类型的PLAND

(b)土地利用类型的PD

(c)土地利用类型的LSI

(d)土地利用类型的SPLIT

图5.3 类型水平上流域土地利用的景观格局指数

■ 环境保存区　　■ 河道水质量区　　■ 河道水质量区/河道自然区域
■ 环境保护区　　■ 河道自然区域

图 6.2　波特兰市环境叠加区分布图

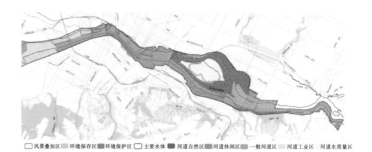

□ 风景叠加区　■ 环境保存区　■ 环境保护区　□ 主要水体　■ 河道自然区　■ 河道休闲区　□ 一般河道区　□ 河道工业区　□ 河道水质量区

图 6.3　波特兰市部分河段的绿道叠加区

植被特征
■ 森林
□ 林地
■ 灌木
　草本
〜 溪流/排水道
　涵洞或管道
〜 场地边界
〜 城市边界

图 8.1　自然资源详细目录：植被分布图

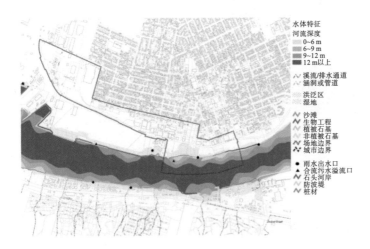

图 8.2　自然资源详细目录：水体分布图

图 8.5　小流域管理的优先区地图

中心边界	独户住宅20000	独户住宅2500	高密度多功能居住	工业港口	混合使用-公共走廊
城市边界	独户住宅10000	多功能居住3000	中心居住	就业中心	混合使用-邻里社区
开放空间	独户住宅7000	多功能居住2000	公共学校	中心商业	混合使用-分散
农田及森林	独户住宅5000	独户住宅1000	混合就业	混合使用-城市中心	

图 8.7　波特兰市"2035 总体规划"土地利用规划图

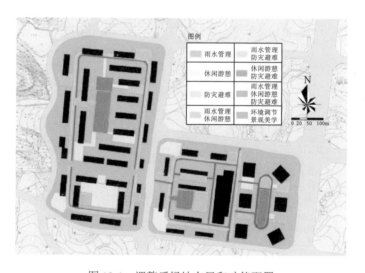

图 12.4　调整后绿地布局和功能配置

后　记

  本书作者长期从事城市规划与环境可持续性理论研究工作，从 2000 年开始重点关注生态城市建设中关键的生态要素——"水"要素，针对人水关系这一议题开展研究与探索，并结合多年的规划实践案例累积，在国家自然科学基金面上项目（51278504、52178048、52278071）、中国博士后科学基金项目（20110490808）的资助下，完成了本书的撰写工作。

  聚焦一个领域并展开长期研究，参与大量的现场调研与实践，完成本书后细细体会研究工作过程的各种艰辛，依然历历在目而感慨万千。面对困扰我们的科学问题和实践问题，随着研究的逐渐深入，我们体会到寻找到答案的喜悦。另外，将研究过程中产生的新知识，传递给我的学生们，又进一步加强了研究工作带来的愉悦情感，我想，也许这就是科研工作者的价值追求。

  这些年最令我难忘的是在该领域给我启迪并指引我前进的学者前辈和学界朋友们。感谢同济大学建筑与城市规划学院兼职教授、美国北卡罗来纳大学夏洛特分校终身教授、国家千人计划象伟宁先生。随着课题研究的推进，每次跟象伟宁先生的交流，都让我有豁然顿悟之感，并让我进入哲学层次的相关思考。本书第二章和第九章第一节，均是与象伟宁先生交流后形成的。

  感谢同济大学建筑与城市规划学院王云才教授。跟王云才教授共同组织了多次学术会议，每次交流，他宽广的学术视野和敏锐的学术视角，都给我极深的印象，让我获益匪浅。本书第十一章的主要思想，是在跟王云才教授交流后形成的。

  本书撰写过程中，我的博士生黄欣、陈卉、卢江林，以及硕士生付丽在资料收集、实地调研、图表制作等方面给予了大力协助。在此，谨向他们付出的辛勤劳动表示真挚的感谢。本书撰写过程中，参考了许多专业人员的论著和成果，书中特别对文献或图表引用部分做出详细标注，但仍恐有疏漏之处，诚请包涵。

颜文涛

2023 年 5 月于上海